高职高专"十一五"规划教材

★ 农林牧渔系列

实用鱼类学

SHIYONG
YULEIXUE

李林春　主编

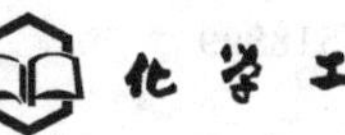

·北京·

内 容 提 要

本书介绍了与水产技术相关的鱼类学基本知识与技能，主要内容包括：鱼体的外部形态与内部结构、感觉器官与行为、消化系统与食性、生殖与繁殖、发育与生长和鱼类的分类等。本书在取材上注意选取与水产技术相关的鱼类学内容，并将鱼类的实验和实训等相关内容直接融入理论知识中，以真正体现“学中做与做中学”，突出其实用性。

本书适宜用作高职高专及本科院校水产专业及相近专业的课程教材，也可作为水产技术人员和水产管理人员的参考书。

图书在版编目（CIP）数据

实用鱼类学/李林春主编．—北京：化学工业出版社，2009.8（2022.9重印）

高职高专“十一五”规划教材★农林牧渔系列

ISBN 978-7-122-06319-9

Ⅰ.实… Ⅱ.李… Ⅲ.鱼类学-高等学校：技术学院-教材 Ⅳ.Q959.4

中国版本图书馆 CIP 数据核字（2009）第 121521 号

责任编辑：梁静丽　李植峰　郭庆睿　　　文字编辑：王新辉

责任校对：陈　静　　　装帧设计：史利平

出版发行：化学工业出版社（北京市东城区青年湖南街 13 号　邮政编码 100011）

印　　装：天津盛通数码科技有限公司

787mm×1092mm　1/16　印张 12½　字数 308 千字　2022 年 9 月北京第 1 版第 5 次印刷

购书咨询：010-64518888　　售后服务：010-64518899

网　　址：http://www.cip.com.cn

凡购买本书，如有缺损质量问题，本社销售中心负责调换。

定　　价：40.00 元

“高职高专‘十一五’规划教材★农林牧渔系列”建设委员会成员名单

“高职高专‘十一五’规划教材★农林牧渔系列”编审委员会成员名单

“高职高专‘十一五’规划教材★农林牧渔系列”建设单位

（按汉语拼音排列）

安阳工学院
保定职业技术学院
北京城市学院
北京林业大学
北京农业职业学院
本钢工学院
滨州职业学院
长治学院
长治职业技术学院
常德职业技术学院
成都农业科技职业学院
成都市农林科学院园艺研究所
重庆三峡职业学院
重庆水利电力职业技术学院
重庆文理学院
德州职业技术学院
福建农业职业技术学院
抚顺师范高等专科学校
甘肃农业职业技术学院
广东科贸职业学院
广东农工商职业技术学院
广西百色市水产畜牧兽医局
广西大学
广西农业职业技术学院
广西职业技术学院
广州城市职业学院
海南大学应用科技学院
海南师范大学
海南职业技术学院
杭州万向职业技术学院
河北北方学院
河北工程大学
河北交通职业技术学院
河北科技师范学院
河北省现代农业高等职业技术学院
河南科技大学林业职业学院
河南农业大学
河南农业职业学院
河西学院
黑龙江农业工程职业学院
黑龙江农业经济职业学院
黑龙江农业职业技术学院
黑龙江生物科技职业学院
黑龙江畜牧兽医职业学院
呼和浩特职业学院
湖北生物科技职业学院
湖南怀化职业技术学院
湖南环境生物职业技术学院
湖南生物机电职业技术学院
吉林农业科技学院
集宁师范高等专科学校
济宁市高新技术开发区农业局
济宁市教育局
济宁职业技术学院
嘉兴职业技术学院
江苏联合职业技术学院
江苏农林职业技术学院
江苏畜牧兽医职业技术学院
江西生物科技职业学院
金华职业技术学院
晋中职业技术学院
荆楚理工学院
荆州职业技术学院
景德镇高等专科学校
丽水学院
丽水职业技术学院
辽东学院
辽宁科技学院
辽宁农业职业技术学院
辽宁医学院高等职业技术学院
辽宁职业学院
聊城大学
聊城职业技术学院
眉山职业技术学院
南充职业技术学院
盘锦职业技术学院
濮阳职业技术学院
青岛农业大学
青海畜牧兽医职业技术学院
曲靖职业技术学院
日照职业技术学院
三门峡职业技术学院
山东科技职业学院
山东理工职业学院
山东省贸易职工大学
山东省农业管理干部学院
山西林业职业技术学院
商洛学院
商丘师范学院
商丘职业技术学院
深圳职业技术学院
沈阳农业大学
苏州农业职业技术学院
温州科技职业学院
乌兰察布职业学院
厦门海洋职业技术学院
仙桃职业技术学院
咸宁学院
咸宁职业技术学院
信阳农业高等专科学校
延安职业技术学院
杨凌职业技术学院
宜宾职业技术学院
永州职业技术学院
玉溪农业职业技术学院
岳阳职业技术学院
云南农业职业技术学院
云南热带作物职业学院
云南省曲靖农业学校
云南省思茅农业学校
张家口教育学院
漳州职业技术学院
郑州牧业工程高等专科学校
郑州师范高等专科学校
中国农业大学

《实用鱼类学》编写人员名单

主　　编　李林春

副 主 编　翟林香

编　　者　（按姓名汉语拼音排列）

陈方平　厦门海洋职业技术学院

陈小江　江苏畜牧兽医职业技术学院

李林春　厦门海洋职业技术学院

李玉英　南阳师范学院

刘贤忠　日照职业技术学院

伦　峰　信阳农业高等专科学校

王家庆　河北农业大学

杨凤影　辽宁医学院

翟林香　盘锦职业技术学院

郑杰民　厦门海洋职业技术学院

序

当今，我国高等职业教育作为高等教育的一个类型，已经进入到以加强内涵建设，全面提高人才培养质量为主旋律的发展新阶段。各高职高专院校针对区域经济社会的发展与行业进步，积极开展新一轮的教育教学改革。以服务为宗旨，以就业为导向，在人才培养质量工程建设的各个侧面加大投入，不断改革、创新和实践。尤其是在课程体系与教学内容改革上，许多学校都非常关注利用校内、校外两种资源，积极推动校企合作与工学结合，如邀请行业企业参与制定培养方案，按职业要求设置课程体系；校企合作共同开发课程；根据工作过程设计课程内容和改革教学方式；教学过程突出实践性，加大生产性实训比例等，这些工作主动适应了新形势下高素质技能型人才培养的需要，是落实科学发展观，努力办人民满意的高等职业教育的主要举措。教材建设是课程建设的重要内容，也是教学改革的重要物化成果。教育部《关于全面提高高等职业教育教学质量的若干意见》（教高［2006］16号）指出“课程建设与改革是提高教学质量的核心，也是教学改革的重点和难点”，明确要求要“加强教材建设，重点建设好3000种左右国家规划教材，与行业企业共同开发紧密结合生产实际的实训教材，并确保优质教材进课堂。”目前，在农林牧渔类高职院校中，教材建设还存在一些问题，如行业变革较大与课程内容老化的矛盾、能力本位教育与学科型教材供应的矛盾、教学改革加快推进与教材建设严重滞后的矛盾、教材需求多样化与教材供应形式单一的矛盾等。随着经济发展、科技进步和行业对人才培养要求的不断提高，组织编写一批真正遵循职业教育规律和行业生产经营规律、适应职业岗位群的职业能力要求和高素质技能型人才培养的要求、具有创新性和普适性的教材将具有十分重要的意义。

化学工业出版社为中央级综合科技出版社，是国家规划教材的重要出版基地，为我国高等教育的发展做出了积极贡献，曾被新闻出版总署领导评价为“导向正确、管理规范、特色鲜明、效益良好的模范出版社”，2008年荣获首届中国出版政府奖——先进出版单位奖。近年来，化学工业出版社密切关注我国农林牧渔类职业教育的改革和发展，积极开拓教材的出版工作，2007年年底，在原“教育部高等学校高职高专农林牧渔类专业教学指导委员会”有关专家的指导下，化学工业出版社邀请了全国100余所开设农林牧渔类专业的高职高专院校的骨干教师，共同研讨高等职业教育新阶段教学改革中相关专业教材的建设工作，并邀请相关行业企业作为教材建设单位参与建设，共同开发教材。为做好系列教材的组织建设与指导服务工作，化学工业出版社聘请有关专家组建了“高职高专‘十一五’规划教材★农林牧渔系列建设委员会”和“高职高专‘十一五’

规划教材★农林牧渔系列编审委员会”，拟在“十一五”期间组织相关院校的一线教师和相关企业的技术人员，在深入调研、整体规划的基础上，编写出版一套适应农林牧渔类相关专业教育的基础课、专业课及相关外延课程教材——“高职高专‘十一五’规划教材★农林牧渔系列”。该套教材将涉及种植、园林园艺、畜牧、兽医、水产、宠物等专业，于2008～2009年陆续出版。

该套教材的建设贯彻了以职业岗位能力培养为中心，以素质教育、创新教育为基础的教育理念，理论知识“必需”、“够用”和“管用”，以常规技术为基础，关键技术为重点，先进技术为导向。此套教材汇集众多农林牧渔类高职高专院校教师的教学经验和教改成果，又得到了相关行业企业专家的指导和积极参与，相信它的出版不仅能较好地满足高职高专农林牧渔类专业的教学需求，而且对促进高职高专专业建设、课程建设与改革、提高教学质量也将起到积极的推动作用。希望有关教师和行业企业技术人员，积极关注并参与教材建设。毕竟，为高职高专农林牧渔类专业教育教学服务，共同开发、建设出一套优质教材是我们共同的责任和义务。

介晓磊

2008年10月

本书为高职高专农林牧渔类“十一五”规划教材，在教育部高等学校高职高专动物生产类专业教学指导委员会专家和高职高专农林牧渔类“十一五”规划教材建设委员会专家指导下组织编写。

鱼类学是高职高专水产养殖类专业的一门重要专业基础课。实用鱼类学的所谓“实用”，就是本书内容只选取传统鱼类学中与水产技术相关的鱼类学的基本知识与技能，与此无关的内容一并舍弃，不求面面俱到。作为一门专业基础课程，实用鱼类学一方面要做到为后续课程如鱼类增养殖技术、鱼类营养与饲料配置和投喂技术、鱼病防治技术和名特优鱼类养殖技术等专业核心课程服务，同时也强调不能把这门课程当作一个纯理论性的课程，也应该将本学科的相关技术原理与操作技能直接应用于渔业生产中。

本书对传统鱼类学教材进行了一些改革与创新，特别是在鱼类学理论体系的组织与阐述方面进行了大胆的变革，本着理论“够用、实用”的原则，大幅度缩减了与生产无直接关联的一些知识点，如大部分的骨骼、肌肉、神经等系统的结构；同时强化了与生产的联系，如将传统鱼类学中鱼类饵料生物调查所需的纯理论性的“胃肠饱满度”“移植”用作“人工养殖投饵量的确定”的技术应用知识等。在此基础上，本书的编写力求体现以下3个特点：一是将鱼类学的理论体系进行了重新组织与阐述，主要内容包括鱼体的外部形态与内部结构、感觉器官与行为、消化系统与食性、生殖与繁殖、发育与生长和鱼类的分类七个既关联又独立的章节；二是将鱼类的实验和实训内容直接融入理论知识之中，以真正实施“学中做与做中学”；三是将鱼类的形态、感觉、食性、繁殖、发育、生长与分类等知识应用于渔业生产中，突出其实用性。并由此希望本书能为其他专业基础课的改革提供借鉴。

本书由厦门海洋职业技术学院牵头，盘锦职业技术学院、信阳农业高等专科学校、永州职业技术学院、日照职业技术学院、郑州牧业工程高等专科学校，以及辽宁医学院畜牧兽医学院、江苏畜牧兽医职业技术学院、河北农业大学、南阳师范学院共10所高等职业院校和高等院校的老师编写。

由于编者水平有限，加之编写时间仓促，书中难免存有不妥之处，殷切希望广大师生和同仁提出宝贵意见，便于今后完善。

编　者

2009年6月16日于厦门

目
录

绪　论

鱼的定义：鱼是终生生活在水中、用鳃呼吸、用鳍游泳的低等脊椎动物。

鱼类属于脊索动物门、脊椎动物亚门，包括圆口纲（也称圆口类）、软骨鱼纲（也称软骨鱼类）和硬骨鱼纲（也称硬骨鱼类）。鱼类不仅是脊椎动物亚门中最原始、最低等的一个类群，也是该亚门中种类最多、数量最大的一个类群，全世界现有鱼类2万余种，我国共有2831种，其中淡水鱼800余种。

原口纲是最原始的鱼类，骨骼全为软骨，无上下颌，故又称为无颌类。现存种类不多，可分为盲鳗目和七鳃鳗目。全世界仅70余种。

软骨鱼纲内骨骼全为软骨，具上下颌，头侧有鳃裂5～7个，分为板鳃亚纲和全头亚纲。板鳃亚纲包括鲨类和鳐类。全头亚纲头侧有皮褶形成的假鳃盖，如黑线银鲛。

硬骨鱼纲分为内鼻孔亚纲和辐鳍亚纲。内鼻孔亚纲——肺鱼、矛尾鱼。辐鳍亚纲包括软骨硬鳞类、硬骨硬鳞类（全骨类）和真骨鱼类。真骨鱼类可分为软鳍鱼类和棘鳍鱼类。

鱼类的主要特征是：大多数具有能咬合的上下颌，具鳃裂（或鳃孔），通常以鳃呼吸；用鳍帮助运动与维持身体平衡；大多数鱼体披鳞片；骨骼为软骨或硬骨；身体分为头部、躯干部和尾部，缺少颈部；体表富黏液；具侧线；具脊索，神经管背位；出现了能跳动的心脏，分为一心房和一心室，血液循环为单循环。明确了这个特征就能把鱼类和其他水生动物如娃娃鱼、鱿鱼、章鱼、鳄鱼、文昌鱼等区分开来。

鱼类分布广泛，几乎栖居于地球上所有的水生环境——从淡水的湖泊、河流到咸水的大海和大洋。地球的水环境十分复杂，有海洋，有江河湖泊，不同区域水所承受的压力有很大差异，如海平面为1个大气压，而深海区可达1000个大气压。淡水和海水盐的含量幅度为0.001%～7%。此外，随地理环境的不同，水温差和含氧量的差别也很大。由于这些水域、水层、水质及水中生物因子和非生物因子等水环境的多样性，在漫长的演化历程中，鱼类在形态、构造上为适应所栖息的各种水环境，产生了各式各样形态的鱼类。鱼类的体型、鳍运动、鳃呼吸、侧线器官等是在长期的演化过程中产生的适应水生生活的典型特征。在动物界中没有哪一类动物的体型像鱼类那样多样化，而且鱼类独特的体型使它能在水中花费较少的能量来获得最有效的功。因此，鱼类的生活方式也各不相同，有些活泼、游泳迅速，有些底栖、缓慢活动，有些在洞内穴住，有些埋在沙泥底里的等。

一、鱼类学的定义和分支学科

鱼类学的定义：鱼类学是动物学的一个分支学科，它以鱼类为研究对象，着重研究鱼类的形态构造、生长发育、生活习性、生理机能、地理分布，以及化石鱼类和现生鱼类系统分类的科学。

鱼类学的研究范围很广，它有许多分支学科，如鱼类形态学、鱼类分类学、鱼类生态学、鱼类生理学、鱼类发生学、经济鱼类学、古鱼类学、遗传学、组织学、鱼类行为学等。

鱼类形态学（即鱼类系统解剖学）：研究鱼类的外部形态特征和内部构造，了解各部位的相互关系及机能，阐明各器官系统的发展规律。

鱼类分类学（即系统鱼类学）：研究各种鱼类在分类系统中的位置、各种鱼类的特征及差别，掌握鉴别鱼类的方法，研究鱼类的地理分布、生物学和经济意义等。

鱼类生态学：研究鱼类与其生活环境之间的相互关系，包括鱼类的生活习性、对外界环境条件的适应程度，以及鱼类与非生物环境因子（如水温、盐度、饵料、溶氧、光照等）和生物环境因子的关系。

鱼类生理学：研究鱼类内部器官的生理机能、鱼体内所进行的生命活动过程，以及与周围环境的相互关系。

鱼类发生学：研究鱼类的胚胎发育及各器官的形成过程。

经济鱼类学：研究主要经济鱼类的分类地位、形态特征、生活习性、地理分布、产量及经济意义等。

鱼类行为学：研究鱼类对外部刺激（光、声、电、磁等）和内部刺激的反应，包括反应类型、反应模式、反应机理及其在渔业上的应用的一门学科。随着渔业生产的发展，改进传统的渔具和作业方法，探索新的生产技术，都与鱼类行为的研究密切相关。

二、鱼类的经济价值

食用：鱼类是人类动物蛋白的主要来源。鱼肉是味道鲜美、营养丰富的食品。鱼肉中含有丰富的蛋白质、多不饱和脂肪酸和矿物质，维生素的含量也很高，容易被人体消化和吸收。

工业用：从海水鱼类中提取的鱼肝油可以作为保健品和药品；鱼胶可以作为工业原料；鱼粉是人工配合饲料的优质蛋白质来源。

药用：海马、海龙等是名贵的药材。泥鳅、黄鳝、鲫鱼等都具有药用价值。

观赏：金鱼、热带鱼等体态多姿，色泽鲜艳，具有较高的观赏价值。

三、鱼类学研究历程

1. 国外鱼类学研究

鱼类学作为一个独立的学科仅有一二百年的历史，但人类研究鱼类的记载可追溯到几千年前。一般公认的对鱼类学进行比较系统研究的，最早当属希腊学者亚里士多德（Aristotie，公元前 384—公元前 322）。亚里士多德在《动物史》中描述了鱼类的构造、繁殖和洄游等内容，记录了 115 种生活在爱琴海的鱼类。在以后的鱼类学研究中，以 18 世纪瑞典生物学家林奈（C. Linnaeus，1707—1778）所著《自然系统》一书最为著名。他创立了动物分类系统，确定了双名制的命名法，记下了 2600 种鱼类，奠定了动物分类的基础。19 世纪以来，一些著名的鱼类学家在前人研究的基础上不断提出许多新的鱼类分类系统，如德国穆勒（J. Mullen，1801—1858）提出的鱼类分类系统已接近于近代的分类系统，前苏联贝尔格（1876—1950）的《现代和化石鱼形动物及鱼类分类学》（1940 年，简称贝尔格分类系统），拉斯和格林德贝尔格的《现生鱼类自然系统之现代概念》（1971 年，简称拉斯分类系统）等，均曾被广泛接受和使用。纳尔逊（J. S. Nelson）的《世界鱼类》（1984 年，简称纳尔逊分类系统）提出新的分类系统，已被国际上许多鱼类学家采用。

2. 我国鱼类学研究

早在公元前 1200 年前，殷朝就有鱼类知识的记载。春秋战国时代（公元前 475 年左右），越国大夫范蠡著有《养鱼经》一书，除记载了养鱼技术外，还记载了鱼类的繁殖习性，比希腊的亚里士多德所著的《动物史》还早100多年，是我国最古老，也是世界上最早的鱼类文献资料。明朝李时珍（1518—1593）的《本草纲目》对鱼类有过记载和研究。但总地说来，我国古代涉及鱼类的研究，大多附载于各书籍中，缺乏系统专著。近代我国鱼类学家进行了许多研究工作，如朱元鼎的《鲤科鱼类鳞片、咽骨及其牙齿之比较研究》（1935年）、方炳文的《鲢鱼的鳃耙及鳃上器官》（1928年）、伍献文的《鳝鱼之鱼管系统》、方炳文的《中国鳜鱼的研究》（1932年）、张春霖的《中国鲤科鱼类之研究》（1933年）、伍献文的《中国比目鱼类的研究》（1932年）等，都是我国著名的鱼类学专著，而朱元鼎的《中国鱼类之索引》（1931年）堪称我国鱼类分类研究史上的第一块里程碑。

（1）鱼类形态学　从单纯解剖发展到系统解剖和比较解剖，以及形态与机制的研究。主要论著有：《鲤鱼解剖》（秉志，1960年）、《白鲢的系统解剖》（孟庆闻、苏锦祥，1960年）、《中国软骨鱼类侧线管系统及罗伦翁和罗伦管系统的研究》（1980年）、《鱼类比较解剖》（1980年）、《鲨鳐解剖》（1992年）等。这些高水平的鱼类解剖专著，对我国几十种经济鱼类如鲤鱼、草鱼、鲢鱼、鳙鱼、鳜鱼、中华鲟、史氏鲟、大黄鱼、带鱼、团头鲂、翘嘴红鲌等均作了系统研究。

（2）鱼类分类和区系调查　在鱼类分类学方面有许多专著，如朱元鼎的《中国软骨鱼类志》（1960年）和《中国石首鱼类分类系统的研究和所属新种的叙述》（1963年）、伍献文等的《中国鲤科鱼类志》（上、下册，1964年、1977年）等都是学术造诣很高的鱼类学专著。由成庆泰、郑葆珊主编，全国数十名鱼类学家通力协作完成的《中国鱼类系统检索》（1987年），共记录了2831种我国出产的鱼类，以检索表的形式较完整地总结了我国鱼类分类学工作的研究成果，成为我国鱼类分类研究史上第二块里程碑。在鱼类资源调查方面也取得了丰硕的成果，出版了《黄渤海鱼类调查报告》（1955年）、《南海鱼类志》（1962年）、《东海鱼类志》（1963年）、《南海诸岛海域鱼类志》（1979年）等专著，基本上掌握了我国沿海鱼类资源，极大地丰富了我国鱼类学研究内容。

（3）鱼类生态学　鱼类生态学是1949年后才逐渐形成的一门学科。我国鱼类学工作者对海洋和内陆水域经济鱼类的生物学等特性进行了大量的研究，《湖泊调查基本知识》（1956年）、《黄河水系渔业资源》（1986年）、《黑龙江水系渔业资源》（1986年）、《长江鲟鱼生物学及人工繁殖研究》（1988年）、《鱼类生态学》（1993年）等专著和报告为更好地开发利用和保护好鱼类资源发挥了积极作用。

四、实用鱼类学的主要内容

实用鱼类学是根据高职高专学生知识与技能培养的实际需求而提出来的一门应用性课程，本着够用、实用的原则，本书选取了传统鱼类学中与水产技术相关的鱼类学基本知识与技能，缩减了与生产无直接关联的一些知识点，同时将鱼类的实验和实训内容直接融入理论知识之中，以真正实施"学中做与做中学，做中教"。实用鱼类学讲述的内容包括以下几部分。

鱼类的外部形态：主要介绍鱼类的体型、外部分区、头部器官、鳍条、皮肤和鳞片等。目的在于从外部形态上认识鱼类，能够进行鱼体测量；能够根据鱼类的外部形态推断其生活习性与水层等。

鱼类的内部结构：以鲤鱼为例，简单介绍鱼类的骨骼、肌肉、消化、呼吸、循环、尿殖、神经、感觉和内分泌等系统。目的在于认识鱼类的内部构造，能够熟练地进行鱼类内脏器官的原位解剖与观察；能够识别鳃弓、颌弓、躯椎、尾椎和韦伯氏器的骨骼组成；熟练识别鳃耙、鳃片、辅助呼吸器官和鳔的各部分结构；了解血液的组成；掌握渗透压调节与鱼类的排泄原理，了解常见广盐性鱼类和狭盐性鱼类种类，了解鱼类的“淡化”与“海化”，以及养殖水体净化处理的的意义和方法。

鱼类的感觉与行为：主要介绍鱼类感觉器官的结构、鱼类的行为等内容。目的在于通过不同鱼类的感觉器官特点判断其行为；掌握声诱捕鱼、灯光诱鱼的原理与方法；认识温度、溶氧、盐度、pH 值、水流、水压、气候与季节变化对鱼类生命活动的影响等。

鱼类的消化系统与食性：主要介绍鱼类的食性类型、消化系统的构造与机能、摄食习性、幼鱼阶段的食性转化与训食。能熟练进行消化系统解剖与观察；掌握鱼类摄食方式、不同食性鱼类的摄食行为及其在鱼类养殖中的应用；熟悉人工养殖日投饵量与投饵次数的确定原则与应用；能熟练掌握幼鱼阶段食性转化规律；掌握鱼类训食特别是凶猛肉食性鱼类训食的关键环节及其在生产中的应用。

鱼类的繁殖：主要介绍鱼类的性腺发育和性成熟、鱼类的繁殖力、主要养殖鱼类的雌雄区别、鱼类的繁殖行为和习性，以及与鱼类繁殖有关的内分泌器官。能够熟练进行鱼类生殖系统的解剖，观察鱼类性腺的位置、形态和颜色；能够鉴别亲鱼的成熟度和雌雄区别；能分析环境因子对鱼类性腺发育的影响，在亲鱼的培育中创造良好的促熟条件；能熟练摘取鱼类的脑垂体，并掌握脑垂体的生理功能，以及摘取时间和保存方法。

鱼类的发育与生长：主要介绍鱼类的生殖细胞、受精、胚胎发育、主要养殖鱼类的生长和年龄。能够识别鱼类精子、卵子的形态和发育时期；鉴别卵子和精液的质量；掌握鱼类精子保存的方法；在鱼类的人工繁殖生产中，能够进行人工受精；掌握影响鱼类胚胎发育和仔鱼存活的环境因子，在鱼类的人工孵化中控制好孵化环境；掌握影响鱼类仔鱼存活的生态因子及在生产上的应用；掌握鱼类的生长规律和影响鱼类生长的环境因素，并运用到鱼类的养殖生产中，获得最好的经济效益。

鱼类的分类：主要介绍鱼类的分类系统和鉴定方法，以及主要经济鱼类的分类地位、地理分布、生物学特性、养殖现状和经济价值等，是鱼类养殖的工作基础。

实用鱼类学可作为鱼类增养殖技术、鱼类营养与饲料配置和投喂技术、鱼病防治技术和名特优鱼类养殖技术等专业核心课程的学科基础。

五、目前我国养殖的主要鱼类

我国的鱼类资源丰富，目前我国进行一定规模商业性养殖的主要鱼类有以下几种。

鲟形目：欧洲鳇、俄罗斯鲟、施氏鲟、中华鲟、长江鲟（达氏鲟）、匙吻鲟（从美国引进）、白鲟。

鲱形目：遮目鱼。

鲑形目：大马哈鱼、虹鳟（从北美引进）、香鱼、日本公鱼、池沼公鱼、大银鱼、太湖新银鱼、前颌间银鱼。

鳗鲡目：日本鳗鲡、欧洲鳗鲡、美洲鳗鲡。

鲤形目：青鱼、草鱼、鲢鱼、鳙鱼、鲤鱼、鲫鱼、银鲫鱼、黑鲫鱼、彭泽鲫鱼、鳊鱼、三角鲂、团头鲂、鲮鱼、细鳞斜颌鲴鱼、银鲴鱼、黄尾密鲴鱼、圆吻鲴鱼、倒刺鲃鱼、翘嘴红鲌、泥鳅、花鳅、胭脂鱼、短盖巨脂鲤（又名淡水白鲳，原产于南美，从台湾引入广东）。

鲶形目：胡子鲶鱼、革胡子鲶鱼（从泰国引进）、蟾胡子鲶鱼、鲶鱼、大口鲶鱼、南方鲶鱼、黄颡鱼、长吻鮠、斑点叉尾鮰（从美国引进）。

刺鱼目：三斑海马、大海马、日本海马、刺海马、克氏海马。

鲻形目：鲻鱼、鲮鱼。

合鳃目：黄鳝。

鲈形目：花鲈鱼、尖吻鲈鱼、鳜鱼、斑鳜、大口黑鲈、小口黑鲈、大眼鲫鲈、赤点石斑鱼、青石斑鱼、龙胆石斑鱼、军曹鱼、黄条鰤、鲳鲹、大黄鱼、小黄鱼、眼斑拟石首鱼（从美国引进）、状黄姑鱼、真鲷、黑鲷、黄鳍鲷、平鲷、花尾胡椒鲷、星斑裸颊鲷、斜带髭鲷、紫红笛鲷、红笛鲷、尼罗罗非鱼、奥利亚罗非鱼、莫桑比克罗非鱼（从非洲引进）、中华乌塘鳢、乌鳢、斑鳢、月鳢、斑头鱼、欧氏六线鱼、卵形鲳。

鲉形目：许氏平鲉、大泷六线鱼。

鲽形目：牙鲆、大菱鲆（从欧洲引进）、漠斑牙鲆（从美国引进）、高眼鲽、黄盖鲽、石鲽、半滑舌鳎。

鲀形目：红鳍东方鲀、假睛东方鲀、暗纹东方鲀。

第一章　鱼体外部形态
（兼实验观察）

【技能目标】

1. 能熟练进行鱼体测量。
2. 能根据鱼类的不同体型，以及口的位置推断其生活习性与水层。
3. 能根据珠星情况初步分辨出鱼类雌雄，根据体色推断其生活环境。
4. 能熟练鉴别鱼类鳞片类型与计算鳞式。

第一节　鱼类的体型和测量

一、鱼体的体型

【观察与思考】

取不同种类不同体型的鱼类如鲤鱼、团头鲂、鳐鱼、鳗鲡、带鱼、箱鲀、海马、银鱼、牙鲆等进行观察比较，了解这些不同体型的鱼类所生活的水层。

1. 鱼体的三个不同体轴

（1）头尾轴（又称主轴或第一轴）　是自鱼体头部到尾部贯穿体躯中央的一根轴线（见图 1-1）。

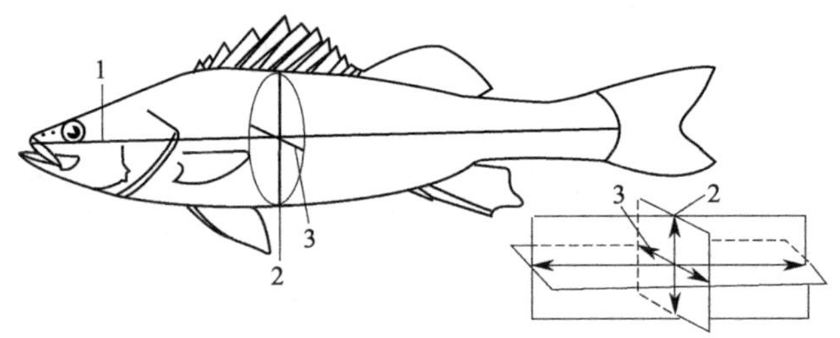

图 1-1　鱼类的体轴

1—头尾轴；2—背腹轴；3—左右轴

（2）背腹轴（又称矢轴或第二轴）　是自鱼体的最高部通过头尾轴，与头尾轴垂直，贯穿背腹的一根轴线。

（3）左右轴（又称侧轴或第三轴）　是贯穿鱼体中心而与头尾轴和背腹轴垂直的一根轴线。

2. 鱼体的三个垂直切面

通过以上三条轴体，可以看出鱼体有三个互相垂直的切面。

（1）纵切面　通过背腹轴将鱼体分为左右两半，每侧的重量和体积几乎相等。

（2）水平切面　纵贯头尾轴，将鱼体分为背腹两部分，背方部分主要是肌肉，腹方部分主要是腹腔和内脏，这两部分是不对称的。

（3）横切面　通过左右轴，将鱼体分为前后两部分，两者在重量、体积及包含的器官组织等方面都不相同。

3. 鱼类的体型与生活水层

鱼类的体型大致可以归纳为下列四种基本类型（见图 1-2）。

（1）纺锤形　为最常见的一种体型，从体轴看，头尾轴最长，背腹轴较短，左右轴最短；鱼体头尾稍尖细，中段粗大，横切面椭圆形，使整个身体呈流线形或稍侧扁，以利于水中运动前进时减少阻力，这种体型的鱼类可栖息于水体任何水层，但多数是中、下层，常做快速而持久的自由游泳，以耗费最小的能量获取较大的游速，如鲢鱼、鲤鱼、鲐鱼、鲅鱼、鲣鱼、鲔鱼等。它们的体表润滑，富含黏液，鳞片致密细小；具有尖细的吻部，可以紧闭的口，严密镶嵌的眼，紧紧合拢的鳃盖；细小而强有力的尾柄和上下极端张开的新月形尾鳍，足以保证最快的游速。

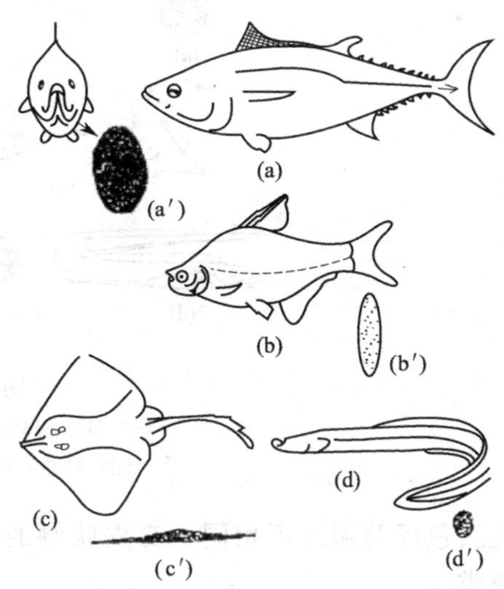

图 1-2　鱼类的基本体型
(a) 金枪鱼；(b) 团头鲂；(c) 斑鳐；(d) 鳗鲡
(a′) 纺锤形；(b′) 侧扁形；
(c′) 平扁形；(d′) 鳗形

（2）侧扁形　这类鱼的三个体轴中，头尾轴短，左右轴更短，背腹轴相对较长；横切面为柳叶形，形成左右两侧对称的扁平形，这种体型在硬骨鱼类中较普遍，有的呈长刀状，如翘嘴红鲌，有的接近菱形，如鲂鱼、鲳鱼等，常栖于平静的水域，生活于水的中下层，游泳多不敏捷且较纺锤形差，很少做长距离的迁移。

（3）平扁形　这类鱼的背腹扁平，左右宽阔；左右轴较长，头尾轴一般，背腹轴最短，使体型上下扁平；多营底栖生活，行动迟缓，如软骨鱼类中的鳐、魟，淡水硬骨鱼类中的爬岩鳅、平鳍鳅等。

（4）鳗形（棍棒形）　蛇形；头尾轴特别长，背腹轴和左右轴均等，横切面近乎圆形，使整个体型呈棍棒状。其游泳能力较侧扁形和平扁形强，多潜居于水底泥沙中，适于穴居或穿行于岩礁间。如鳗鲡、黄鳝及多种海鳗。

一般鱼类都可以划归上述四种基本类型，此外，还有一些鱼类由于适应特殊的生活环境和生活方式，而呈现出特殊的体型，常见的有以下几种（见图 1-3）。

① 带形：基本上属于侧扁形，但头尾轴特别长，形如带状，如带鱼。

② 箱形：体近似长方形，外部为骨质板所包被，形成一个两端开口的箱子，行动极其迟缓，常依靠鳃孔、喷水孔推动身体前进，如箱鲀。

③ 球形：体近似圆球形，体短而圆，游泳迟钝，当遇到危险时，立即用口吞入空气或水，使身体膨胀呈气球状而漂浮于水面之上，随水漂流逃避险境，如东方鲀。

④ 海马形：头部和躯干部几乎成直角相交，头形似马头状，躯干弯曲，尾部细小延长而卷曲，能缠绕在海藻及海草上，活动能力迟缓，如海马。

⑤ 箭形：吻部向前延长，头及躯干部亦相对延长，使体略呈圆筒状，背鳍及臀鳍位于体后端鱵，且相对称，如颌针鱼、鱵鱼、银鱼。

⑥ 不对称形：原为侧扁形，但由于长期适应于一侧平卧水底生活，所以形成了非常特殊的体型，即头向一侧扭转，口已扁歪，颌齿的强度两侧不等，眼也扭向一侧甚至身体上的

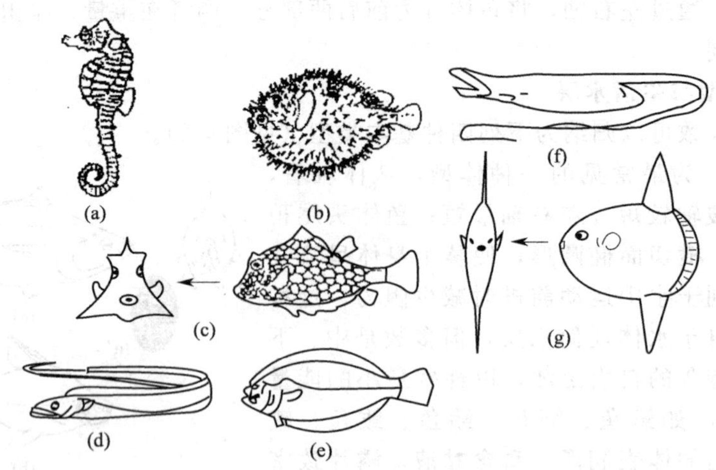

图 1-3 鱼类的其他体型

(a) 日本海马；(b) 六斑刺鲀；(c) 驼背三棱箱鲀；
(d) 带鱼；(e) 牙鲆；(f) 囊喉鱼；(g) 翻车鲀

斑纹色泽两侧也不相同，有皮肤侧的色泽往往与环境一致，可避免敌害的侵袭，如鲽形目鱼类。

与养殖的关系：不同体型的鱼类分布于池塘的不同水层，认识养殖鱼类的体型，将不同体型的鱼类混养于同一水体，可立体利用养殖水体的空间，同时，不同体型的鱼类食性往往不同，这是鱼类混养的理论依据。

二、鱼体的测量

在进行鱼类分类、生态或渔业资源等方面研究时，需要进行鱼体各部分的测量（见图 1-4）。

【鱼体测量】

取鲤鱼进行如下项目的鱼体外形测量，如全长、体长、体高、叉长、肛长、尾柄高、吻长、眼径、眼间距、尾柄长和头长等。

① 全长：吻端至尾鳍末端的长度。

② 体长：吻端至最后椎骨末端的长度。

③ 体高：鱼体躯干部最高处的垂直长度。

④ 叉长：吻端至尾叉底部的长度（尾叉明显的种类）。

⑤ 肛长：吻端至肛门前缘的长度（肛门前移的种类）。

⑥ 头长：吻端至鳃盖后缘的长度。

⑦ 吻长：吻端至眼前缘的长度。

⑧ 眼径：沿体纵轴方向量出的眼的直径，即眼眶的前缘到后缘的直线距离。

⑨ 眼间距：两眼在头背部的最短距离，从鱼体一边眼眶的背缘量到另一边眼眶背缘的宽度。

⑩ 尾柄长：臀鳍最后鳍条基部到最末一椎骨（或尾鳍基部）的直线距离。

⑪ 尾柄高：尾柄最狭处的垂直高度。

对于其他鱼类的鱼体除了上述测量外，还应注意以下几方面。

① 头长：从吻端到最后一鳃孔（圆口类和鲨类）。

② 躯干部长：最后一鳃裂到泄殖孔后缘（鲨类）或肛门后缘（圆口类）。鳃盖骨后缘至

肛门后缘（真骨鱼类）。

③ 眼后头长：眼后缘到最后一鳃孔或鳃盖骨后缘。

④ 背鳍长：背鳍前缘的长度。

⑤ 背鳍高：背鳍上角到背鳍基的垂直高度。

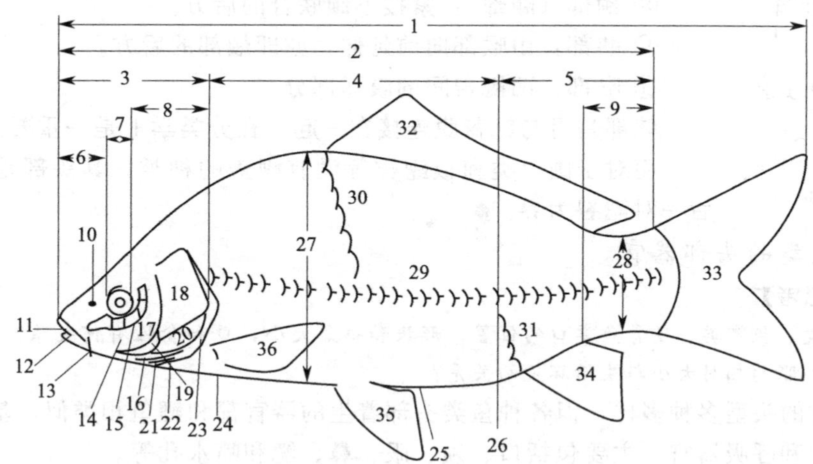

图 1-4　鲤的外部形态和测量

1—全长；2—体长；3—头长；4—躯干长；5—尾长；6—吻长；7—眼径；8—眼后头长；9—尾柄长；10—鼻孔；11—上颌；12—下颌；13—颌须；14—颊部；15—围眶骨；16—峡部；17—前鳃盖骨；18—鳃盖骨；19—间鳃盖骨；20—下鳃盖骨；21—鳃盖条；22—喉部；23—鳃膜；24—胸部；25—腹部；26—肛门；27—体高；28—尾柄高；29—侧线鳞；30—侧线上鳞；31—侧线下鳞；32—背鳍；33—尾鳍；34—臀鳍；35—腹鳍；36—胸鳍

第二节　外部分区和器官

取一活鲤鱼，观察其外部形态。鲤鱼的鱼体可以清楚地区分为头部、躯干部和尾部三个主要部分。头部、躯干部和尾部衔接过渡均匀流畅，整个鱼体呈纺锤形，略侧扁。

一、鱼体的头部

（一）鲤鱼的头部观察

【观察与思考】

鱼类的头部是自吻端至鳃盖骨后缘部分（不包括鳃盖膜）。鲤鱼的头部外形为前端较尖锐，逐渐向后方增高增厚。口位于头部前端（口端位），上颌稍突出，上唇稍前于下唇；鲤鱼的口由活动性的上下颌支持，口两侧各有 2 个触须（鲫鱼无触须），司感觉功能。吻背面有鼻孔 1 对，将鬃毛从鼻孔探入，鼻腔通口腔吗？鼻腔是一盲囊，不通口腔，专司嗅觉功能。眼 1 对，位于头部两侧，形大而圆。鱼类的眼既无泪腺，也没有真正的眼睑和瞬膜，因而眼完全裸露而不能闭合；鲤鱼没有外耳。眼后头部两侧为宽扁的鳃盖，鳃盖后缘有膜状的鳃盖膜，借此覆盖鳃孔。

观察鲤鱼及其他硬骨鱼类的头部可以将其区分为以下几个部分（见图 1-5）。

① 吻部：头部的最前端到眼的前缘，其最前端叫吻端。

② 眼后头部：眼后缘到最后一鳃裂或鳃盖骨后缘。

③ 眼间隔：两眼之间的距离。

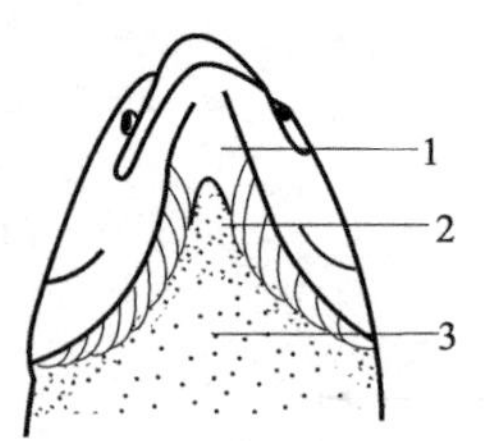

图 1-5 鱼体头部腹面观
1—颊部；2—峡部；3—喉部

④ 颊部：眼的后下方到前鳃盖骨后缘的部分。

⑤ 鳃盖膜：鳃盖后缘的皮褶。

⑥ 鳃条骨：支持鳃盖膜的细长肋骨状骨。

⑦ 下颌联合：下颌左右两齿骨在前方会合处。

⑧ 颏部（颐部）：紧接下颌联合的后方。

⑨ 峡部：由喉部向前延伸，亦即颏部的后方。

⑩ 喉部：两鳃盖间的腹面部分。

峡部是否与鳃盖膜连接在一起，在分类学上是一重要的形态特征。

而对于圆口类和板鳃类等没有鳃盖的种类，其头部是自吻端至最后一对鳃裂为界。

（二）鱼类的头部器官

【观察与思考】

观察圆口类、板鳃类、硬骨鱼类口的位置、形状和口裂大小，口和食性有何关系？须的有无与生活水层的关系？眼的相对大小与生活环境的关系？

尽管鱼类的头型多种多样，但各种鱼类头部着生的器官都和鲤鱼相类似，基本为摄食器官、感觉器官和呼吸器官，主要包括口、须、眼、鼻、鳃和喷水孔等。

（1）吻　是头最前方的部分，有口和鼻。吻的变异（见图 1-6），特别延长，如烟管鱼、颌针鱼、海马；弯曲成钩状，如长吻鱼。主要功能：攻击的工具，如锯鲨；帮助铲掘泥沙、寻找食物，如鲟鱼。

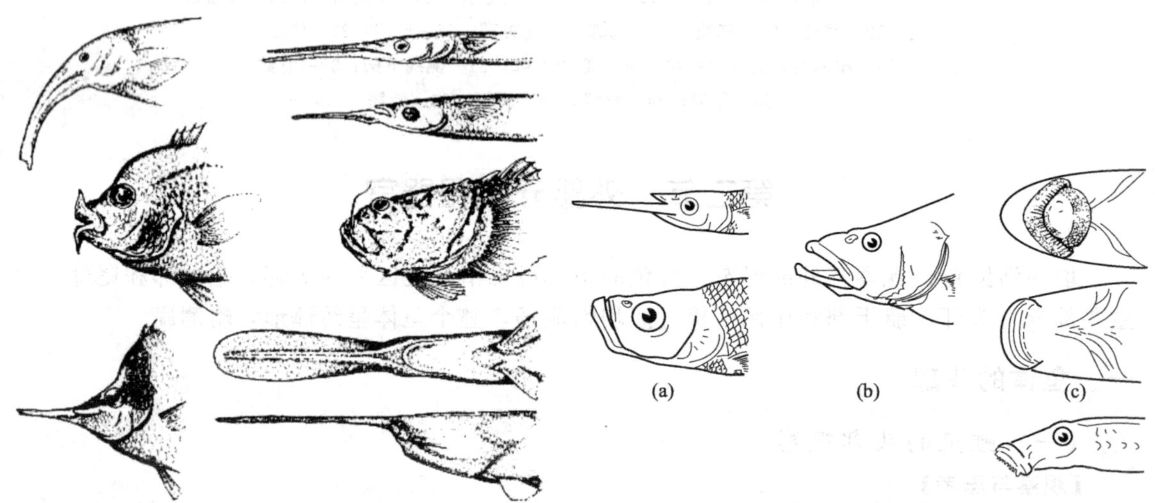

图 1-6 各种鱼类吻的变异

图 1-7 硬骨鱼类口的位置
(a) 上位口；(b) 端位口；(c) 下位口

（2）口　是鱼类捕食的器官，是索食、攻击和防御器官，是营巢、求偶、钻洞和呼吸进水的工具。口中牙齿的作用能使原来不能直接利用的物质变成食物并可防治活的食物逃脱。口也是鳃呼吸时水流进入鳃腔的通道。

硬骨鱼类的口根据口的位置和上下颌长短可划分为：上位口、下位口和端位口（见图 1-7)。

① 上位口的鱼类下颌长于或稍长于上颌，多生活于水的表层或中上层，以虾及小型鱼类为主食，如鳓鱼、翘嘴鲌等，也有个别底栖鱼类，如鮟鱇。

② 下位口的鱼类上颌长于下颌，一般多生活于水体的中下层，以底栖生物为食，如鲟

鱼、鲴、平鳍鳅等，其口的形状有横裂状、吸盘状等。

③ 端位口（也称前位口）的鱼类上下颌等长，多为善游泳营捕食性生活的中上层鱼类，如鳡、狗鱼、鲑等。

④ 鱼类口裂的大小与其捕食习性的关系：凡是口裂大且具有口腔齿的都是凶猛肉食性鱼类，口裂大但无口腔齿的是鲢、鳙等滤食性鱼类；口裂较小的一般为温和肉食性鱼类和杂食性鱼类。

另外，圆口类鱼无上、下颌，口呈吸盘状，多营寄生生活。板鳃类的口皆在头部的腹面、鼻囊的后方，呈新月形。

(3) 唇　是围绕在口边的一层厚皮，鱼类的唇一般不发达，但有些种类的唇较发达，如鲤、泥鳅等靠发达的唇帮助摄食（见图 1-8）。

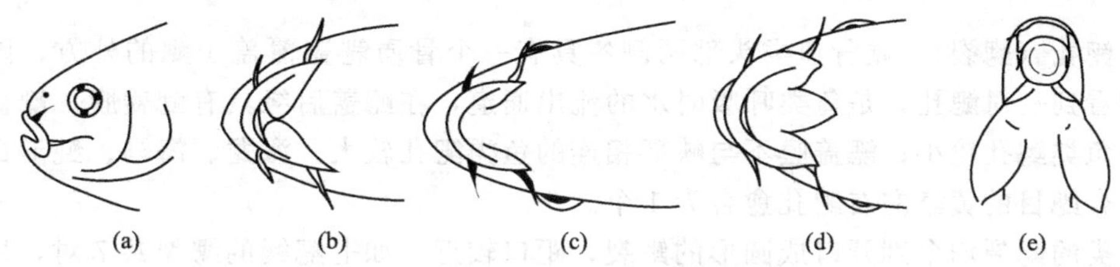

图 1-8　几种鱼的唇

(a) 四须鲃；(b) 长臀鲃；(c) 厚唇鱼；(d) 叶结鱼；(e) 东方墨头鱼

(4) 触须　在口或口的周围及其附近着生有一些须，司味觉功能，辅助鱼类发现和觅取食物；根据着生部位分吻须（位于吻部）、颌须（长在颌上）和颏须（生在颏部），以及生在鼻孔周围的鼻须等（见图 1-9）。鲤鱼的口两侧有吻须一对，颌须一对，颌须长度为吻须的 2 倍。鲫鱼无触须，鳅科及鲇形目均以口须多而著称。深海种类颌下常具一长须，分叉呈树枝状，在一些末梢上可能具有发光器。

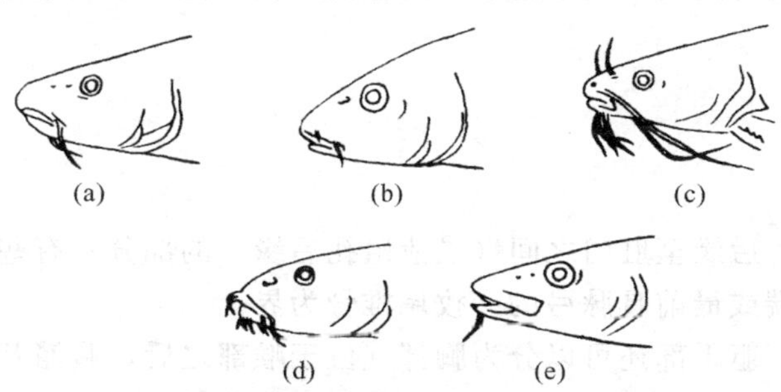

图 1-9　各种鱼的须

(a) 铜鱼；(b) 鲤；(c) 黄颡鱼；(d) 泥鳅；(e) 江鳕

通常具有须的鱼类是生活于水体底层的。

(5) 眼　由于鱼类体型或生活方式的变异，鱼类眼的位置和形状也发生变化，如生活在水底的扁平鱼类鳐、魟等眼位于头部背面，且两眼相距较近，便于观察来自上方的生物；而鲽形目鱼类，两眼位于体的一侧；弹涂鱼眼十分突出，且能左右转动观看四方；泥鳅、黄鳝等泥居或洞穴的鱼类，眼非常小，趋向退化；深海鱼类由于光线不能到达，致使一些鱼类已退化为盲鱼，而有些种类的眼则变得特别大。

部分鲱形目和鲻形目的种类，眼的外面大部分或一部分被覆透明的脂肪体，称为脂眼睑。

通常，鱼类眼的大小与生活的水层与食性有关，生活于水体中上层的鱼类眼相对较大，快速运动的凶猛肉食性鱼类眼也较大。

（6）**鼻孔** 硬骨鱼类、绝大多数真骨鱼类在头的每侧各有两个由瓣膜隔开的鼻孔，前鼻孔为**进水孔**，后鼻孔为**出水孔**，水流经前鼻孔进入鼻腔与嗅囊接触，能感受外界化学刺激；后鼻孔为出水孔，鼻腔与口腔不通（除肺鱼类和总鳍鱼类外），与呼吸无关。

圆口纲鱼类仅一个鼻孔。极少数鱼类没有鼻孔（鲀形目的少数种类，仅有嗅觉上皮）。

软骨鱼类的鼻孔位于头部腹面口的前方，鼻孔周围有皮肤衍生形成的前后鼻瓣，鼻瓣将鼻孔不完全分割为两个孔，有些鲨类有连接鼻与口隅的鼻口沟。

嗅觉在摄食中有很重要的作用，通过鼻、口的联合作用先感知食物的存在，然后采取行动。

（7）鳃孔（鳃裂） 硬骨鱼类头部两侧各具有一个骨质鳃盖覆盖于鳃的外方，因此，在外方只能看到一对鳃孔，是鱼类呼吸时水的流出通道，在鳃盖后缘具有鳃盖膜。鳃盖膜与峡部相连的鱼类鳃孔较小；鳃盖膜不与峡部相连的鱼类鳃孔较大。海龙、海马、鲀形目鱼类鳃孔很小。合鳃目的黄鳝左右鳃孔愈合为1个。

圆口类的鳃裂均个别开口成圆形的鳃裂，距口较近，如七鳃鳗的鳃裂共7对，盲鳗类为1～14对不等；软骨鱼类的鳃裂为5～7对，鲨类的鳃裂开口于头部的两侧，鳐类则开口于头部腹面。呼吸时水流：口→口腔→鳃（气体交换）→由鳃裂排出。

（8）喷水孔（spiracle） 大部分软骨鱼类和少数硬骨鱼类在眼的后方尚有一孔，称为喷水孔。实质上它是一个退化了的鳃裂，在胚胎时期与其后方的鳃裂没有多大差异，到了成鱼时期，在喷水孔中常常可见遗留的部分鳃丝。

板鳃鱼类的口位于头腹面，当其在水底潜伏时，用头部背面的喷水孔引入水流进行呼吸，可避免泥沙进入鳃腔，当其在水层中游泳时则用口进水。

一般鳐类的喷水孔特别大，用于进水；而鲨类的喷水孔较小或退化；硬骨鱼中，鲟有小喷水孔。

二、躯干部和尾部

1. 躯干部

躯干部是自鳃盖骨后缘至肛门之间（或泄殖孔后缘）的部分；有些鱼类（如鲽形目）肛门前移，则以体腔末端或最前具脉弓的一枚尾椎骨为界。

从鲤鱼的腹面看，躯干部还可以分为胸部（位于喉部之后，胸鳍基部附近区域）和腹部（胸鳍基部之后臀鳍起点之前的部分），两者没有明显的分界。

通常，生活于水底的鱼类如鲟鱼、鲤鱼等腹面相对宽而平。

有些鱼的腹部至肛门前的腹中线有一隆起的尖锐的棱称为**腹棱**，腹棱常作为分类依据。鲢鱼的腹棱分布于胸鳍基部至肛门之间，鳙的腹棱分布于腹鳍至肛门之间。

2. 尾部

自肛门至尾鳍基部最后一枚椎骨为尾部。肛门紧靠臀鳍起点基部前方，紧接肛门后有一泄殖孔。其中臀鳍基部后缘至尾鳍基部间的区域为尾柄，在臀鳍与尾鳍相连的种类中，不存在尾柄。

鱼体外部除了头部有器官外，鱼的躯干部和尾部也有器官，主要有鳍、皮肤及其衍生物。

三、鳍

鱼类的附肢为鳍，是鱼类特有的运动器官，具有游泳和维持身体平衡的功能。有时也有变态适应而形成的功能：吸盘、取食、呼吸、生殖、爬行、发声、防御、滑翔等。

（一）鲤鱼鳍的观察

【观察与思考】

鱼体有哪些鳍？各鳍有何功能？鳍由什么组成？鳍条可分为哪些类型？

① 背鳍：鲤鱼的背鳍有1个，较长，约为躯干的3/4，背鳍的前端与腹鳍的前端相对或稍前，终点与臀鳍的终点亦上下略相对或稍前，最前端有两硬棘，棘不分支，第一棘甚小（在其前面还有一极小的棘埋在皮里），第二棘形状粗大，比第一棘长2～3倍，其后缘有一列小齿，其余鳍条都是软条，软条有分支故又叫分支鳍条，共有18条。

② 臀鳍：鲤鱼的臀鳍有1个，较短，臀鳍的前端亦有两硬棘，第一棘甚小（在其前面还有一极小的棘埋在皮里），第二棘形状粗大，5～6倍于第一棘，后缘也有一列小齿；此鳍有5条软条或稍多。

③ 尾鳍：鲤鱼的尾鳍末端凹入分成上下相称的两叶，为正尾型；尾鳍由20或22条软条组成，无真正的鳍棘。

④ 胸鳍：鲤鱼的胸鳍有1对，位于鳃盖后方左右两侧；胸鳍无棘，共有13条软条或稍多。

⑤ 腹鳍：鲤鱼的腹鳍有1对，已向前移位于胸鳍之后，肛门之前，属腹鳍腹位；腹鳍无棘，有10条软条或稍多。

一般常见的鱼类都具有胸鳍、腹鳍、背鳍、臀鳍、尾鳍五种鳍。但也有少数鱼鳍不完整，如黄鳝无偶鳍，奇鳍也退化；鳗鲡无腹鳍；电鳗无背鳍等。

（二）鳍的分类与功能

1. 按结构分

可分为**骨质鳍条**（也叫**鳞质鳍条**）和**角质鳍条**两类。

硬骨鱼的鳍由骨质鳍条支持，鳍条间以薄的鳍膜相连。骨质鳍条系由鳞片衍生而成。骨质鳍条分鳍棘和软条两种类型。

软骨鱼的鳍，外面都覆盖皮肤，内面由角质鳍条支持。**角质鳍条**为一种纤维状的角质物，细长而不分节。名菜中的“鱼翅”就是这种鳍条加工而成。

① 鳍棘：是一种由鳍条变形来的既不分支也不分节的硬棘，也称真棘，为高等鱼类所具有。

② 软条：柔软而有节，其远端分支（称为分支鳍条）或不分支（称为不分支鳍条），均由左右两半合并而成。不分支鳍条常是最前面的几根。

在鲤形目中有些种类，如鲤鱼，其背鳍与臀鳍前方的硬棘，仍保留有分节和左右两列合并的痕迹，称为**假棘或硬棘**，系软条钙化后的变形物，不是真正的棘，因为真正的棘始终为单一结构而无法分开。假棘用水煮会分成左右两半。

2. 按着生位置分

① 奇鳍：为不成对的鳍，包括**背鳍**、**臀鳍**、**尾鳍**，分别长在身体的背面、腹面肛门后和尾部，并和身体的横轴垂直。

根据鱼类的尾鳍外形和尾椎骨末端的位置，一般将**尾部**分为三种类型：**原尾型**、**歪尾型**、**正尾型**。

② 偶鳍：为成对的鳍，包括**胸鳍**、**腹鳍**。硬骨鱼的偶鳍呈垂直位，而软骨鱼的偶鳍呈水平位。

3. 鳍的功能

鳍的功能是维持鱼体直立和平衡，防止鱼体倾斜和摇摆；臀鳍功能与背鳍功能相似，主要是维持鱼体垂直平衡；尾鳍具有平衡、推进和舵的作用，尾的扭曲和伸直使鱼体产生前进运动；胸鳍的基本功能为运动、平衡和掌握运动方向；腹鳍作用不及胸鳍大，主要协助背鳍、臀鳍维持鱼体的平衡，并有辅助鱼体升降和拐弯功能。

（三）鳍式

各种鱼类鳍的组成、鳍条（包括鳍棘）的数目，是鱼类分类学上的主要依据之一，而各种鱼类鳍条数目都有一定的范围，通常用一种方式加以记载，这即是鳍式。

鳍式记载方式：鳍名称以各鳍的英文名大写第一个字母表示，即“D”代表背鳍（dorsal fin），“A”代表臀鳍（anal fin），“C”代表尾鳍（caudal fin），“V”代表腹鳍（ventral fin），“P”代表胸鳍（pectoral fin）。大写罗马数字代表鳍棘的数目，阿拉伯数字表示鳍条数目，小写罗马数字代表小鳍数目，鳍棘和鳍条数目范围用“～”表示，鳍棘与鳍条连续时用“-”表示，背鳍若分离用“，”表示。书写格式为：鳍的名称，鳍棘或不分支鳍条数，分支鳍条数，小鳍数目。

鲤鱼：D Ⅲ～Ⅳ-17～22；A Ⅲ-5～6；P Ⅰ-15～16；V Ⅱ-8～9

表示鲤鱼有一个背鳍，3～4 根硬棘和 17～22 根鳍条；臀鳍有 3 根硬棘和 5～6 根鳍条；胸鳍有 1 根硬棘和 15～16 根鳍条；腹鳍有 2 根硬棘和 8～9 根鳍条。

鲈鱼：D Ⅻ，Ⅰ-13；A Ⅲ-7～8；P 15～18；V 1～5

表示鲈鱼有两个背鳍，第一个背鳍由 12 根鳍棘组成，无软条；第二个背鳍包含 1 根鳍棘和 13 根软条；臀鳍包含 3 根鳍棘和 7～8 根软条；胸鳍具有 15～18 根软条；腹鳍具有 1～5 根软条。

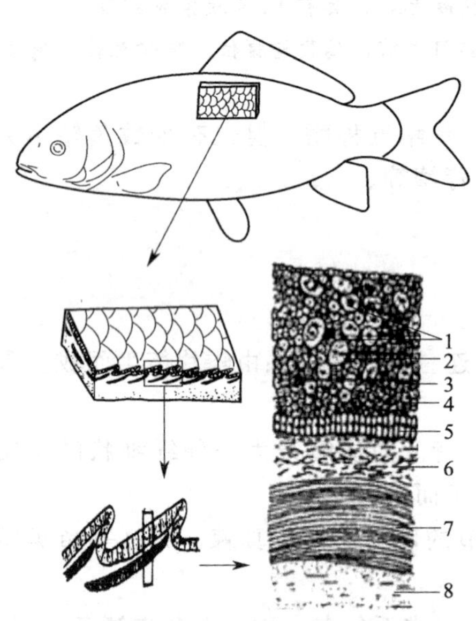

图 1-10 鲤鱼的皮肤结构

1—棒状细胞；2—黏液细胞；3—颗粒细胞；4—腺层；5—生发层；6—疏松层；7—鳞片；8—致密层

四、皮肤及其衍生物

（一）皮肤

鱼类的皮肤与外界水环境最为密切。皮肤除了外层的表皮和内层的真皮外，尚有许多由其衍生出来的构造即**衍生物**构成，如黏液腺、毒腺、鳞片、色素细胞等。**鱼类皮肤功能**：保护、润滑、凝结、沉淀、调节渗透压、修补、辅助呼吸、感觉、吸收等（见图 1-10）。

1. 表皮

【观察与思考】

用手抚摸鱼体表，是否黏滑？刮下鲤鱼体表黏液，用手搅拌泥浆，看看手指上是否能够粘上泥？说明鱼体黏液有何作用？

观察鲤鱼的皮肤切片，分清表皮和真皮，表皮和真皮都由多层细胞组成。注意色素细胞及皮肤腺的分布情况。

表皮起源于外胚层，一般可分为生发层和腺层。**生发层**在基部，由一层柱状细胞构成，细胞具旺盛的分生能力，可以产生新细胞，母细胞向表层移位，修复损伤。**腺层**位于生发层上方，细胞层数不等，有各种单细胞腺和多细胞腺。

2. 真皮

真皮起源于中胚层，真皮的厚度大于表皮，位于表皮层下方，由纵横交错的纤维结缔组织（胶原纤维和弹性纤维）组成，由外向内可分外膜层、疏松层和致密层。

（二）衍生物

1. 黏液

鱼类的表皮内富有单细胞的黏液腺，并由其分泌大量黏液。

① 黏液的功能：保护身体不受寄生物、病菌和其他微小有机体的侵袭；凝结和沉淀水中悬浮物质，这对于栖息在浑浊度变化很大的水域中的鱼类更有意义；对调节渗透压也有作用，使鱼体中保持适当浓度的盐类；减少鱼体与水的摩擦，使鱼体付出较少的能量，却获得了较大的运动速度，而且不易被捕捉，或被捕后易于挣脱滑逃。

② 黏液分泌的多寡与鳞被状况关系：无鳞或鳞很细小的种类，黏液分泌多，反之则少。如盲鳗体外无鳞，黏液腺发达，并具有独特的腺细胞，一尾盲鳗在数分钟内分泌的黏液，可将一桶清水变成胶状液体。

2. 珠星

鱼类表皮一般无角质层，但有些鱼类的表皮有时能局部角质化，如有些鲤科鱼类的唇部角质化，便于摄食。还有些鱼类一到生殖季节，由于受到生殖腺激素的刺激，头部、鳍等处出现一种由表皮角质化形成的圆锥形突起，称为**追星或珠星**（见图 1-11），生殖完毕即行消退。珠星只限于生殖季节出现，或者在生殖期间变得特别明显，雄性个体一般表现粗壮，数量也多，雌性个体往往缺如，即使出现，也很微细，数量也非常有限。珠星主要存在于生活、产卵在流水或潮间带的一些鱼类，世界上已知有 4 目 115 科中的一些鱼类存在这种结构。珠星的出现对于生殖季节亲鱼雌雄性鉴别与成熟度评定具有重要价值。

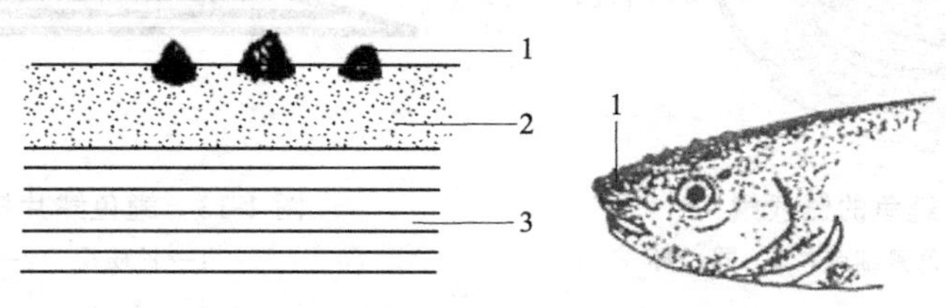

图 1-11 珠星
1—珠星；2—表皮；3—真皮

3. 色素细胞

【色素细胞观察】

将新鲜鲤鱼鳞片取下放在显微镜下即可看到色素细胞，鲤鱼的色素细胞一般分为三类：黑色素细胞、黄色素细胞、反光体（或称虹彩细胞）。

鱼类色泽的变化，系由于色素细胞内色素颗粒的扩散与集中所致。鱼类的体色在一定程度上具有保护自己、攻击对方或迷惑对方、逃避敌害的作用，这对鱼类的生存有着特殊意义。

多数淡水鱼类，背侧深灰色，腹部灰白色，由上往下看，体色与水色一致，由下往上看，则与淡淡的天空近似，这样不易被敌害所发现，还可以利用其体色隐蔽自己以达到攻击其他动物的目的。还有一些鱼类具有警戒色，令其他生物望而生畏，如海鳝等。

鱼类的体色一般较为固定，但有些鱼类其体色可随年龄、性别、健康、环境等因素而变化，如鲑鱼在幼小时，体上具横纹，成鱼则消失。不少鲤科鱼类的雄鱼，在生殖季节体色变得很美丽，鱼类生病时，体色常变淡，黄颡鱼由水清光线良好的环境转到浑浊或水草茂密的环境后，体色由青黄色变成墨绿色；水库网箱养殖的鲤鱼、鲫鱼体色通常为黑色（与环境一致），把黑色的鲤鱼、鲫鱼转入泥底池塘内养殖 2 周后，体色转为青黄色，这在生产上具有一定意义。

4. 鳞片

鳞片是鱼类特有的皮肤衍生物，多数鱼类都有鳞片，只有少数鱼类无鳞或少鳞。鳞片比较坚韧，由钙质组成，称为外骨骼，被覆在鱼体全身或身体的一部分，具有保护功能。无鳞的鱼类对药物敏感，养殖生产需要注意。

【观察与思考】

取鲤鱼鱼体背鳍下方、侧线上方位置的鳞片，放入碱性溶液中浸泡 24h，然后取出用清水洗干净，吸干水分，压在两载玻片中，载玻片两端用胶纸或胶布固定，并置解剖镜下观察，可见它大致呈圆形，中间有很多同心圆的环纹（露于体表的部分上含有很多色素）。环纹为鉴定年龄的依据。躯干两侧有侧线，位于皮肤下。再取一被侧线穿过的鳞片置解剖镜下观察，可见有一管道从中穿过（见图 1-12），这就是侧线鳞。

用解剖刀在鳞片中央横切成薄片放解剖镜下观察，可以看到每个鳞片分上下两层，如图 1-13 所示，下层柔韧成层排列，由交错的纤维组成，上层脆薄，为骨质。

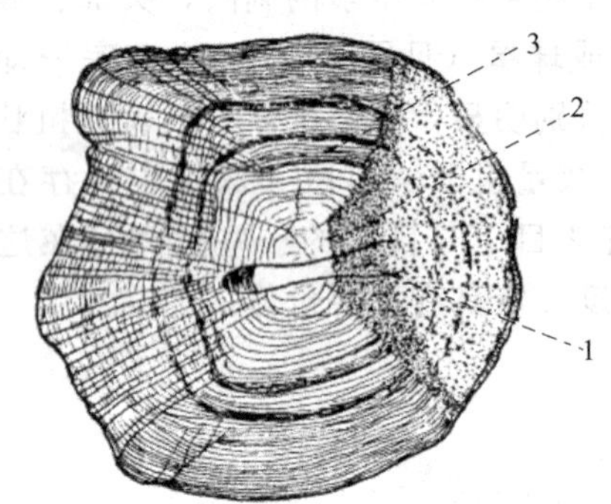

图 1-12　鲤鱼的侧线鳞

1—侧线孔；2—色素细胞；3—同心环

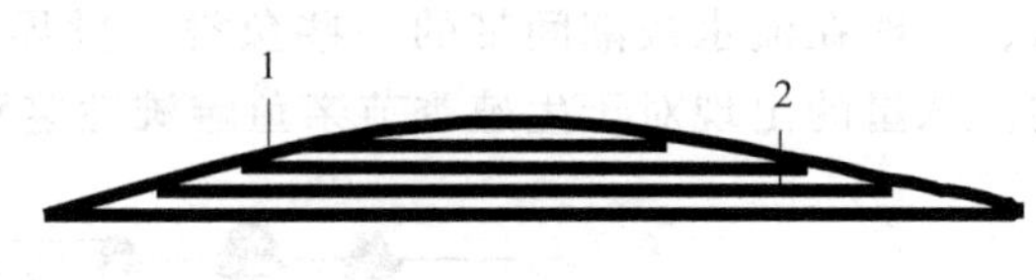

图 1-13　鲤鱼鳞片横切面示意图

1—骨质层；2—纤维层

（1）鳞片类型　根据鳞片形状的不同，可分为三种，即**骨鳞**、**盾鳞**（见图 1-14）和**硬鳞**（见图 1-15），分别被覆于硬骨鱼类、软骨鱼类及硬鳞鱼类的体表。由于大部分硬骨鱼类体覆

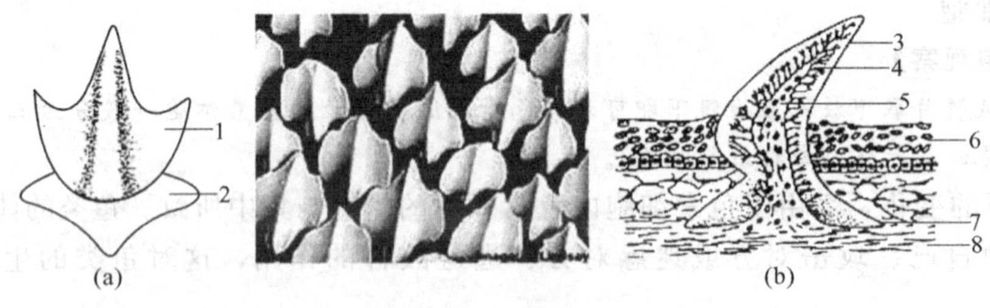

图 1-14　盾鳞

(a) 外观；(b) 纵剖

1—鳞棘；2—基板；3—珐琅质；4—齿质；5—髓腔；6—表皮；7—基板；8—真皮

骨鳞，这里重点介绍骨鳞结构。

骨鳞由真皮衍生而来，通常一片圆形或椭圆形，有弹性半透明的薄骨板。骨鳞柔软扁薄，富有弹性，露出体外部分的边缘呈现圆滑的称为**圆鳞**，如鲱形目、鲤形目等，边缘带有齿突或锯齿的称为**栉鳞**，如鲈形目（见图 1-16）。

骨鳞鳞片在增长过程中，下层是一片片地增长，新长的一片叠在原有的那片下面，而且比它大些，故下层愈是靠近中间则愈厚，上层是一环一环增长，即从原有部分的边缘增加一圈新的，故中央和外缘差不多同样厚薄，而且表面形成许多隆起的同心圆或环片。

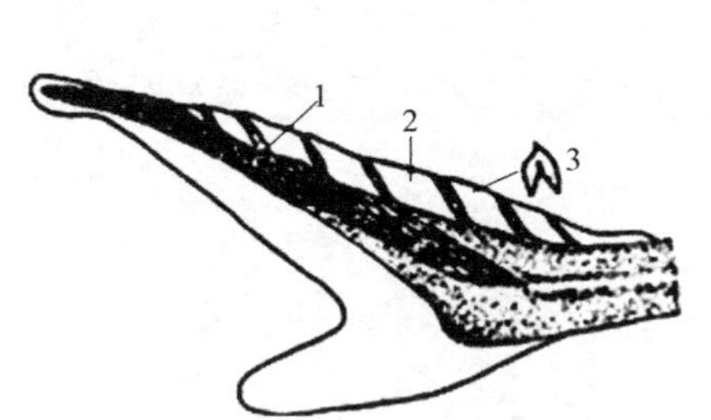

图 1-15　白鲟尾部的硬鳞
1—硬鳞；2—硬鳞（棘状鳞）；
3—棘状鳞（前视）

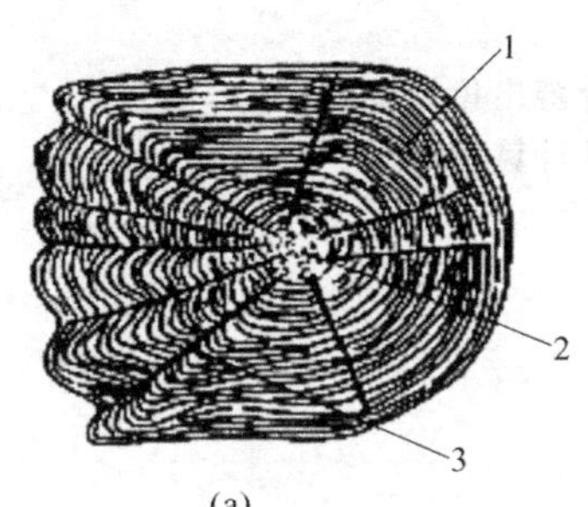

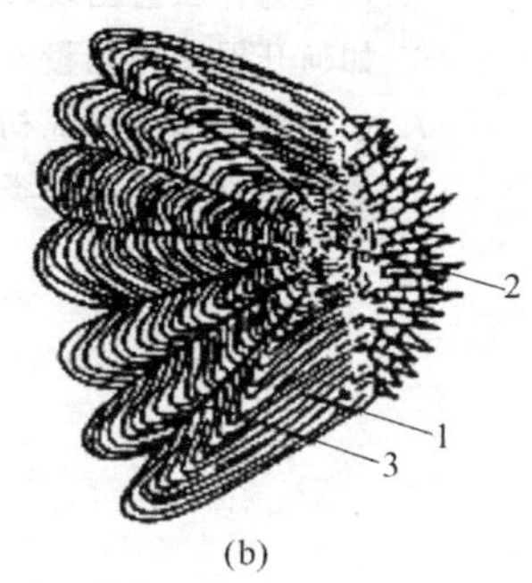

图 1-16　骨鳞的两种类型
(a) 圆鳞；(b) 栉鳞
1—鳞嵴；2—鳞焦；3—鳞沟

（2）侧线与侧线鳞

① 侧线：侧线鳞有规律地排列成一条线纹就叫侧线，侧线内充满黏液。侧线是低等水生脊椎动物（包括水生两栖类）特有的感觉器官，由感受机械刺激的神经丘器官和感受电刺激的壶腹器官组成。前者感觉水流的方向、速度和压力，后者感觉水中动物因肌肉收缩而形成的微弱电场。侧线对于鱼类的取食、避敌和求偶具有重要的生物学意义。

② 侧线鳞：在真骨鱼鱼体两侧中央从鳃盖后到尾基有一行有侧线器官穿孔的鳞片，叫做侧线鳞。侧线鳞的数目常作为分类的重要依据。

侧线鳞的数目，以及侧线上鳞（由背鳍起点的基部至侧线这一段距离上的鳞片）和侧线下鳞（由臀鳍起点的基部至侧线这一段距离上的鳞片）的数目，通常都用鳞式来表示，是鱼类分类需要记载的数据之一。

（3）鳞式　鳞式是记录鳞片数目的表达式。一般包括三方面：侧线鳞数、侧线上鳞数、侧线下鳞数。

分类时常用鳞式表示：侧线鳞的数目$\dfrac{\text{侧线上鳞数目}}{\text{侧线下鳞数目}}$

鲤鱼的鳞式为 34～38 $\dfrac{5}{8}$。这就是说：鲤鱼的侧线鳞为 34～38 片，侧线上鳞为 5 片，侧线下鳞为 8 片。图 1-12 为鲤鱼的侧线鳞图。

无侧线的鱼计鳞方法：

① 纵列鳞：自鳃盖后方至尾柄末端的一行纵列鳞。

② 横列鳞：由背鳍起点至腹正中线的一行横列鳞。

鳞数终生不变，可作为分类依据。少数鱼类没有侧线，这些鱼的鳞片数以体侧纵列鳞数和横列鳞数记录。

【思考题】

1. 名词解释

侧线鳞　鳍　软条　侧扁形　平扁形　下位口　鳃孔（鳃裂）　鳍式　鳞式　角质鳍条　生发层　表皮和真皮　盾鳞　骨鳞　栉鳞

2. 鱼类各鳍的功能如何？

3. 如何根据鱼类的不同体型及口的位置推断其生活习性与水层？

4. 鱼体为什么要分泌黏液？其功用是什么？

5. 鱼类为什么会出现多种多样的体型？

6. 如何开展鱼体测量？

7. 如何根据珠星情况初步分辨出鱼类雌雄？

8. 如何鉴别鱼类鳞片类型并计算鳞式？

第二章　鱼体内部结构
（兼实验观察）

【技能目标】

1. 能熟练地进行内脏器官原位解剖与观察。

2. 能熟练识别鳃弓、颌弓、躯椎、尾椎和韦伯氏器的骨骼组成。

3. 熟练识别鳃耙、鳃片、辅助呼吸器官、鳔和血细胞。

4. 在繁殖季节能根据泌尿孔和泄殖孔的形态初步鉴别常见经济鱼类的雌雄与性腺成熟度。

5. 依据鱼类渗透压调节与排泄原理，并结合查阅课外资料分析了解“淡化”、“海化”与养殖水体净化处理等的具体方法。

鱼类的内部构造包括骨骼、肌肉、消化、呼吸、循环、尿殖、神经、感觉和内分泌等系统，是鱼类形态学研究的内容，也是开展鱼类养殖、鱼病检查的理论基础。

本章重点介绍呼吸、循环与泌尿器官等结构，消化、生殖将在后面相关章节讲述。

【内脏器官原位观察】

将新鲜鲤鱼用镊子的一只脚插入顶骨，破坏其脑，直至其死亡，放在解剖盘里，使其腹部向上，用解剖剪刀在肛门前与体轴垂直方向剪一小口，将剪刀尖插入切口，沿腹中线向前经腹鳍中间剪至下颌；使鱼侧卧，左侧向上，自肛门前的开口向背方剪到脊柱，沿脊柱下方剪至鳃盖后缘，再沿鳃盖后缘剪至下颌，除去左侧体壁肌肉，使心脏和内脏暴露（见图 2-1）。用棉花拭净器官周围的血迹及组织液，置入放有咸水的解剖盘内观察。

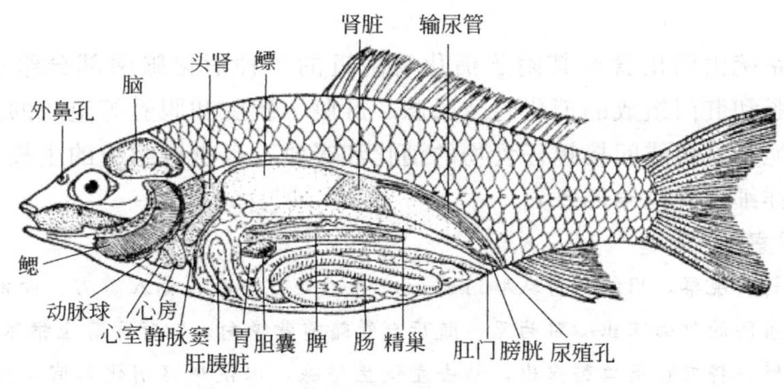

图 2-1　鲤鱼的内部结构

注意：剪开体壁时，一定要注意剪切的深度，剪刀尖不要插入太深，太深则会伤及内脏。剪的过程中剪刀尖要始终向上翘，以免损伤内脏。在移去左侧体壁肌肉时，要先用解剖刀柄或用镊子将体腔膜与体壁剥离开，以不致损坏覆盖在前后鳔室之间的肾脏和紧靠头后部的头肾。

原位观察：腹腔前方，最后一对鳃弓后腹方一小腔，为围心腔，它借横膈与腹腔分开。心脏位于围心腔内。在腹腔，脊柱腹方是白色囊状的鳔，覆盖在前、后鳔室之间的三角形暗红色组织，为肾脏的一部分。鳔的腹方是长形的生殖腺，雄性为乳白色的精巢，雌性为黄色的卵巢。腹腔腹侧盘曲的管道为肠管，在肠管之间的肠系膜上，有暗红色、散漫状分布的肝胰脏。在肠管和肝胰脏之间一细长红褐色器官为脾脏。

第一节 生殖系统

多数鱼类的生殖系统由生殖管与生殖腺两部分组成（详细内容见第五章）。

【生殖系统观察】

以鲤鱼为例，打开腹腔原位可观察到生殖系统。①生殖腺：生殖腺外包有极薄的膜。雄性有精巢1对，性成熟时纯白色，呈扁长囊状，性未成熟时往往呈淡红色，常左右不匀称且有裂隙。雌性有卵巢1对，性未成熟时为淡橙黄色，长带状；性成熟时呈微黄红色，长囊形，几乎充满整个腹腔，内有许多小形卵粒。②生殖导管：为生殖腺表面的膜向后延伸的细管，即输精管或输卵管，很短，左右两管后端合并，通入泄殖窦，泄殖窦以泄殖孔开口于体外（见图2-2）。

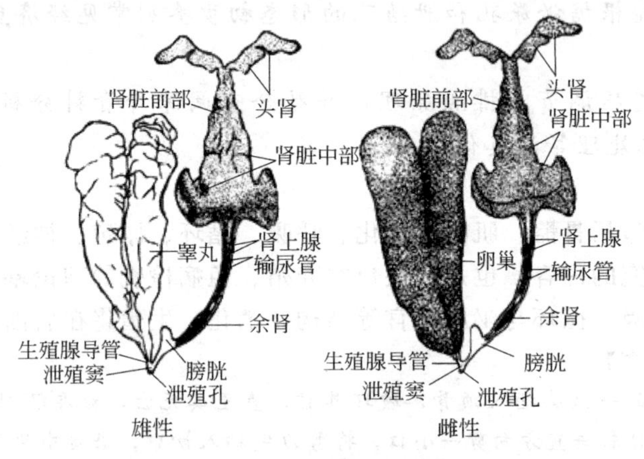

图2-2 鲤鱼的生殖系统及排泄系统

第二节 消化系统

鱼类的消化系统由消化管及其附于消化管附近的各种消化腺两部分组成。主要包括口腔、咽、食管、肠和肛门组成的消化管及肠腺、肝脏、胰脏和胆囊等组成的消化腺。鱼类消化系统的生理机能是直接或间接担任食物的消化和吸收，以供应组织的生长和提供生命活动所需要的能量（详细内容见第四章）。

【消化系统观察】

采用新鲜鲤鱼材料观察，用解剖剪从肛门前1cm左右处剪一孔，插入剪刀，向前方沿体壁的腹部正中线剪至左右鳃盖间的腹面露出心脏为至，随后自臀鳍前背缘向左侧背方剪至椎体附近时折向前方，仔细除去一侧的体壁，将内脏及口腔露出，移去左侧生殖腺，以便观察消化器官，用钝头镊子将盘曲的肠管展开。将剪刀伸入鲤鱼的口腔，剪开口角，并沿眼后缘将鳃盖剪去，以暴露口腔。主要观察食管、肠、肝胰脏、胆囊和肛门。

第三节 骨骼系统

骨骼是支持身体、保护内脏器官，与肌肉协作完成运动的器官。鱼类的骨骼多埋在肌肉内，受外部环境影响较小，故在形态上比较稳定，所以常利用骨骼研究鱼类的演化和分类。

又因为鱼类在生长过程中，骨骼的某些部分会留下痕迹，故可用来鉴定年龄。

一、骨骼类型

鱼类骨骼按性质可分为软骨与硬骨两类（见图 2-3）。

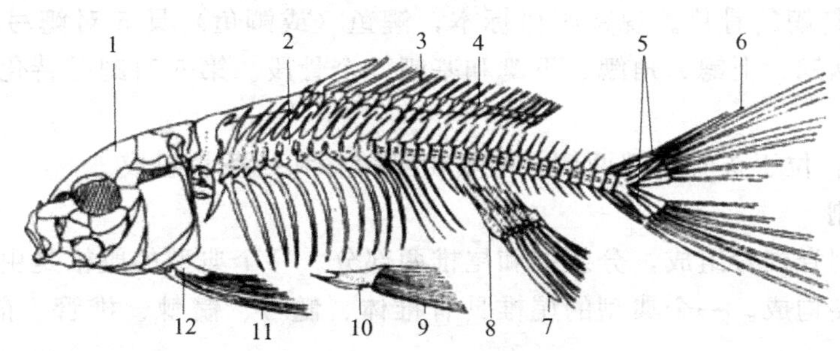

图 2-3　鲤的骨骼全貌

1—头骨；2—脊柱；3—背鳍鳍条；4—背鳍支鳍骨；5—尾鳍支鳍骨；6—尾鳍鳍条；7—臀鳍鳍条；8—臀鳍支鳍骨；9—腹鳍鳍条；10—腰带；11—胸鳍鳍条；12—肩带

1. 软骨

由软骨组织构成。圆口类、软骨鱼类的生骨区产生软骨细胞，形成软骨，并终生保持软骨。软骨中有石灰质的沉积物，所以叫**钙化软骨**。

2. 硬骨

根据发生过程的不同可分为两种类型。

(1) 软骨化骨　硬骨细胞侵入软骨区，经骨化作用形成硬骨，如脊椎骨、耳骨、枕骨。

(2) 膜骨　是由真皮和结缔组织直接骨化而成的硬骨，如额骨、顶骨、鳃盖骨等。

二、骨骼系统

鱼类内骨骼组成如下。

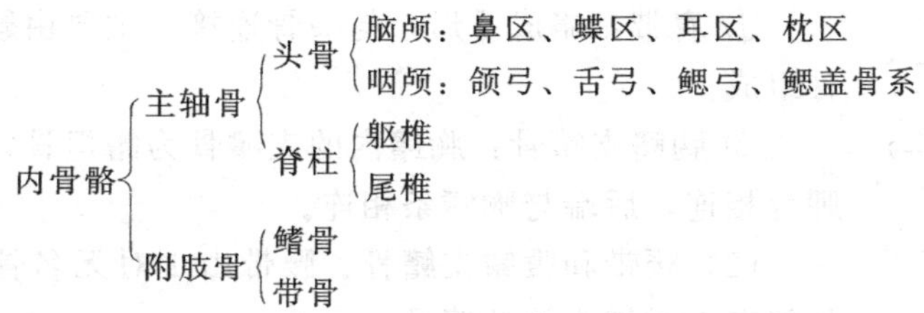

【骨骼系统的观察】

取鲤鱼整体骨骼和分散的骨骼标本，观察头骨、脊柱和附肢骨（见图 2-3）。

1. 头骨

头骨的前端背方有一凹陷的鼻腔，两侧中央有眼眶。可分为脑颅和咽颅两大部分来观察。

(1) 脑颅　骨片数目很多，由前向后可分成 4 个区来观察。

① 鼻区：位于最前端，环绕着鼻囊的区域，主要由各种筛骨构成。

② 蝶区：紧接鼻区之后，环绕眼眶四周，主要由各种蝶骨构成。

③ 耳区：前接蝶区，围绕耳囊四周，主要由各种耳骨构成。

④ 枕区：脑颅的最后部分，主要由各种枕骨构成。

(2) 咽颅　位于脑颅下方，环绕消化管的最前端，由左右对称并分节的骨片组成，包括颌弓、舌弓、鳃弓及鳃盖骨系。

① 颌弓：为构成上、下颌的骨片。上颌部分有前颌骨，下颌部分由齿骨、关节骨和隅骨构成。

② 舌弓：位于颌弓后边。主要由舌颌骨、基舌骨等组成。

③ 鳃弓：支持鳃的骨片。观察鳃弓标本，鲤鱼（或鲫鱼）具 5 对鳃弓。第 1 对鳃弓从背到腹依次分为咽鳃、上鳃、角鳃、下鳃和基鳃 5 个骨段。第 5 对鳃弓特化为咽骨，其内缘有 3 列咽齿。

④ 鳃盖骨系：位于头骨后部两侧，主要由鳃盖骨和鳃条骨组成。

2. 脊柱和肋骨

脊柱由一系列脊椎骨组成，分躯椎和尾椎两部分。一个典型的躯椎是由椎体、髓弓、髓棘、椎管、关节突构成。一个典型的尾椎具有椎体、髓弓、髓棘、椎管、前关节突、脉弓、脉棘（见图 2-4）。

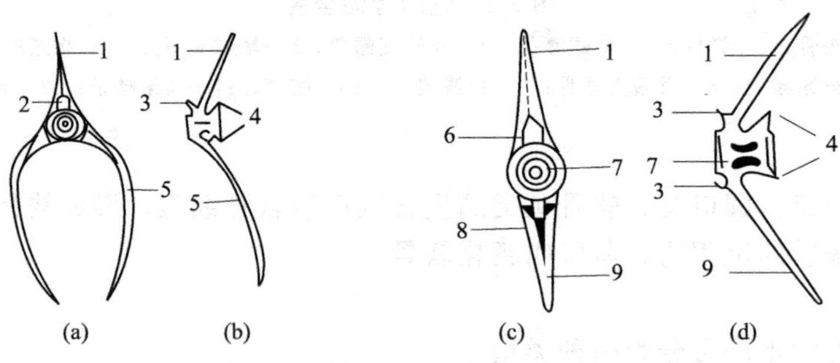

图 2-4 鱼背柱

(a) 躯椎前面观；(b) 躯椎侧面观；(c) 尾椎前面观；(d) 尾椎侧面观

1—髓棘；2—椎管；3—前关节突；4—后关节突；5—肋骨；6—髓弓；7—椎体；8—脉弓；9—脉棘

3. 附肢骨（包括带骨和鳍骨）

（1）肩带和胸鳍支鳍骨

① 肩带：略成弓形，与头骨连接。主要由匙骨、乌喙骨、肩胛骨组成。

② 胸鳍支鳍骨：胸鳍内的支鳍骨为鳍担骨，前端与乌喙骨、肩胛骨相连，后端与胸鳍条相连。

（2）腰带和腹鳍支鳍骨　腰带由 1 对无名骨构成。腹鳍的支鳍骨仅有 1 对细小的基鳍骨。

（3）奇鳍骨　背鳍和臀鳍的鳍条中，前 3 个鳍条形成刚硬的鳍棘，前 2 棘短小，第 1 棘尤小，第 3 棘特别强大，其后缘有锯齿。每一鳍条有一鳍担骨支持。

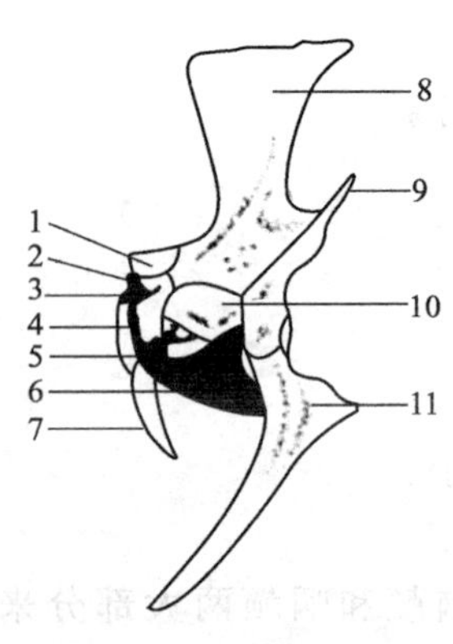

图 2-5 鲤的韦伯氏器

1—第二椎骨髓弓；2—带状骨；3—舶状骨；4—韧带；5—间插骨；6—三角骨；7—第二椎骨椎体横突；8—第三椎骨髓棘；9—第四椎骨髓棘；10—第三椎骨髓弓；11—第四椎骨椎体横突

三、韦伯氏器

韦伯氏器（Weberian organ）（见图 2-5）：鲤科鱼类的前 3 块脊椎的一部分变化成韦伯小骨，包括三角骨（捶骨）、间插骨（砧骨）和舶状骨（蹬骨），三角骨的后端和鳔壁相接触，舶状骨和内耳的围淋巴腔接触。水中的声波引起鳔内气体产生同样振幅的波动，通过韦伯氏器传导到内耳，从而使鱼能感觉高频率、低强度的声波，类似于陆生脊椎动物的听觉。

第四节 肌肉系统

鱼类在生活过程中时刻运动着，游泳、摄食、呼吸、繁殖等活动都是通过较大范围的组织器官的运动而进行的，而产生各种动作的基础就是肌肉，一条鲤鱼就有三百多条肌肉。肌肉的基本单位是肌肉细胞，通常为长形，成纤维状，又称肌肉纤维。

一、肌肉的命名

肌肉的命名
- 依肌肉的形状和大小而得名：如斜方肌
- 依肌肉所附骨骼而得名：如基枕骨咽骨肌起点在基枕骨，止点在咽骨背面
- 依所在位置而得名：如附于前后鳃弓间的鳃弓连肌
- 依肌肉不同的作用结果而得名：如收肌、展肌、伸肌、屈肌、提肌、降肌和缩肌等

二、肌肉的类型

按组织结构、分布特点、生理作用分，肌肉有以下三类。

肌肉的类型
- 平滑肌：构成血管、消化管、泌尿生殖管的管壁，由交感神经与副交感神经支配
- 横纹肌：又称骨骼肌，构成鱼体体壁、附肢、食管、咽部及眼球等部的肌肉，受脑神经或脊神经支配，为随意肌
- 心肌：肌肉丝上也有横纹，构成心脏肌，受交感神经与副交感神经支配，为非随意肌（内脏肌）

鱼类的横纹肌（骨骼肌）按其着生位置和生理作用，可分为以下几类。

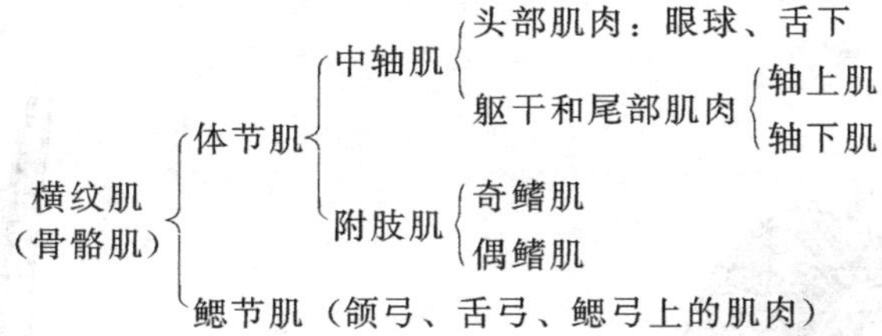

三、发电器官

有些鱼类（鳐科、电鳐科、裸臀鱼科、电鳗科、瞻星鱼科等）具有发电器官，与御敌避害、攻击捕食、探向测位及求偶等活动有关（见图 2-6）。

鱼类的**发电器官**是由许多由肌细胞特化而成的电细胞一个个叠成柱状结构集合而成的，每一电细胞的电位差约为 0.1V，发电器官产生的电位取决于每柱电细胞的数目，而电流强度则取决于每柱电细胞横切面的总面积。

发电器官来源大致有以下几种情况。

① 由尾部肌肉变异而成：如电鳗、鳐属、裸背鳗等。

② 由鳃肌变异而成：如电鳐。

③ 由眼肌变异而成：如电瞻星鱼。

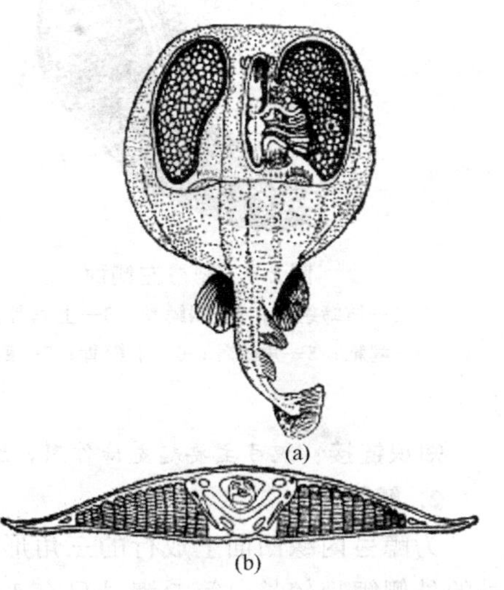

图 2-6 电鳐发电器官的背面观（a）和横截面（b），示发电细胞的堆积方式

④ 由真皮腺体组织特化而成：如电鲶。

第五节 呼吸系统

一、鳃

鳃是鱼类的呼吸器官，执行血液与外界气体的交换，从外界吸取足够的氧，同时将二氧化碳排出体外。鳃是由咽部后端两侧发生而成的。鳃主要由鳃弓、鳃耙、鳃片组成，有的鱼类鳃间隔退化（见图 2-7）。鳃的外部有鳃盖骨片，鳃盖等骨可以活动，腹面各鳃盖条骨也能活动，鳃盖开关之口，称外鳃孔，鳃盖内面有薄皮，称鳃盖膜，沿鳃盖后缘有相当的伸展，鳃盖关闭时，该膜可以使外鳃孔封闭较紧。

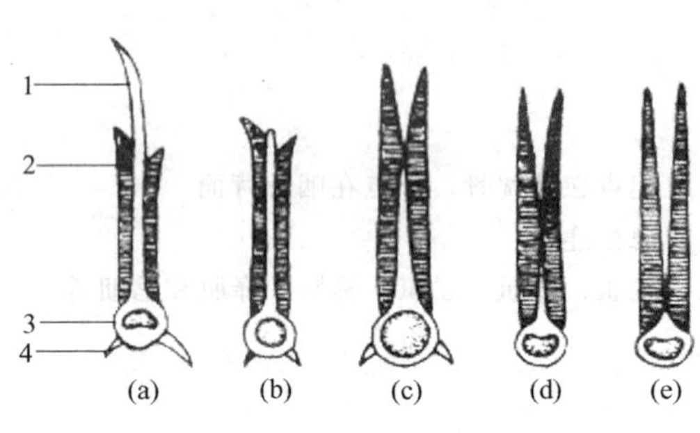

图 2-7 各种鱼类鳃的横切面

（a）鲨；（b）银鲛；（c）鲟；（d），（e）真骨鱼

1—鳃间隔；2—鳃片；3—鳃弓；4—鳃耙

【观察与思考】

沿鲤鱼眼后缘将鳃盖剪去，以暴露鳃。观察呼吸器官。

1. 鳃弓

鳃间隔的基层，支持鳃间隔的骨骼组织为鳃弓。鳃弓位于鳃盖之内，咽的两侧，共 5 对（见图 2-8、图 2-9）。

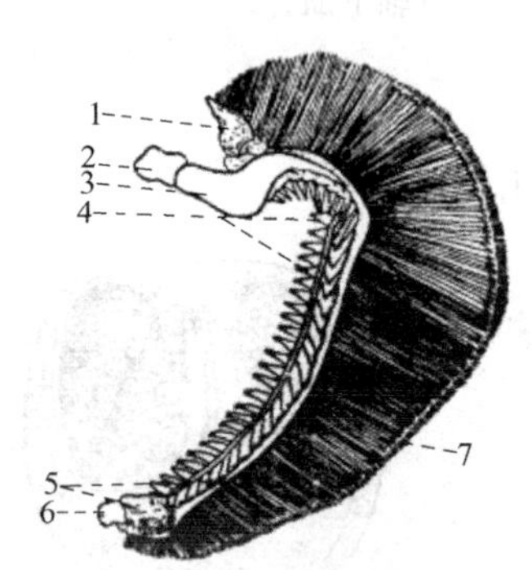

图 2-8 鳃弓左侧面

1—结缔组织；2—咽鳃骨；3—上鳃骨；4—鳃耙；5—角鳃骨；6—下鳃骨；7—鳃片

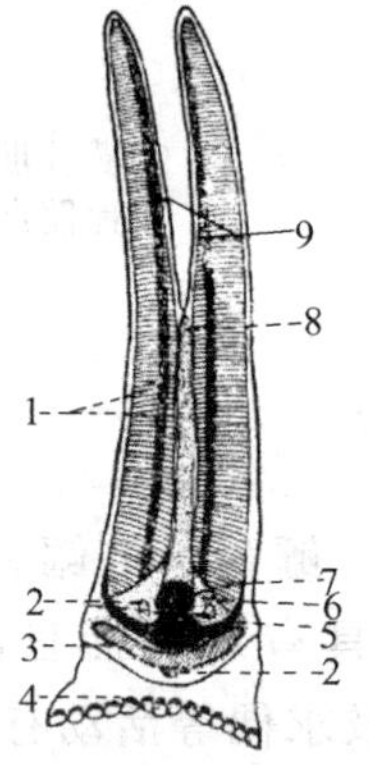

图 2-9 鳃弓横切面

1—鳃片；2—神经；3—角鳃骨；4—鳃耙；5—出鳃动脉；6—结缔组织；7—入鳃动脉；8—鳃间隔；9—入鳃动脉毛细管

知识链接：鳃弓主要起支持作用，进鳃和出鳃血管都在鳃弓上通过。

2. 鳃耙

为鳃弓内缘凹面上成行的三角形突起。第 1～4 鳃弓各有 2 行鳃耙，左右互生，第 1 鳃弓的外侧鳃耙较长。第 5 鳃弓只有 1 行鳃耙。

知识链接：鳃耙是鱼类的一种滤食器官，亦有保护鳃丝的作用。鳃耙能使食物不致由鳃孔漏出，鳃耙的长短、疏密、形状和鱼的食性相关，与呼吸作用没有关系。

3. 鳃片

第1～4鳃弓，都有2列鳃片，也叫做鳃丝，并排长在每一鳃弓的外凸面上，薄片状，鲜活时呈红色。第5鳃弓没有鳃片。剪下1个全鳃，放在盛有少量水的培养皿内，置解剖镜下观察，可见每一鳃片由许多鳃丝组成，每一鳃丝两侧又有许多突起状的鳃小片，鳃小片上分布着丰富的毛细血管，是气体交换的场所。横切鳃弓，可见2个鳃片之间退化的鳃隔。

知识链接：鳃弓上的每列鳃片称半鳃，长在同一鳃弓上的两个半鳃合称全鳃。

在鳃小片（见图2-10）上还分散着一些黏液细胞及其他腺细胞，在鳃丝中尚有一些承担氯离子运转任务的氯细胞（也称泌盐细胞），属于嗜酸性细胞，分布于鳃丝的外侧，有血管相联系，在海水鱼类中氯细胞的游离面还存在排泄小泡，而在淡水鱼类中则不存在。氯细胞执行排出氯离子的生理机能，与渗透压的调节密切相关。

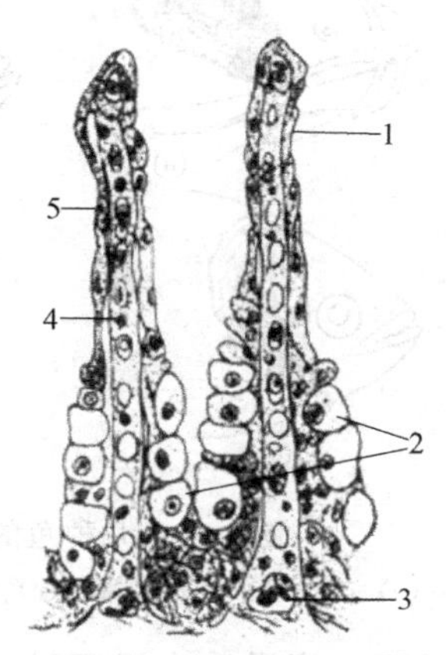

图2-10　真骨鱼类的鳃小片及泌氯细胞
1—鳃小片；2—泌氯细胞；3—红细胞；4—支持细胞；5—上皮细胞

二、辅助呼吸器官

鳃是鱼类的主要呼吸器官，大多数鱼类一离开水就要死亡，通常鳃孔大的种类比鳃孔小的种类死得更快。但有少数鱼类可以暂时离开水或者在含氧量极少的水中生活，或在水中利用其他器官构造进行气体交换。这些鱼往往除了鳃以外，还有一些能直接呼吸的特殊结构，如皮肤、肠、咽喉壁、鳃上器官等，这种兼有呼吸作用的构造，称为**辅助呼吸器官**。如鳗鲡的皮肤、黄鳝的口咽腔、泥鳅的肠腔、弹涂鱼的尾鳍等。

1. 皮肤

不少鱼类皮肤表面布满血管，能进行气体交换。如鳗鲡离开水可生活相当长的时间，常在夜间从水中游上陆地，经过潮湿的草地，移居到别的水体中，其在离水期间，就是利用其潮湿的皮肤来呼吸的，血液透过极薄的皮肤，直接与空气进行气体交换。特别是从河入海产卵的亲鳗，由内陆沟渠池塘向河口移动的过程中，更是依靠这种辅助呼吸器官帮助它从一个水团转移到另一个水团。据研究在7～8℃的低温情况下，鳗鲡的皮肤呼吸作用能达到整个呼吸量的3/5，其他如鲶鱼、弹涂鱼、黄鳝等鱼的皮肤血管较多，它们无论在水中还是在空气中，几乎以同样的强度进行皮肤呼吸。

2. 肠管

鳅科的花鳅、泥鳅，美鲶科的刺胸美鲶、美鲶等的肠管有呼吸作用。如泥鳅，消化管比较直，肠管很薄，血管丰富，每当夏季水温升高，水体含氧量较低时，经常游到水的表面，把口伸出水面，吞下一口气后又潜入水下，水中含氧量愈少，这种吞取空气的动作次数愈多。泥鳅直接吸取空气的能力主要依靠肠的特殊作用。每当夏季，泥鳅肠壁的上皮细胞间出现微血管，它所吞取的空气可以透过很薄的肠壁与血液进行气体交换，多余的空气及从血液中放出的CO_2一起从肛门排出体外。泥鳅在其他季节不进行肠呼吸。肠呼吸期不摄食。

一些鲶类也有用肠呼吸的，它们在黏膜层生出许多褶丝和突起，以助呼吸。

3. 口咽腔黏膜

黄鳝居住在稻田里，秋后田里水放干后，它能钻入泥底的洞穴中，经几个月而不死，这是由于黄鳝口咽腔内壁的扁平表皮细胞下面布满血管，可以利用它进行呼吸。黄鳝的鳃已退化，平时也依靠口咽腔黏膜协助呼吸，也能在水中呼吸。弹涂鱼、电鳗的咽喉表皮，亦有呼吸作用。

4. 鳃上器官

胡子鲶、乌鳢、攀鲈及斗鱼等鱼鳃弓的一部分骨骼特化成一种鳃上器官，可以直接利用空气中的氧气进行气体交换，是辅助呼吸器官中最重要的一种，可分四种式型：树枝状鳃上器官、片状鳃上器官、花朵状鳃上器官、T形鳃上器官（见图 2-11）。

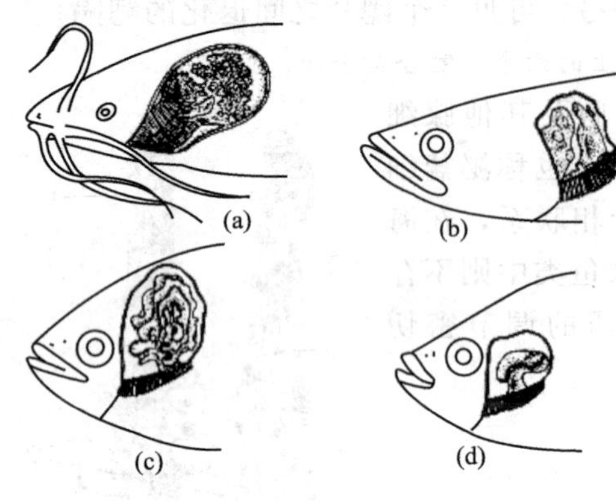

图 2-11 几种鱼的鳃上器官

(a) 胡子鲶；(b) 乌鳢；(c) 攀鲈；(d) 圆尾斗鱼

(1) 树枝状鳃上器官　胡子鲶属此型。胡子鲶在干燥的季节，可营穴居生活，依靠该辅助呼吸器官可以数月不死。

(2) 片状鳃上器官　鳢科鱼属此类型。乌鳢依靠该鳃上器官，在炎热干燥的季节，可以钻进泥里呈蛰伏状态，靠气呼吸而生存，可以离水面较长时间而不致死亡。它们平时多居住在河流、池塘、沼泽中，出水后亦不容易死亡，只要保持潮湿，可以运送到很远的地方。

(3) 花朵状鳃上器官　攀鲈的鳃上器官属此类型。当旱季水干涸时，它能埋在泥内数月之久，平时可以离水到陆地上觅食，或到相当远的地方寻找适宜的生活场所。

(4) “T”形鳃上器官　攀鲈科的叉尾斗鱼、圆尾斗鱼的鳃上器官与攀鲈类似，骨质瓣边缘稍波曲，盘旋成简单的“T”字形，突出在鳃腔的背方，血管丰富。

三、鳔

鳔是胚胎发育时从消化管区分出来的突起，位于腹腔上部、消化管与脊柱之间，为一大而中空的囊状器官，囊内充满氧、二氧化碳及氮等气体。大多数鱼类的鳔连于食道背面。

1. 鳔的结构

根据鳔管的有无，可将鱼类分为两大类：一种为有鳔管并与食道相通，以吞咽或吐出空气来调节，这类鱼类称**开鳔类（喉鳔类）**，如鲱形目、鲤形目等鱼类。另一种为不具鳔管，为**闭鳔类**，它们依靠鳔红腺产生气体和卵圆窗（卵圆区）吸收气体来调节气体容量，如鲈形目等鱼类（见图 2-12、图 2-13）。

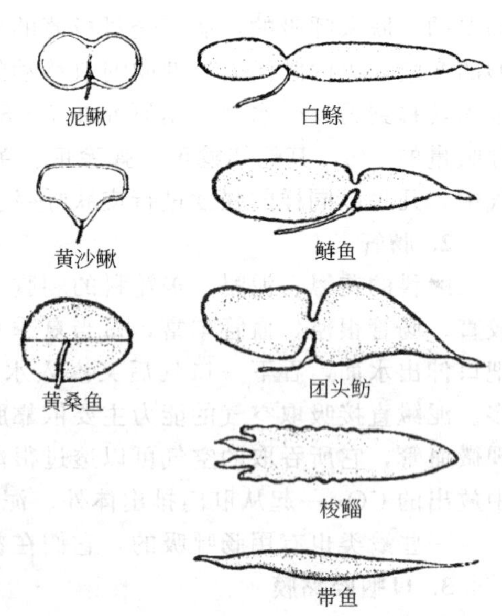

图 2-12 真骨鱼类的鳔

2. 鳔的功能

真骨鱼类的鳔是一种重要的相对密度调节器官，同时在感压、发声方面也有一定作用，少数鱼类的鳔有肺的作用。

(1) 调节相对密度　鱼类在不同深度借放气或吸气来调节鱼体相对密度，使它和周围水的相对密度一样，这样鱼可以不费力地停留在不同水层。如当一条鱼从深水游到浅水时，水压力减小，鳔内气体膨胀，身体相对密度减轻，并接近外界环境的水相对密度，使鱼停留在新的水层；相反，当鱼由浅水游向深水时，水压力增大，鳔内排出气体，使鱼体相对密度增加，并接近外界水的相对密度，使鱼能停留在这一水层。调节鳔内气体以适应于不同深度的水中生活，在缓慢上升或下降时比较有用，而对于急剧上升或下降其则反成为障碍。因而一些快速游泳的鱼类无鳔。

鳔是一个相对密度调节器官，但不是升降沉浮的运动器官，它仅能帮助升降，鱼的升降运动主要还是靠鳍和肌肉的运动。

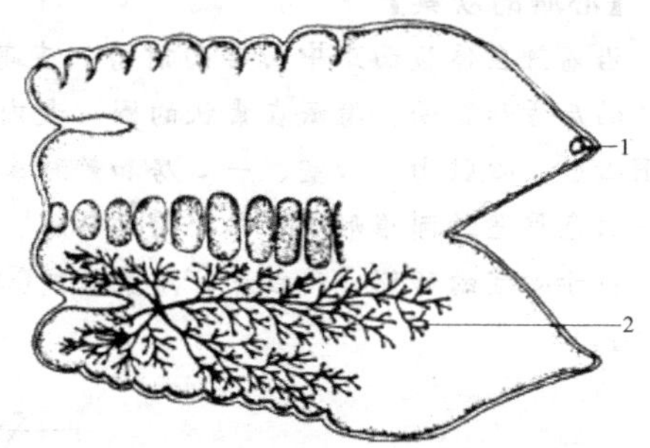

图 2-13　花鲈鳔的水平剖面
（上半为背面，下半为腹面）
1—卵圆窗；2—红腺

（2）呼吸作用　低等硬骨鱼类，如肺鱼、多鳍鱼、弓鳍鱼等的鳔具有肺的作用，可以直接呼吸空气。

（3）感觉作用　不少鱼类的鳔与平衡听觉器官相联系，大致有以下三种。

① 方式一：鳔的前方形成盲囊状突起，与听囊外壁的结缔组织相接触，此结缔组织与椭圆囊相接，外界压力的变化被鳔接受后通过它传到内耳。如深海鳕科、海鲢科鱼类等。

② 方式二：鳔的前端有一条或一对很薄的细管状鳔分支，向前伸达至内耳。外界压力从鳔传到前耳骨膜并到达外淋巴，进一步传到椭圆囊的听斑。如鲱科鱼类。

③ 方式三：鳔依靠韦伯氏器的一些小骨与内耳发生联系，如鲤形目鱼类的鳔经韦伯氏器与内耳相连，当外界压力变化时经鳔、韦伯氏器传入内耳，感受高频声波，鲤形目为7000～10000Hz，一般的鱼为2000～3000Hz。

（4）发声作用　鳔在产生声音方面起着重要作用，鳔对附近器官所产生的声音起着共鸣器的作用，如鳞鲀科鱼类。

鳔管放气时往往会发出声音，如欧洲鳗鲡及一些鲤科鱼类。

鳔发声的另一重要原因是有些鱼类具有特殊的发音肌，如大小黄鱼鳔外面附有两块长条状色稍深的肌肉，称为鼓肌，中间有韧带与鳔相连，此肌收缩时，则使鳔发生咕咕声，有经验的渔民能依声音的强弱确定鱼群的大小及距离的远近，甚至能区别雌雄。

第六节　循环系统

循环系统起体内物质运输的作用，鱼类将通过鳃进行气体交换得到的氧气、肠吸收的营养物质，以及内分泌腺所产生的激素运送到体内各器官和组织内，并把体内新陈代谢产生的废物排出到体外。

循环系统包括血液循环系统和淋巴系统两部分，主要由心脏、血管（淋巴管）、血液（淋巴液）组成。鱼类的循环系统有如下两个特点。

① 封闭型：鱼类的循环系统为封闭型，血管即使分支到最细的毛细血管，末端亦不开口。这个系统借助于心脏有节律的搏动，使血液或淋巴在管道内的流动能周而复始循环不已地进行。

② 单循环：鱼类的血液循环与鳃呼吸密切相关，为单循环，即由心室压出的缺氧血经入鳃动脉入鳃部进行气体交换，出鳃的多氧血经出鳃动脉直接沿背大动脉流到全身，从各组织器官返回的缺氧血经主静脉系统再流回心脏，形成一个大圈。血液在全身循环一周只经过心脏一次，为单循环。

一、心脏

【心脏的观察】

沿着鲤鱼体腹面正中由后向前剪，直剪到胸鳍，就可以暴露出完整的心脏。心脏位于腹腔前部、鳃弓的后方和腹面，隐藏在囊状的围心囊内（或称心包），与腹腔完全隔离。围心囊与心脏之间的空腔是围心腔。心脏由一心室、一心房和静脉窦等组成。①心室：心室位于围心腔中央，淡红色，其前端有一白色厚壁的圆锥形小球体，为动脉球。自动脉球向前发出1条较粗大的血管，为腹大动脉。②心房：位于心室的背侧，暗红色，薄囊状。③静脉窦：位于心房后端，暗红色，壁很薄，不易观察（见图2-14）。

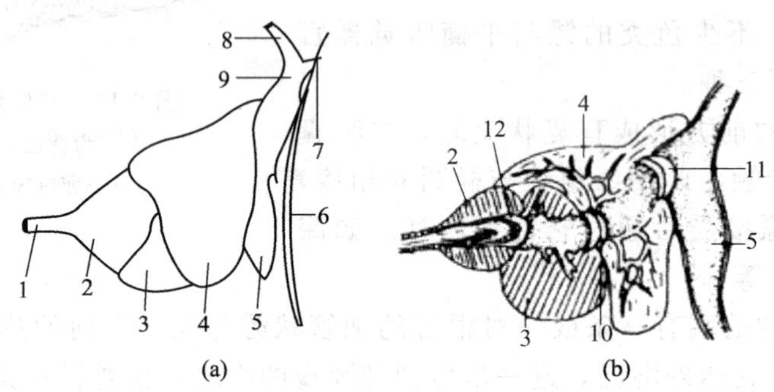

图 2-14 鲤的心脏外形及纵切面

(a) 左侧外形；(b) 纵切面

1—腹主动脉；2—动脉球；3—心室；4—心耳；5—静脉窦；6—心腹腔隔膜；7—后主静脉；8—前主静脉；9—古维尔管；10—耳室瓣；11—窦耳瓣；12—半月瓣

知识链接：心脏是血管网的中心，是推动血管循环的中心泵站，动脉由此发出，静脉和淋巴管则最终汇集到此地。心脏组织由三层构成：心外膜、心肌层及心内膜。心外膜在心脏组织的最外层；心肌层位于心外膜里面，厚而富有弹性；心内膜是心脏的衬里，可形成心脏内的一些瓣膜，防止血液倒流。

1. 静脉窦

静脉窦是心脏开始部分，所有的静脉都汇入静脉窦。它位于心脏的后背侧，是接受身体前后各部分静脉血液回流心脏的场所，在静脉窦的后背方可以看到两条粗大的管子（称古维尔管）连在静脉窦上，所有静脉先集中到这个导管后，再通到静脉窦，所以此导管有主动脉之称。另有一些较小的静脉如肝静脉开口于静脉窦。

2. 心耳

心耳（或心房）位于静脉窦的腹下方，心耳腔很大，但没有隔。心耳壁比较薄，但比静脉窦厚，肌肉不多，微呈网状。心耳与静脉窦之间有两个瓣膜，称为窦耳瓣，可以防止血液逆流。由静脉窦来的血液经过心耳流入前方的心室。

3. 心室

心耳的前方为心室，外形上比心耳小些，肌肉壁很厚，在心室的后方有一大孔与心耳相通，此孔称为耳室孔，在此孔周围长有两个袋状瓣膜，袋口对着心室。这对袋状瓣膜称为耳室瓣，也是防止血液逆流的装置，在瓣膜的边缘有细丝状的腱，以加强其作用。

4. 动脉球

动脉球位于心脏前面，由腹侧主动脉基部扩大形成，无搏动能力，不属于心脏部分。动脉球为圆锥形，新鲜标本呈粉红色，外形上比心室稍微小些。在心室和动脉球交界处有两个瓣膜，即半月瓣；动脉球的肌肉相当厚，其前方为腹主动脉。

二、动脉与静脉血管

鱼类的血管可分为动脉、静脉、毛细血管。

【动脉与静脉观察】

动脉的观察方法是在鱼体的血管注射洋红动脉胶，可以看清全部动脉。

静脉的观察，在固定的标本里体内血液大多流入静脉，且静脉壁薄，呈深褐色，很容易与动脉区分。若要深入观察，必须将普鲁士动物胶注入静脉。

1. 动脉

动脉是引导血液离开心脏的血管，其管壁一般比静脉管壁厚。动脉管分支复杂，由粗而细，最后以毛细血管与静脉相连接。动脉主要由腹大动脉、入鳃动脉、出鳃动脉及背大动脉组成。

2. 静脉

引导身体各部微血管中的血液回到心脏的血管称为静脉。

三、血液

血液是一种液体组织，由液体血浆及悬浮在其中的有形部分——血细胞所组成。血液的主要作用是与组织进行物质交换。

血液中细胞约占 27%（鲤鱼最高，达 36%），血浆中的水分占 76%～90%，淡水硬骨鱼类血液中的固体物约占 13%（幼鱼＜成鱼，雌鱼＜雄鱼）。血液一般为深红色，主要组成如下。

- 血液
  - 血球
    - 红细胞
    - 白细胞
      - 粒细胞
        - 嗜碱性粒细胞
        - 嗜酸性粒细胞
        - 中性粒细胞
      - 无粒细胞
    - 血栓细胞
  - 血浆
    - 纤维蛋白原
    - 血清
      - 水分
      - 固体物

1. 血浆

滤去血细胞后的液体部分，即为**血浆**。血浆是血液的主要成分，属细胞间质。血浆中除含有大量的水外，还含有无机物盐、多种血液蛋白质（包括白蛋白、球蛋白和纤维蛋白原等）、各类营养物质、激素及代谢产物等。去除血浆中的纤维蛋白原后即为**血清**。

2. 血细胞

血细胞是血液中的有形成分，由红细胞、白细胞和血小板（血栓细胞）组成（见图 2-15）。

(1) 红细胞　红细胞是血液中最丰富的细胞，鱼类成熟的红细胞为扁平卵圆形，中央微凸，具有一核，细胞质中含有血红蛋白。

(2) 白细胞　鱼类的白细胞分为粒细胞和无粒细胞两类。粒细胞发育早期阶段是嗜碱性的，称为嗜碱性原颗粒细胞，这些细胞后分化为原嗜碱性颗粒细胞、原嗜酸性颗粒细胞和原中性颗粒细胞，这三种细胞最终发育成嗜碱性粒细胞、嗜酸性粒细胞和中性粒细胞。

嗜碱性粒细胞在血液中并不十分丰富，有时缺如。嗜碱性粒细胞有一大核，几乎被充满整个细胞质的大型颗粒所覆盖。嗜碱性粒细胞中含有一种抗凝血物质——肝素。

嗜酸性粒细胞形状不规则，核长方形或弯曲状，常位于细胞的边缘，细胞质内有大型颗

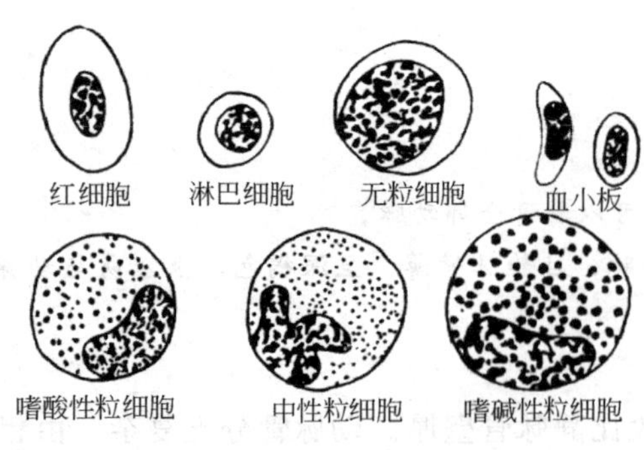

图 2-15 血液中的各类细胞

粒。这种白细胞有吞噬作用。

中性粒细胞核的形状多样，包含较弱的染色质丝，弯形，呈一珠子状，有吞噬作用。

鱼类血液的无粒细胞包括淋巴细胞和无粒细胞，淋巴细胞有免疫功能，能产生抗体。无颗粒细胞起吞噬细胞的作用。

(3) 血小板 血小板为血液的第三种有形成分，由于它们的形状多呈纺锤形，又称纺锤细胞。血小板具有凝血功能，而且鱼类的凝血速度比哺乳动物快，血管出血时，能在20～30s内凝固。这是鱼类对水环境的一种适应，鱼体受伤后，血液若不迅速凝固，血液和凝血因子就会很快被水稀释冲走，使鱼流血不止。

四、淋巴和淋巴管

淋巴系统是辅助的循环系统，在结构与功能方面与血液循环系统具有密切的关系。当血液在血管内流动时，血浆中的一部分水及小分子物质经毛细血管渗入组织成为组织间液。一部分未被静脉毛细血管所吸收的少量组织液，可进入通透性高而内压较低的淋巴管，成为无色透明的淋巴液，进入静脉回到心脏中，可清除代谢废料和促进受伤组织的再生等。不同鱼类其淋巴系统组成是不同的。

1. 淋巴

淋巴为无色透明的液体组织，充满于淋巴管内。淋巴系统的主要作用是供给细胞营养及清除废物，同时对幼鱼骨骼的发育有辅助作用。淋巴成分与血浆相似，但没有红细胞、白细胞，也无血液蛋白质。

2. 淋巴管

淋巴液所流经的管道为淋巴管。淋巴管并不组成闭锁的循环，而是由小到大似树枝状排列，毛细淋巴管相互交叉，大的淋巴管常与静脉平行，最后开口于静脉管（见图 2-16）。

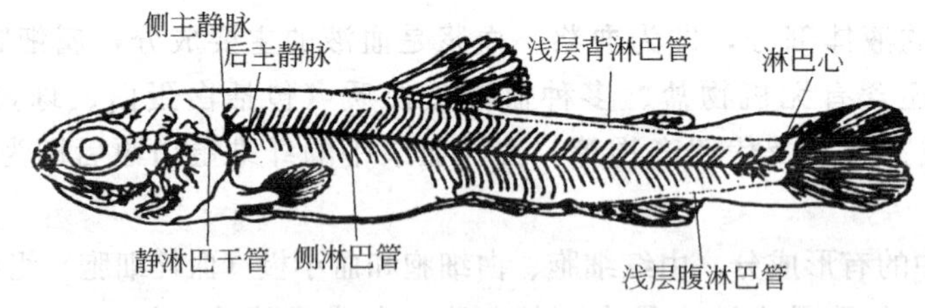

图 2-16 淋巴管分布

3. 淋巴心

一些管鳔鱼类常有淋巴心的构造，它位于尾端，是由尾静脉的一部分发育而成。淋巴心内有瓣膜，可调节淋巴的流向。淋巴心有搏动现象。

五、造血器官

鱼类血细胞可以在不同的器官内形成，但最重要的造血中心就是脾脏。

1. 脾脏

脾脏是循环系统的一个重要器官，位于胃后面、肠前部背面的系膜上，鲜红色。脾脏是造血、过滤血液和破坏衰老红细胞的中心场所。外层为红色的红髓（制造红细胞和血小板），内层为白色的白髓（产生淋巴细胞和白细胞），通过腹腔系膜进行血液循环。在棘鳍鱼类，脾脏又是毁灭陈旧红细胞的场所。

2. 淋巴髓质组织（拟淋巴组织）

除脾脏外，黏膜下层、肝脏、生殖腺及中肾等器官中都可生成白细胞。软骨鱼食道黏膜下方有扁平的赖迪器官，亦能生成白细胞。

软骨鱼类和肺鱼类肠道螺旋瓣能制造各种白细胞。

3. 头肾（见图 2-17）

硬骨鱼类肾脏前部有前肾的残余组织即头肾，具有制造白细胞、血栓细胞与毁灭红细胞的功能。

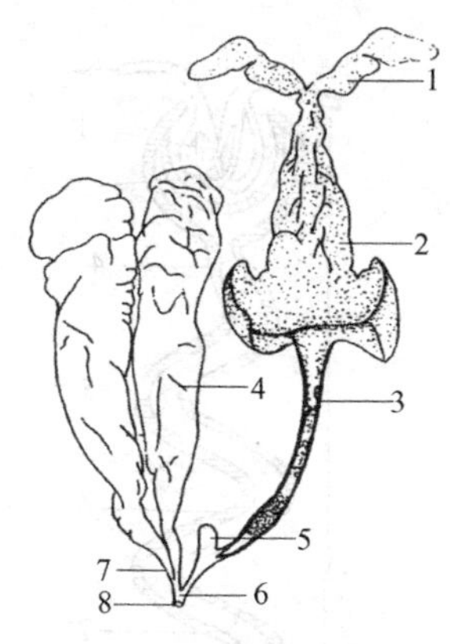

图 2-17 鲤的尿殖系统

1—头肾；2—中肾；3—肾上腺；4—精巢；5—膀胱；6—尿殖孔；7—输精管；8—尿殖窦

第七节 排泄系统

排泄是指机体将其物质分解代谢产物，尤其是终末产物清除出体外的生理过程。鱼类排泄器官主要是鳃和肾脏。鳃排泄二氧化碳、水、无机盐，以及易扩散的含氮物质，如氨和尿素。肾脏主要排泄水、无机盐及氮化合物分解产物中比较难扩散的物质，如尿酸、肌酸、肌酸酐等。除了鳃和肾脏外，有些鱼类的肠和板鳃鱼类的直肠腺具有泌盐功能。同时，排泄系统还维持着体液理化因素的恒定，以保证组织器官正常活动时所必需的内部环境条件，如水的平衡、渗透压及酸碱平衡。

一、泌尿器官

鱼类泌尿器官包括肾脏、输尿管、膀胱和输出孔等部分（见图 2-17）。

【观察与思考】

移去鳔可观察泌尿系统。鲤鱼的泌尿器官包括1对肾脏、1对输尿管和1个膀胱。观察泌尿器官的形状、位置及其特征，思考各个器官的功能及作用。①肾脏紧贴在胸腹腔的背面，呈深红色，两个肾有一部分相连。每一肾的前端为一头肾，肾脏在头肾的后面，肾的宽度和厚度，由前到后很不一致，最宽厚处在与鳔中部相接触的一段。②输尿管：每肾最宽处各通出一细管，即输尿管。③膀胱：沿胸腹腔背壁向后行走，近末端处合而为一，稍为扩大形成的囊即为膀胱。其末端稍细开口于泄殖窦。膀胱以后则为尿道，通至泄殖窦，以泄殖孔开口于肛门后方。

知识链接：头肾是拟淋巴腺，不是肾脏本体，一些硬骨鱼类的肾脏前部有前肾的残余组织，称为头肾，它已不起排泄作用，已变成一种淋巴髓质组织，具有制造白细胞、血栓细胞与毁灭陈旧红细胞的功能。

1. 肾脏

肾脏是鱼类的主要泌尿器官，在发生上经过前肾和中肾两个阶段。其中前肾为绝大多数鱼类胚胎时期的泌尿器官。

中肾的基本构造即**肾单位**由许多**肾小体**和**肾小管**组成，彼此间以结缔组织及血管隔开（见图 2-18）。

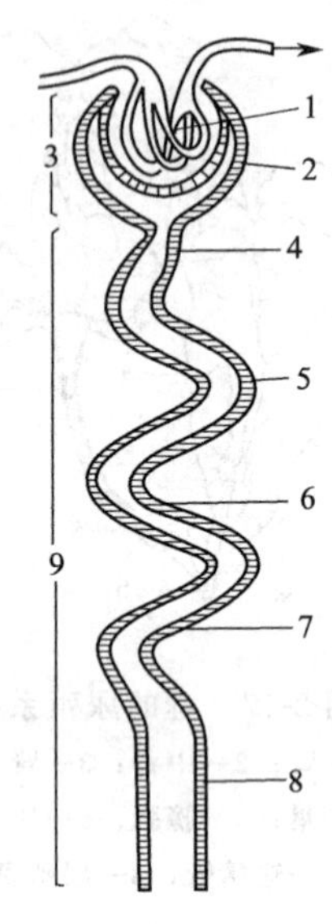

图 2-18　淡水真骨鱼类的肾单位

1—肾小球；2—肾小囊；3—肾小体；4—颈节；5—近节；6—中节；7—远节；8—集合管；9—肾小管

- 肾单位
  - 肾小体
    - 肾小球
    - 肾小囊
  - 肾小管
    - 近节
    - 中节
    - 远节
    - 集合管

2. 输出孔

鱼类尿液排出体外的开孔，有两种形式，即泌尿孔和泄殖孔（见图 2-19）。

（1）泌尿孔　花鲈、鲑、鲱和狗鱼等雌雄鱼类，以及雌性罗非鱼、鳜、黄颡鱼和真鲷等的输尿管单独向外开孔，此孔称为泌尿孔。

（2）泄殖孔　罗非鱼、鳜、黄颡鱼和真鲷等的雄性个体，以及鲤、鲫、鲢和鲟等的雌性个体，其输尿管和生殖导管先汇合于泄殖窦，然后共同开口于体外，这个开孔就是泄殖孔。

在鱼类繁殖期间，认清泌尿孔与泄殖孔的位置与形态，是亲本雌雄鉴别、成熟度判断的重要依据。

二、渗透压的调节——水与盐分的平衡

无论是生活在淡水还是生活在海水中的鱼类，它们体液的渗透浓度是比较接近和稳定的，但它们所生活的外界水环境的盐度却相差很大。鱼类为了维持体内一定的渗透浓度必须进行渗透压调节。鱼类的肾脏和鳃还具有维持水盐平衡、调节渗透压的功能。**渗透压**是用以阻止水分子通过半透性膜进入水溶液的压力。

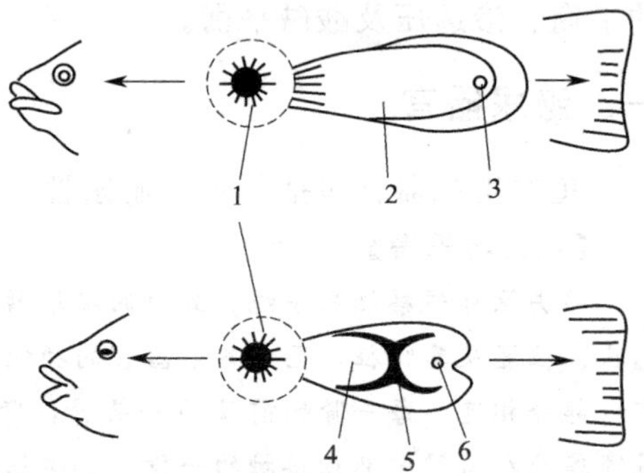

图 2-19　罗非鱼的输出开孔（李承林，2004 年）

1—肛门；2—尿殖乳突；3—泄殖孔；4—生殖乳突；5—生殖孔；6—泌尿孔

鱼类调节渗透压能力的大小，决定了鱼类适应环境的能力。有些鱼类只能在盐度变化不大的环境中生活，这些鱼类称为**狭盐性鱼类**；有些鱼类可以忍受较大的盐度变化，能进入半咸水内，或在淡水和海水之间洄游，它们调节渗透压的能力强，适应的盐度范围广，称为**广盐性鱼类**。

广盐性鱼类进行“淡化”（海水鱼）与“海化”（淡水鱼）养殖，这在养殖生产上具有重要意义，如在淡水中养殖的罗非鱼在销售前放入半咸水中养殖一段时间，可改善其肉质，从而提高养殖效益。目前海水鱼淡水养殖比较成功的品种有漠斑牙鲆、花鲈、美国红鱼等，淡水鱼海水养殖成功的品种较少，常见的为罗非鱼。不管是海水鱼淡水养殖还是淡水鱼海水养殖都需要一个缓慢适应过程，也就是渗透压的调节过程。

1. 淡水鱼类的渗透压调节

淡水鱼类体液的盐分浓度一般比外界水环境要高，系一高渗性溶液，以冰点下降（℃）来表示渗透压，淡水圆口类为－0.48℃，淡水板鳃类为－1℃，淡水真骨鱼类为－0.57℃，而淡水本身则近于零。按渗透压原理，体外的水分将不断通过半渗透性的鳃和口腔黏膜渗入

体内，同时部分水随食物进入体内由消化道吸收。如果鱼体没有调节渗透压的功能，必然会因进水过多而死亡。淡水鱼类则通过两方面来进行调节：一方面是**排水**，由肾脏将过多的水分排出体外，所以淡水鱼类肾小体发达，肾小体数目多，肾小球的相对体积（肾小球总面积与体表面积之比）高达 $30\sim126.5mm^2/m^2$，而海洋硬骨鱼类只有 $1.49\sim3.14mm^2/m^2$。排尿量也比较多。另一方面是**保盐、吸盐**，肾小管有吸盐细胞，可使通过肾小体的过滤液中的大部分盐分重新吸收，特别是对 Na^+ 和 Cl^- 能完全重吸收。同时有些淡水鱼类鳃上有特化的吸盐细胞，可以从水中吸收氯离子，还可从食物中补充一些盐分。

因此淡水硬骨鱼类肾脏排出的尿量比海洋硬骨鱼类多，尿液稀薄，其尿液的渗透压仅为海水硬骨鱼类的 0.5% [见图 2-20(a)]。

2. 海水硬骨鱼类的渗透压调节

海洋硬骨鱼类体液的渗透浓度低于海水，约为海水的 1/3。体液中的水分通过鳃上皮和体表流失，若不加调节，则会因大量失水而面临死亡。海水硬骨鱼类从两方面调节渗透压：一方面是**保水，补充水分**。通过各种途径补充渗透过程中损失的水分，除了从食物中获取水

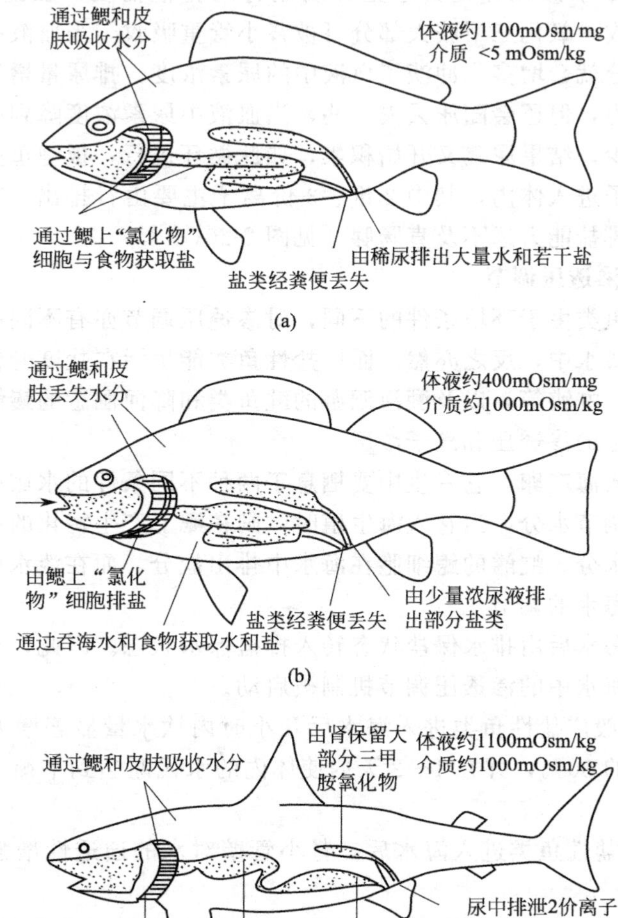

图 2-20 淡水鱼和海水鱼调渗比较（引自李承林，2004）
(a) 淡水硬骨鱼类；(b) 海水硬骨鱼类；(c) 软骨鱼类

分外，还要多吞海水，另外还可通过少排尿保持水分。海水硬骨鱼类一般排尿量较少，与其肾小球少且小、肾小管短、较强的重吸收水能力有关。每天尿的排出量只占体重的1%～2%。肾小管还具有较强的分泌功能。尿中主要是2价离子的含量较高，如Cl^-的浓度比血浆高4～10倍，Mg^{2+}的浓度比血浆高50～100倍，SO_4^{2-}的浓度比血浆高300倍以上，PO_4^{3-}浓度接近于Ca^{2+}水平，因此尿量少，尿液较浓。有些鱼类缺乏肾小球，其尿液完全是由于肾小管分泌离子时带出的一部分水而形成。另一方面是**排盐**，海水硬骨鱼类的鳃上有特殊的排盐细胞（氯化物细胞），吞下的海水在肠壁渗入血液以后，水分大多截留下来，而多余的盐分由排盐细胞排出体外，使体液维持正常的低浓度。其机理是：海水进入体内后，1价离子（Na^+、Cl^-、NH_4^+和HCO_3^-）进入血液，由鳃上皮氯细胞排出；2价离子（Ca^{2+}、Mg^{2+}、SO_4^{2-}）留在肠中形成沉淀随粪便排出［见图2-20(b)］。

3. 海水板鳃鱼类的渗透压调节

海产板鳃鱼类血液中无机离子的浓度比海水低，但由于血液中有大量的尿素（2%～2.5%，其他脊椎动物只有0.01%～0.03%）和氧化三甲胺（TMAO）而使其渗透压略高于海水，甚至还要有少量水渗入体内，才正好满足肾的排泄需要。板鳃鱼类原尿中70%～90%的尿素可被重吸收，氧化三甲胺大部分可被肾小管重吸收。当血液中的尿素积累到一定程度，从鳃进入的水分就会增多，冲淡了血液中的尿素浓度，排尿量增加。尽管肾小管对尿素有很强的重吸收能力，但还会随尿丢失一些，当血液中尿素浓度降到一定程度，进入体内的水减少，尿量也减少，结果尿素又开始积累，如此循环进行。板鳃鱼类虽不饮水，但随食物也有少量的水和离子进入体内，其中2价、3价离子主要由肾排出，1价离子通过直肠腺排出。板鳃鱼类鳃的排盐能力远不及直肠腺［见图2-20(c)］。

4. 洄游性鱼类的渗透压调节

淡水鱼类和海水鱼类由于环境条件的不同，对渗透压调节亦有不同的特点，因而一般的海水鱼类不能生活于淡水中，反之亦然。而广盐性鱼类能生活在盐度变化范围较大的水环境中。如罗非鱼、刺鱼、虹鳟等，以及溯河洄游的鲑鱼类和降河洄游的鳗鲡，它们都能在较大的盐度范围内维持稳定的渗透压和离子浓度。

鳗鲡由淡水降河入海产卵，它一生中要栖息于两种不同条件的水域中。当它在淡水中生活时，主要依靠肾脏调节水分，当它入海生殖时，则在鳃上产生特化的泌盐细胞，将多余的盐分排出体外而保留水分。虹鳟的鳃细胞在海水中排出盐分，而在淡水中则能吸收盐类。

（1）由淡水进入海水的调节

鱼类由淡水进入海水后由排水保盐状态转入排盐保水状态。因此，在淡水中的渗透压调节机制被抑制，而在海水中的渗透压调节机制被启动。

① 吞饮海水：一般广盐性鱼类进入海水后几小时内饮水量显著增大，罗非鱼在海水中每天饮水量可达体重的30%，并在1～2天内使体内的水代谢达到平衡，饮水量随之下降并趋于稳定。

② 减少尿量：广盐性鱼类进入海水后，肾小管壁对水的通透性增强，大部分水被重吸收，结果尿量减少。

③ 排出Na^+和Cl^-：鱼类从淡水进入海水后，鳃上皮泌盐细胞数量增加，鳃排出的Na^+、Cl^-量亦增加。

（2）由海水进入淡水的调节

硬骨鱼由海水进入淡水后，由排盐保水状态转入排水保盐状态，海水中的渗透压调节机制受到抑制，而淡水中的渗透压调节机制被激活，从而维持体内高的渗透压。

① 停止吞饮水，肾脏排出大量稀释尿。
② 减少鳃对 Na^+ 和 Cl^- 的排出。
③ 从低渗水环境中吸收 Na^+ 和 Cl^-。

许多洄游性淡水鱼类在洄游之前身体已发生一些变化，包括体表皮肤、肾脏结构的变化和尿量减少等，以便为洄游到海水中做预先适应。通常同种鱼类的较大个体比较小个体对盐度的变化有较强的适应能力，所以鱼类的幼体多半是狭盐性的，而成体则可能成为广盐性的。这可能是因为小鱼有比较大的体表面积，需要付出比较多的能量才能调节水和离子的渗透压平衡。

广盐性鱼类也能适应环境盐度的长期变化。如果将其放在海水中饲养，鱼的肾单位变得不发达，尿量减少；如果放在淡水中饲养，肾脏变大，肾单位发达，尿量增多。

三、鱼类对含氮废物的排泄与养殖水体的净化处理

鱼类的排泄物包括两部分：一是由鳃排泄的氨和由肾脏排泄的尿素、尿酸等尿液成分。

1. 鳃的排泄与氨

鱼类的主要排泄器官为肾脏，而鳃除交换气体和排除二氧化碳外，也进行氮化物和盐分的排泄，鳃主要排泄容易扩散的物质，如氨和尿素。

（1）鳃的排泄机制　大部分氨是在肝脏中产生，由血液运送到鳃而排出体外的。无论是淡水鱼类还是海水鱼类，氨都是通过鳃小片上皮的上皮细胞排泄。与肾脏对氮的排泄相比，鳃排泄氨的含氮量是肾脏以各种形式排出的总氮量的 6～10 倍。此外，鳃排泄物中还含有一些易溶的含氮物质，如尿素、胺、氧化胺等。

（2）氨的排泄　氨是毒性大、通透性高的化合物，即使浓度很低也是有害的。若血液中氨的浓度超过 1%，鱼类就要死亡。因此氨一经产生就要排出体外。因为氨分子小，又易溶于水，可以从与水接触的体表扩散到水中，鱼类的蛋白质代谢产物部分以氨的形式排泄。排泄 1g 氨中的氮一般需要 300～500mL 的水，这对鱼类来说通过鳃排泄是不成问题的。因此一般淡水硬骨鱼类的含氮代谢废物主要以氨的形式从鳃排泄，鲤鱼、金鱼从鳃排泄氨的含氮量为肾排泄氮量的 6～10 倍。

2. 肾脏的排泄与尿液

（1）肾脏排泄机理　肾脏的泌尿机能主要通过肾小体的过滤作用和肾小管的重吸收作用而完成的。血管小球内的毛细血管管壁与肾小球囊所形成的一层薄膜富有半渗透性。当血液流经肾小体的血管小球时，在血管小球内的高压作用下，除蛋白质及血细胞外，血液中溶解的物质，包括代谢产物、水和营养物质，透过毛细血管壁、肾小球囊壁，进入肾小球囊腔中，形成原尿。原尿为无蛋白质的血浆过滤液，其他无机成分和有机成分均与血浆完全相同，不仅含有废物，而且还含有血液中所含的各种营养物质，如氨基酸等。原尿由肾小球囊流向肾小管，由于肾小管壁的半渗透性及小管外围毛细血管网的负压吸收，原尿中的水分、葡萄糖、氨基酸及有关离子——钠、钙、镁、氯等大部分被重吸收回血液，剩余部分形成终尿排出体外。

（2）尿素的排泄　尿素的毒性比氨低得多，在水中的溶解度也较大，每排出 1g 尿素只需 50mL 水。鱼类由肾小球滤过和肾小管分泌两条途径，主要以尿素的形式排泄含氮废物。海水硬骨鱼类因没有肾小球，主要靠肾小管的分泌进行排泄。海水板鳃类（鲨和鳐）因要把尿素保留在体内以保持高的渗透压，因而尿素成了有用的终产物。

（3）尿液的成分　鱼类尿液是无色或黄色的透明液体。尿液中除含有水分外，还含有尿

素、尿酸、肌酸、肌酸酐等无机物，以及钙、钠、镁、钾、磷酸盐、氯化物、硫酸盐及碳酸盐等无机物。但是，尿液的成分在不同鱼类中有很大的区别。淡水硬骨鱼类通过鳃可以直接将氨排出体外，所以尿中的氨含量很少；海水硬骨鱼类因缺少水分（或酶系统不同），多数将氨转变为氧化三甲胺、尿素、尿酸等排出体外，海水软骨鱼类尿液中的尿素含量较高。

3. 养殖水体的净化处理

鱼类排泄的含氮废物氨进入水体后以分子氨和离子氨两种形式存在，分子氨对鱼类是有很大毒性的，而离子氨无毒，也是水生植物的营养源之一。水体中氨浓度过高时，会使鱼类产生毒血症，长期过高将抑制鱼类的生长、繁殖，严重中毒者甚至死亡。

我国渔业水质标准规定分子氨浓度应小于0.02mg/L，这是理想、安全的水质氨指标；分子氨浓度在0.2mg/L以下时一般不会导致鱼类发病；如浓度达到0.2～0.5mg/L，则对鱼类产生轻度毒性，容易发病；如分子氨浓度超过0.5mg/L，则对鱼类的毒性较大，极易导致鱼类中毒、发病，甚至大批死亡。

池塘养鱼养殖密度的主要限制因子是溶氧，而工厂化养鱼的主要限制因子就是氨。为此，工厂化养鱼场水净化处理的关键措施是降低氨的积累。目前国内外工厂化养鱼场对氨的处理主要采用曝气、吸附与植物吸收和微生物转化等措施，其中微生物转化是利用亚硝化细菌将氨转化为亚硝化盐、硝化细菌，再将亚硝化盐转化为无毒的硝化盐。消除水体中有毒的氨态氮，实现养殖废水的循环利用，这正是工厂化养鱼水体净化的核心措施。

第八节　神 经 系 统

鱼类在正常的生理活动中，各器官系统必须协调并互相联络，并与外界环境保持联系，这些都是由神经系统完成的。

神经系统包括中枢神经系统、周围神经系统和植物性神经系统三部分组成。

一、中枢神经系统

包括脑和脊髓，位于软骨或硬骨质的脑颅及椎骨的髓弓内。

（一）脑

鱼类脑明显分为五个部分，即端脑、间脑、中脑、小脑和延脑。端脑由嗅脑和大脑组成。其中软骨鱼类的大脑较硬骨鱼类发达，脑顶部已出现神经物质。大脑的主要部分是纹状体，以嗅觉为主。脑虽可分为明显的五个部分，但大脑所占的比例还是很小，而且硬骨鱼类的大脑背面还只是上皮组织，没有神经细胞。适应水生的鱼类在间脑底部有一个突出的富含血管的血管囊，在深海鱼类尤为发达，是一个水深度和压力的感受器。脑神经10对，脊髓在每一体节发出1对脊神经。

【观察与思考】

从鲤鱼头部的两眼眶下剪，沿体长轴方向剪开头部背面骨骼；再在两纵切口的两端间横剪；小心地用镊子从鼻孔后方把额骨、顶骨等头部背面骨骼移去，用棉球吸去白色胶质状的脂肪类组织，脑便显露出来（见图2-21）。

1. 端脑

位于脑的最前面，由嗅脑和大脑组成。

① 嗅脑：大脑顶端各伸出1条棒状的嗅柄，嗅柄末端为椭圆形的嗅球，嗅柄和嗅球构成嗅脑。

有一些硬骨鱼仅为圆球状的嗅叶，紧连在大脑的前方，嗅叶前方有细长的嗅神经与嗅囊联系。

② 大脑：嗅脑后方紧接大脑。

大脑中央有纵沟，分左、右大脑半球，半球内有一侧脑室，较原始，背部很薄、无神经组织，主要有嗅神经细胞集中形成的**古脑皮即嗅脑**（软骨鱼类和肺鱼除外），腹面为神经细胞体集中形成的**纹状体**，大脑为**嗅觉和运动调节**的高级中枢，软骨鱼类的大脑比一般鱼类进步，因为不仅大脑底部和两侧均由神经细胞组成，其顶部也有神经细胞的分布，不过比较分散。

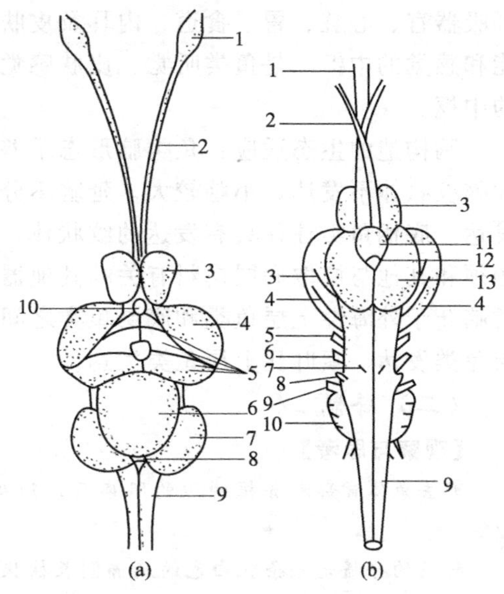

图 2-21　鲤鱼脑的结构

（a）背面观；（b）腹面观

1—嗅球；2—嗅束；3—大脑；4—中脑；5—小脑瓣；6—小脑；7—迷叶；8—面叶；9—延脑；10—脑上腺；11—脑垂体；12—血管囊；13—下叶

2. 间脑

位于大脑后方的凹部，较小，被中脑遮盖，自然状态下从背面看不见，用镊子轻轻将大脑、中脑分开即可看见间脑，其背面中央突出一条细长结构的内分泌腺即**脑上腺**，又叫**松果体**。间脑的腹面前方有视神经，并形成视交叉，视神经经过间脑通到中脑，视交叉后方为脑漏斗，其顶端附有**脑垂体**，漏斗的两侧有一对下叶，下叶后方为血管囊。

脑上腺与生物钟的节律有关，其基部有神经纤维联合称为前联合。它和脑各部有复杂的联系，故有重要的综合和交换作用，尤其与视觉和嗅觉关系密切。间脑内的空腔为第三脑室（背壁为上丘脑，侧壁为丘脑，腹壁为下丘脑）。强光作用下间脑可使鱼体变黑。

3. 中脑

位于端脑之后，覆盖在间脑背面，背面观察其呈一对圆球状。在外形上中脑比大脑大，如纵切中脑，可以看到中脑的腹面有小脑瓣伸入，所以把中脑挤向前面及侧面，使中脑的切面形状呈新月形。

中脑又称视叶，为视觉中心，是鱼类最高级的视觉中枢。中脑的空腔称为中脑腔或视叶室，向前与第三脑室、向后与第四脑室相通。中脑还有通向延脑的神经纤维，与调节运动和平衡有关。

4. 小脑

位于中脑后方，为一圆球形体，表面光滑，前方伸出小脑瓣突入中脑。

小脑是身体活动的主要协调中枢，具有维持鱼体平衡、掌握活动的协调和节制肌肉张力等作用。小脑两侧有小脑鬈，与听觉、侧线感觉有关。鱼类和其他各纲脊椎动物一样，小脑的发达程度很不一致，这主要与身体的活动性有关，运动能力弱的鱼类，小脑小且细；而运动能力强的种类则比较发达，所以它是身体运动主要的协调中枢。

5. 延脑

延脑是脑的最后部分，由 1 个面叶和 1 对迷走叶组成。面叶居中，其前部被小脑遮蔽，只能见到其后部。迷走叶较大，左右成对，在小脑的后两侧。延脑后部通出枕孔，即为脊髓。延脑的脑腔为第四脑室，后面与脊髓的中心管相通。

延脑侧面依次发出三叉神经、颜面神经及迷走神经，腹面发出外展神经。延脑神经通往呼吸器官、心脏、胃、食道、内耳及皮肤感觉器官等。延脑被称为生命中枢，是多种生理机能和感觉的中枢，是鱼类听觉、皮肤感觉、侧线感觉和呼吸的中枢，又是调节色素细胞作用的中枢。

脑构造的生态适应：鱼类脑形态千差万别，但常与生态习性有关。上层鱼类视叶发达，大脑纹状体不发达，小脑较大，延脑不分化。摄取浮游生物为主的外海上层鱼类，触觉中枢发达。底栖鱼类往往具有发达的纹状体，有沟，可以分为多叶，小脑较小，与不活动有关。触须和其他与捕取底层饵料有关的其他器官发达的鱼类，延脑特别分化。浅海活泼游泳的鱼类脑介于外海性上层鱼类和底层鱼类之间，小脑比上层鱼类小而比底层鱼类发达，视叶比底层鱼类发达，嗅叶比上层鱼类发达。

（二）脊髓

【观察与思考】

剪去鱼体背部和脊椎两边的肌肉后，用镊子仔细除去脊椎髓弓的骨片，就可以暴露出脊髓和脊神经。

鲤鱼的脊髓是一条乳白色的扁椭圆长柱状管子，由前向后逐渐变细，前面与脑部连接，紧接延脑之后而终止于尾部最后一个脊椎。

脊髓受脊椎骨髓弓的保护，背、腹面具背中沟、腹中沟，以此将脊髓分成左右两半，内层为灰质（神经原本体），灰质的中央为中心管。灰质向背突出的为背角，向腹突出的为腹角。外层为白质（神经纤维）。脊髓为神经传导路径和简单反射中枢，神经纤维一部分留在脊髓内，有反射功能，另一部分联结脊髓和脑部的上行纤维和下行纤维。

二、周围神经系统

周围神经系统由中枢神经系统发出的神经和神经节组成，包括脊神经和脑神经。中枢神经通过外周神经与皮肤、肌肉、内脏器官连接。

1. 脑神经

由脑发出，性质与脊神经类似，共有 10 对，依次为：

Ⅰ嗅神经	Ⅵ外展神经
Ⅱ视神经	Ⅶ面神经
Ⅲ动眼神经	Ⅷ听神经
Ⅳ滑车神经	Ⅸ舌咽神经
Ⅴ三叉神经	Ⅹ迷走神经

Ⅰ、Ⅱ、Ⅷ为纯感觉神经，Ⅲ、Ⅳ、Ⅵ为纯运动神经，其他为混合神经。

2. 脊神经

分节排列，每对左右对称的脊神经包括 1 个背根（发自背角）和 1 个腹根（发自腹角）。背根包括感觉神经，来自皮肤和内脏；腹根包括运动神经，分布于肌肉和腺体。背根和腹根合并后分为三支（都含有运动和感觉纤维）：

背支——分布于背部的肌肉和皮肤；

腹支——分布于腹部的肌肉和皮肤；

内脏支——分布于肠胃和血管等，参加交感神经系统。

三、植物性神经系统

植物性神经系统是由中枢神经系统发出，发出后通过神经节的神经质，再到达各器官。

是专门支配和调节内脏平滑肌、心脏肌、内分泌腺、血管扩张和收缩等活动的神经。植物性神经系统由交感神经和副交感神经两部分组成。

第九节　感觉器官

感觉器官是神经系统的外围部分，鱼体在与外界环境的联系中，感觉器官接受外界刺激，通过感觉神经传递至中枢神经系统，从而产生各种适应反应。

鱼类的感觉器官有皮肤感觉器官、听觉器官、视觉器官、嗅觉器官、味觉器官等。

（详细内容参见第三章）

第十节　内分泌系统

鱼类的内分泌腺有脑垂体、甲状腺、性腺、肾上腺、胸腺、胰岛、尾垂体、后鳃腺等。

内分泌腺分泌的激素在机体内的主要作用是：促进生长、发育；调节新陈代谢；调节内环境理化因素的初态平衡；调节生长、发育、生殖等基本生理机能。

（详细内容参见第五章）

【思考题】

1. 名词解释

肾单位　泌盐细胞　喉鳔类与闭鳔类　鳃片与鳃小片　鳃间隔　半鳃与全鳃　血浆　淋巴　动脉与静脉　韦伯氏器　颌弓　鳃弓　躯椎　尾椎　广盐性鱼类　狭盐性鱼类

2. 血液循环系统和淋巴系统的生理机能是如何互相补充的？
3. 简述血液的组成。
4. 不同类型鱼类是如何调节体内渗透压的？了解渗透压的调节对养殖生产有何指导意义？
5. 鱼类的辅助呼吸器官有哪几种？并举例。
6. 试述鱼类鳔的作用。
7. 如何进行内脏器官原位解剖与观察？
8. 试述鱼类血液的组成。

第三章　鱼类的感觉与行为
（兼实验观察）

【技能目标】

1. 能够熟练解剖、识别鱼类感觉器官结构。

2. 能够通过不同鱼类的感觉器官特点判断鱼类的行为，并应用于生产。

3. 掌握声诱捕鱼、灯光诱鱼原理，并应用于生产。

4. 通过观察鱼类的行为掌握鱼群侦察方法。

5. 依据温度、溶氧、盐度、pH值与气候变化对鱼类生命活动的影响原理，推断鱼类养殖的相关技术。

鱼类行为是指鱼类进行的各种运动，是鱼类对外界环境和内部环境变化的外在反应，包括游泳、摄食、生殖、呼吸等运动；此外，避敌、攻击、求偶时改变体色等非运动形式也列入行为范畴。**行为产生的过程**是：声、光、电、化学物质等的刺激→眼、耳鼻、侧线等感受器接收刺激→神经系统处理刺激→肌肉、鳍等效应器应答。其中感觉器官在鱼类行为过程中扮演着核心角色。

本章重点介绍鱼类感觉器官的结构特点与鱼类行为的关系，其目的在于通过不同鱼类的感觉器官特点判断其行为，并应用于渔业生产中。

第一节　鱼类感觉器官

鱼类通过感觉器官感受外界水环境中各种因子的变化，接受刺激，并把它们转变为神经冲动，传送到中枢神经系统，经过中枢神经系统的分析和整合作用后再传送到效应器，使鱼体产生适当的行为。感觉器官在鱼类生命活动中有着重要作用。

鱼类接受内外环境的刺激，包括机械刺激、化学刺激、光刺激、温度刺激、电刺激等。感受器可分为**外感受器**（如视感受器、听感受器、嗅感受器、味感受器、皮肤感受器）和**内感受器**（如本体感受器、消化管和循环系统内的感受器）；而根据所感受刺激的性质可以分为**化学感受器**、**机械感受器**、**光感受器**、**温度感受器**、**电感受器**等。

一、化学感受器

化学感受器对鱼类的行为起着重要而不可缺少的作用。它可帮助鱼类获得食物、识别异性、辨别同种或不同种的个体、防御与躲避敌害、抚幼、定向和“归巢”等。化学感受通常包括三种情况：嗅觉、味觉和一般的化学感受。

1. 嗅觉器官

【观察与思考】

鱼类的嗅觉器官是嗅囊，嗅囊位于鼻孔的下方。前鼻孔后端具鼻瓣，后鼻孔无鼻瓣。用剪刀除去鼻孔周围的皮肤及鼻骨，可见带黄色的内凹的嗅囊。取出嗅囊，放在解剖镜下观察，可见囊内有一中轴，周围有嗅板 33～34 片（见图 3-1）。嗅觉器官有何功能呢？

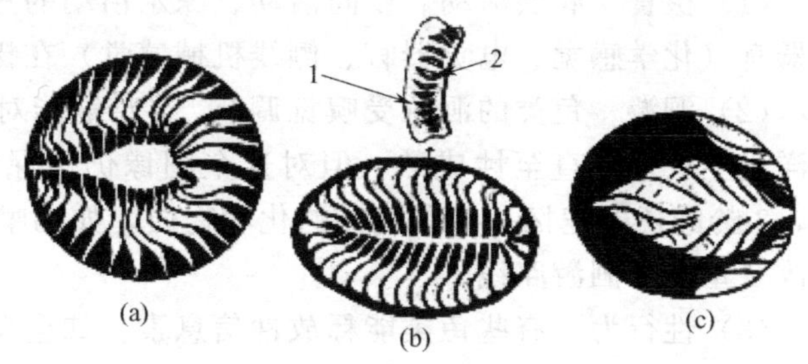

图 3-1 各种鱼的嗅板
(a) 大黄鱼；(b) 短吻三棘鲀；(c) 卵圆疣体鳞鲀
1—初级嗅板；2—次级嗅板

鱼类的嗅觉器官由鼻腔内的嗅囊所构成。**嗅囊**是一对内陷的构造，由一些多褶的嗅觉上皮组织构成，其中分布有成簇的嗅觉细胞及比较粗壮的支持细胞。这种上皮称为嗅膜，在嗅膜外呈皱褶状。嗅囊因为鼻腔形状不同而为圆形、椭圆形或不规则形。嗅觉细胞为梭形、杆状或线状，外端有游离纤毛，基部后端有嗅神经纤维末梢分布，最后汇总而成嗅神经达于端脑的嗅脑上（见图 3-2）。

鱼类的嗅觉敏感性差异：视觉好的鱼眼睛大、鼻子小，嗅觉迟钝。嗅觉好的鱼眼睛小、鼻子大，或眼、鼻都发达，嗅觉灵敏，如鲨鱼可嗅出几千米以外的化学物质而游向该处。回归性鱼类如鲑鱼之所以会回到它出生的河流繁殖，是由于它习惯于这条河流的气味，这种化学刺激引导鲑鱼作回归移动。

具有发达嗅觉的鱼类称为**嗅觉灵敏鱼类**，而嗅觉不发达的鱼类称为**嗅觉不灵敏鱼类**。

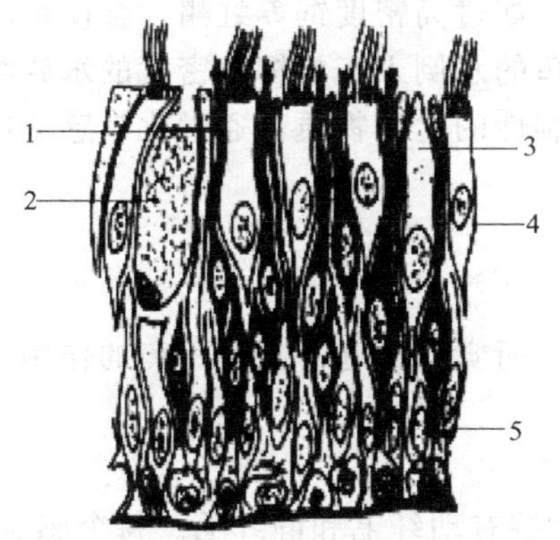

图 3-2 鳗鲡嗅上皮的细胞结构
(引自集美水产学校，1999 年)
1—感觉细胞；2—杯状细胞；3—棒状细胞；4—纤毛细胞；5—支持细胞

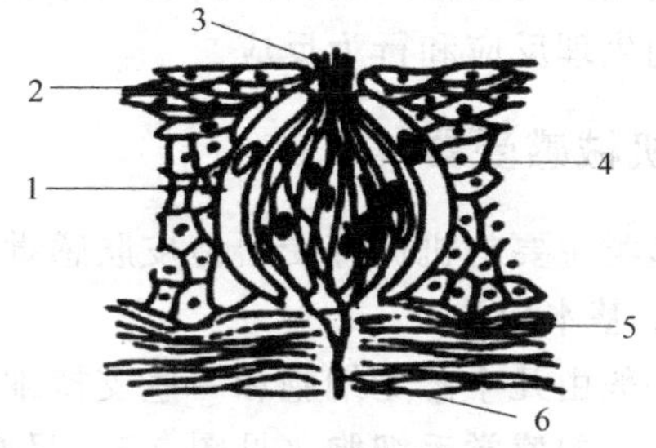

图 3-3 味蕾的模式构造
(引自集美水产学校，1999 年)
1—支持细胞；2—上皮细胞；3—感觉毛；4—感觉细胞；5—结缔组织；6—神经纤维

2. 味觉器官

鱼类的味觉器官是味蕾，属化学感觉器官。鱼类选择食物，依靠味蕾这种感觉器官。味蕾呈一椭圆形或瓶状结构，由感觉细胞和支持细胞组成。感觉细胞即味觉（蕾）细胞上端有纤毛突起，由味蕾孔伸出与外界相通，基部有神经末梢分布（见图 3-3）。

鱼类的味觉器官分布很广，主要集中在口腔内，但在唇、舌、触须、头部、鳃弓、鳃耙、咽、食道、鳍膜、体表及尾部皮肤也有分布。分布于体表、触须、鳍膜上的味蕾称之为皮肤味蕾。底栖的鲤、鲴等味蕾分布特别广，鲤鱼咽部的顶皮形成栉状体，内密布味蕾。

3. 化学感觉的行为机能

化学感觉对鱼类的行为，如摄食、洄游、生殖、逃避敌害、种群辨认等有重要的调节作用。

（1）摄食　底层活动、夜间活动、深水活动的鱼类，由于生存环境光线较弱，这些非视觉器官（化学感觉、电觉器官、侧线机械感觉）在摄食行为中具有更为重要的作用。

（2）洄游　鱼类的洄游受嗅觉调节。2 龄鲑能对家乡河流的气味形成嗅觉图像，之后在海洋里生长发育直至性成熟，但对这个图像仍然保持记忆，并能回到家乡河流里产卵。此外，2 龄鲑还能记忆一些有气味的化学物质，如吗啉、苯乙醇溶液等，因此，可利用这种方法改变鱼类的洄游路线。

（3）性行为　有些鱼类能释放性信息素。如金鱼的卵巢、虹鳟的精巢和雄性鳚鱼臀鳍上的特殊结构能合成和释放性信息素。雄性鲶鱼的尿液和皮肤黏液里也含有这种物质，它们被嗅觉感知后，吸引异性鱼追逐，如将异性鱼的鼻堵塞或切断其嗅神经，上述的求偶行为便消失。

（4）警戒反应　鲹鱼受伤时会引起鱼群摄食中止、游泳加速，纷纷逃离受伤鱼所在的水域，这种反应称为警戒反应（或惊吓反应）。鲹鱼的皮肤浸泡液也能引起同样的反应，说明鲹鱼皮肤受伤时会释放化学物质，这种物质称为警戒物质。此外，凶猛鱼类的气味也能引起警戒反应，如鲹鱼群嗅到狗鱼的气味时立即出现强烈反应。

（5）种群的辨别　鱼类有能力辨别同种鱼及其他不同种鱼类的气味。如狗鱼根据气味能够辨别 8 个科 15 种鱼。盲的鰕虎鱼常猎食其他鱼的仔鱼，但从不误食自己的后代。因此，化学感觉对于鱼类的集群，尤其是夜间集群很重要。

（6）群体的控制　化学感觉对群体的大小有影响。如过高密度饲养虹鳟，会使鱼的生长受抑，相互攻击增加，求偶行为减少。若将高密度养鱼的水倒入正常饲养密度的水族箱中也会出现相同的反应，说明高密度饲养能使鱼释放出抑制性的化学物质，通过化学感觉产生抑制性的生理反应和行为反应。

二、机械感受器

鱼类主要的机械感受器是皮肤感觉器、听觉器等。听觉器还起着身体平衡的作用。

1. 基本构造

一般由几个感觉细胞和一些支持细胞组成（见图 3-4）。

鱼类的**感觉毛细胞**（见图 3-5）呈圆柱形，其游离端有动纤毛和静纤毛。每个感觉毛细

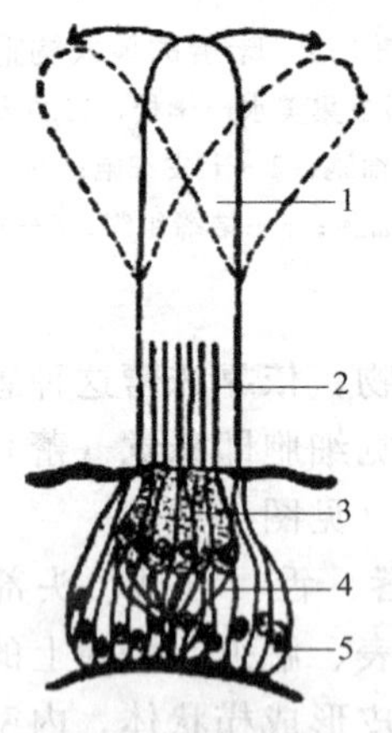

图 3-4　感觉器模式图

（引自孟庆闻等，1989 年）

1—感觉器顶；2—感觉毛；3—感觉细胞；4—神经纤维；5—支持细胞

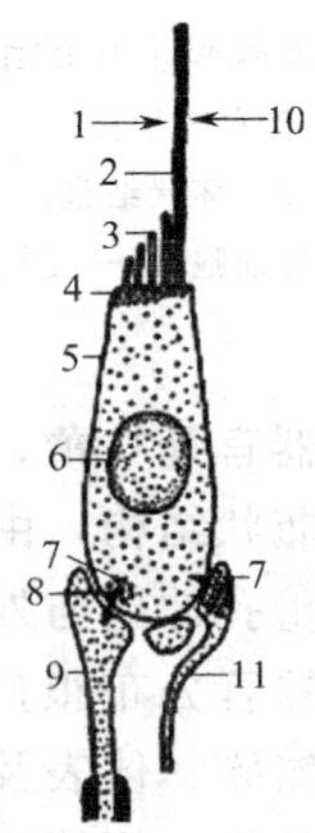

图 3-5　感觉毛细胞的亚显微结构

1—代表兴奋；2—动纤毛；3—静纤毛；4—角质体；5—细胞；6—细胞核；7—突触小泡；8—突触棒；9—传入纤维；10—代表抑制；11—传出纤维

胞的基部都与传入、传出神经纤维形成突触联系。传入神经为感觉神经，在内耳为听神经，在侧线器官为侧线神经。传出神经是把中枢发出的抑制信息传给感觉毛细胞。

当水流冲击鱼体时，引起感觉器胶质顶的倾斜，感觉细胞所接受的刺激通过神经纤维传递到神经中枢。

2. 皮肤感觉器官的种类

（1）感觉芽　感觉芽是构造最简单的皮肤感觉器（见图 3-6），分散在表皮细胞之间，在真骨鱼类常不规则地分布于身、鳍、唇、须及口中，具有触觉及感觉水流的作用。

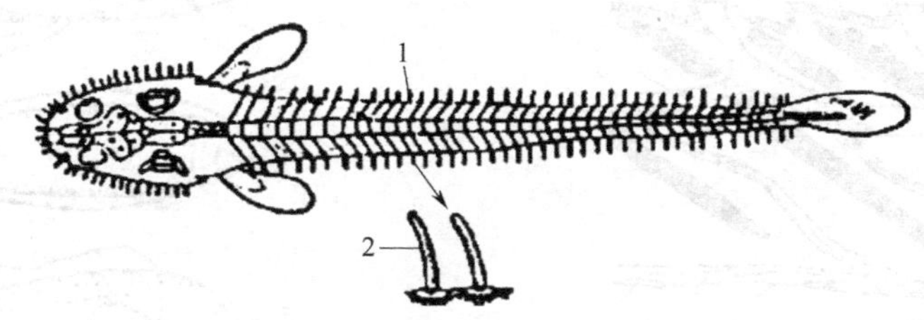

图 3-6　花鲭鱼苗体表感觉芽

1—感觉芽；2—顶

（2）丘状感觉器　又称陷器，这类感觉器的感觉细胞低于四周的支持细胞，因而形成中凹的小丘状构造（见图 3-7）。

丘状感觉器的作用是感觉水流和水压，栖息于水底的鱼类发达。

（3）侧线器官　侧线是鱼类及水生两栖类所特有的皮肤感觉器，它是一种埋在皮下的特殊皮肤感觉器官。

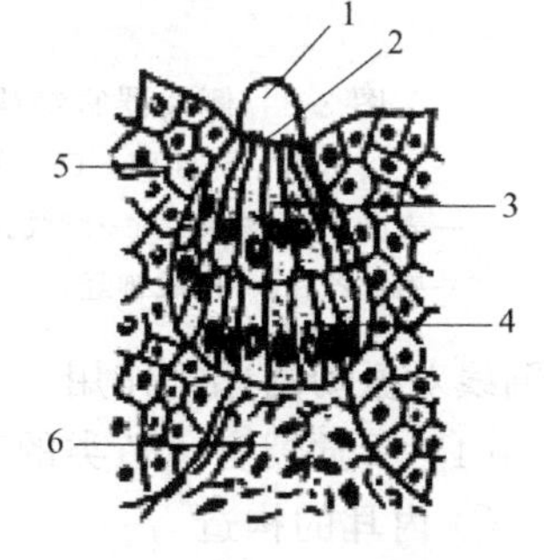

图 3-7　泥鳅的陷器

1—顶；2—感觉毛；3—感觉细胞；4—支持细胞；5—表皮；6—真皮

【观察与思考】

侧线主要分布在鱼类的头部和体侧。花鲈的侧线为管状，体侧每侧各有一条，分布于皮下，穿过鳞片与外界相通的开口，即外表看到的体侧“虚线”式的侧线孔，直达尾鳍基部。侧线在头部分成若干分支。

① 侧线类型：侧线呈沟状开放的，如鲨类，为低等表现。侧线呈管状，埋于皮下，支管开孔于体表，如鳐类和硬骨鱼类（见图 3-8）。

② 侧线器官感觉传导途径：水流由侧线支管的开口处作用于管中的黏液，再由黏液传递到感觉器，使感觉器的顶发生偏斜，感觉细胞乃获得刺激，刺激经侧线神经传递到延脑。

③ 侧线分布形式：一般侧线无论是沟状还是管状，其分布形式基本相同，主支分布在头以后身体的两侧。一般身体两侧各有侧线一条，少数鱼类每侧有两条（如中华舌鳎有眼侧）或三条（半滑舌鳎）甚至更多（六线鱼每侧 5 条），但鲱科鱼类无侧线（见图 3-9）。

头部侧线在头部分成若干分支，分布较复杂。

④ 侧线分布与鱼类生活习性的关系：底栖的行动迟钝的鱼类，其侧线器官在背部较集中，以警戒从其背上方来的敌害；底栖生物食性的鱼，侧线多集中于头部和躯干部的腹面；滤食性鱼侧线在身体两侧且发达，以弥补视觉的不足。

⑤ 鱼类侧线器官的主要作用是：确定方位（食物等）；感觉水流；感受低频率声波；辅助趋流性定向。

⑥ 侧线对鱼类生殖、集群等活动的影响：有些鱼类在生殖季节侧线感觉器特别发达，产卵后又消失，这说明鱼类在结群移动与产卵追逐活动中不仅领先视觉，在很大程度上有赖

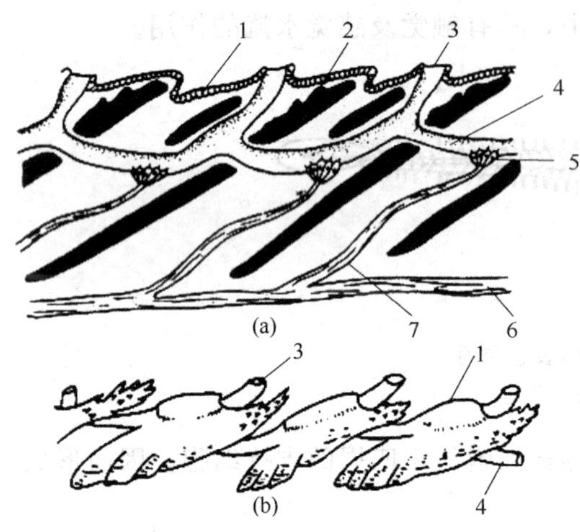

图 3-8　侧线器官结构模式图

（a）纵断面；（b）侧面

1—表皮；2—鳞片；3—侧线孔；4—侧线管；

5—感觉器；6—侧线神经；7—侧线神经分支

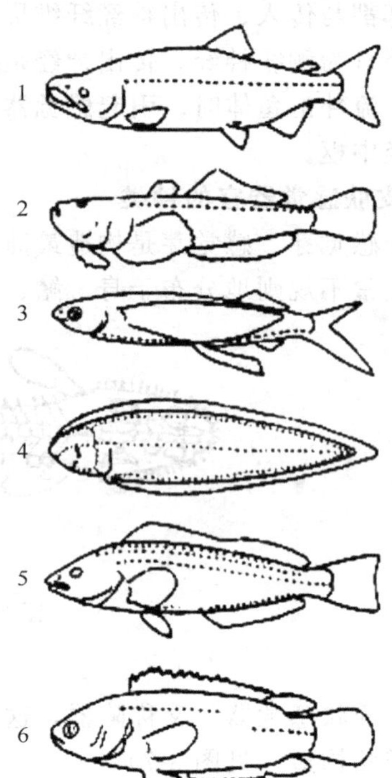

图 3-9　几种鱼的侧线分布

（引自集美水产学校，1999 年）

1—大马哈鱼；2—瞻星鱼；3—飞鱼；

4—三线舌鳎；5—六线鱼；6—鲽鲈

于侧线对振动的感觉作用。

（4）听觉器官　鱼类的听觉器官只有内耳，没有中耳及外耳。

① 内耳的构造

【观察与思考】

鱼类的听觉器官内耳位于脑颅的后面两侧，被耳囊的骨骼包围，内充淋巴液，分上下两部分。以花鲈为实验鱼进行解剖观察。

1. 上部观察

先用尖镊子小心剔除顶骨，可见前后半规管的上端，顺沿半规管除去周围骨骼，在剔除翼耳骨时要特别小心，不注意会连水平半规管一起除掉，除掉翼耳骨后上部基本可观察到以下几个部分。

（1）椭圆囊　呈长椭圆形，位于小脑外侧，前部有一小耳石，连有三根半规管。

（2）半规管　与椭圆囊相连，位于前方的为前半规管，后方的为后半规管，另有一水平方向生长的水平半规管，每一半规管一端有一管壁膨大的球形壶腹。

2. 下部观察

用剪刀沿着椭圆囊往下除掉部分前耳骨、后耳骨、外枕骨和基枕骨的上部，可观察到整个下部。

（1）球囊　位于椭圆囊腹面，后部入基枕骨内的一对凹窝内。内有耳石，称矢耳石，球囊与椭圆囊内部相通。

（2）瓶状囊　位于球囊后端突出部位，在基枕骨之内。内有一较小耳石称星耳石。

膜迷路：内耳又称膜迷路，位于小脑两侧，被骨质听囊（或称骨迷路）所包围，在骨迷路和膜迷路之间充满外淋巴液，对膜迷路起着周密的保护作用。内耳本身是由外胚层内陷发展而成的软骨囊，囊内亦充满内淋巴液。鱼类内耳由上下两部分构成（见图 3-10）。

半规管：上部**椭圆囊**，从此囊向前、后、水平方向附生三个互相垂直的半圆形管子，此即半规管，管的两端开口于椭圆囊。这三条互相垂直的半规管根据其位置的不同，分别称为前半规管、后半规管及侧半规管（或称水平半规管），每一个半规管的末端与椭圆囊相接处有一个由管壁膨大而成的球状壶腹。

下部称**球状囊**，球状囊的后方有一个圆形突起，称为**瓶状囊**（听壶、瓶状体）。

听斑：鱼类内耳的感觉细胞分布于内耳各腔的内壁，与第Ⅷ对脑神经末梢相联系，并在壶腹内的感觉上皮内集中形成听嵴，在椭圆囊和球状囊内的感觉上皮集中，称为听斑（见图 3-11）。

耳石：大多数鱼类的内耳具有由各囊内壁分泌产物沉积而形成的石灰质耳石。耳石的大小、形状因种类而异，并随年龄的增加而增大。耳石一般有同心圆排列的环纹，和鳞片上的年轮相似，可借耳石与其他构造（如鳞片、鳍条、脊椎骨、鳃盖骨、匙骨等）对照研究鱼类的年龄和生长。

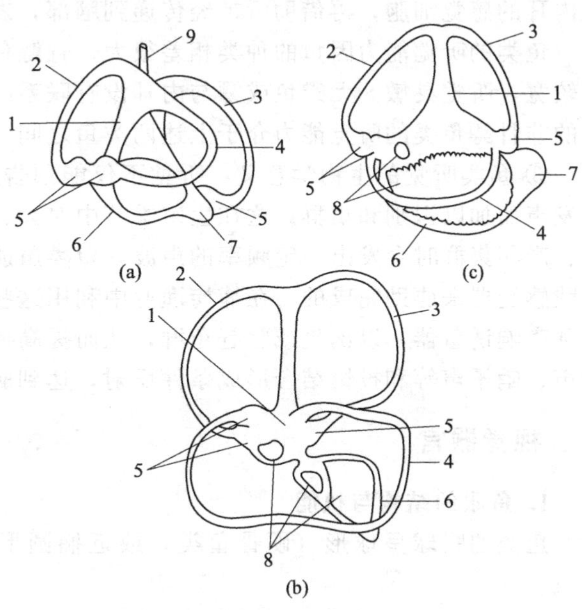

图 3-10 几种鱼的内耳构造
（引自集美水产学校，1999 年）
（a）鲨；（b）鲤；（c）花鲈
1—椭圆囊；2—前半规管；3—后半规管；4—侧半规管；5—壶腹；6—球囊；7—瓶状囊；8—耳石；9—内淋巴管

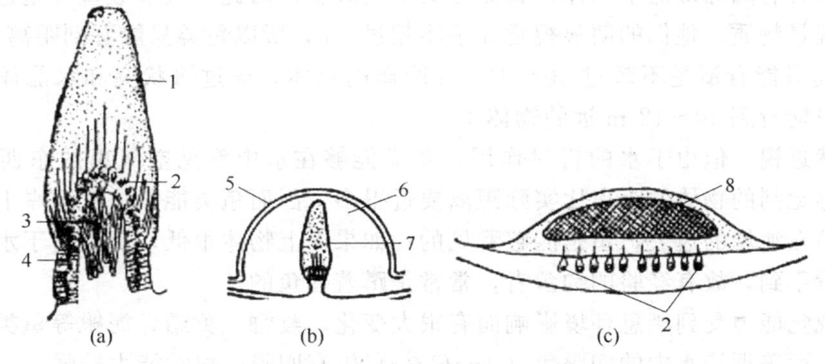

图 3-11 听嵴和听斑模式图
（a）听嵴；（b）壶腹内的听嵴；（c）耳石与听斑
1—感觉器顶；2—感觉细胞；3—神经；4—支持细胞；5—壶腹；6—壶腹内腔；7—听嵴；8—耳石

② 内耳的功能与行为

平衡功能：平衡作用是鱼类内耳的重要机能之一，通过耳石和半规管的相互作用而完成。

分泌耳石：大多数鱼类的内耳具有由细胞所分泌的产物沉积而形成的石灰质耳石。

听觉功能：内耳的另一重要作用就是听觉。鱼类没有外耳，从侧线或外界传来的水中声浪，通过头部耳区薄的骨片传导到内耳，使内耳里的内淋巴液发生同样的振荡，这种振荡刺激内耳的感觉细胞，再借助听神经传递到脑部，发生听觉作用，产生听觉反应。

鱼类的听觉能力因鱼的种类相差很大。骨鳔鱼类（具有韦伯氏器的鱼类）听觉频率的范围较宽，听觉灵敏。无鳔鱼或鳔与内耳没有联系的非骨鳔鱼类的听觉能力差。鳔与内耳有联系的非骨鳔鱼类的听觉能力介于上述两类鱼之间。

③ 鱼类听觉的生物学意义：听觉不仅能预告危险或预告食物存在，且可通过某些鱼类的发声而加以识别和集群。这在生殖季节中对大、小黄鱼选择异性有一定的意义。鱼类在摄食、产卵集群时会发出一定频率的声波，鱼类虽能听到声音，但辨别声音方向的能力，是靠皮肤感受器来协助完成的。在捕捞渔业中利用这些特点，人们可以人工发出一定声波，研制一种声响诱鱼器，以诱集或驱赶鱼群，从而提高捕捞效果。在养鱼场可用一定的声音刺激如铃声、哨子声等和投饵结合形成条件反射，达到驯化鱼类定时、定位摄饵的习惯。

三、视觉器官

1. 鱼眼的结构与机能

鱼类的眼球呈球形（硬骨鱼类）或近椭圆形（软骨鱼类），基本都是由被膜和调节器组成。

鱼类含有两种视觉细胞，即**视锥细胞**与**视杆细胞**。视杆细胞感受弱光的刺激，不感受强光，在黄昏或微弱的光照下能辨别黑白物体，因此行光觉作用；视锥细胞感受光波长短的刺激，具有分辨颜色的能力，行色觉作用。这两种细胞的比例与鱼类的生活环境有关，在光亮环境中生活的鱼类，视杆细胞数略多于视锥细胞，如狗鱼、鲈鱼等，其比例约为3∶1；喜欢在暗环境中生活或夜间出来觅食的鱼类，视杆细胞数大大超过视锥细胞，如鳊鱼的视杆细胞与视锥细胞之比为20∶1，江鳕为90∶1，深海鱼类的视细胞全部都是视杆细胞。

2. 鱼眼的视觉

由于鱼眼具有圆球形的水晶体，其曲度又不能改变，因此，大多数鱼类是近视的，再加上水中存在混悬物质，他们的明显视觉几乎不超过1m，所以鱼类只能看到距离很近的物体。例如，淡水鲑只能看清楚不超过30～40 cm距离的物体，通过镰状突和水晶体缩肌调节焦距，鱼眼也只能看到10～12 m远的物体。

鱼眼虽然近视，但由于水的折射作用，鱼类能够在水中看见空气里的东西即岸上的物像，并且所感觉到的物体的距离比实际距离要近得多，因而鱼类能很快发现岸上的物体并迅速游开。人站在池塘的边上，鱼是能够看见的；如果岸上物体很低，那么由于水面的反射作用，鱼类就看不到，故有经验的钓鱼者，常常是蹲着钓鱼的。

鱼类的视觉能力受到栖息环境影响而有很大变化。鳗鲡、黄鳝、泥鳅等鱼类视觉能力较弱甚至退化，而美洲淡水中的四眼鱼（*Anableps*）生有四眼，视觉能力较强。

鱼类的视觉与捕食行为有直接关系，大多数硬骨鱼类主要依靠视觉搜索食饵，称之为视觉摄食鱼类。

四、鱼类不同感觉器官在摄食行为中的作用

鱼类摄食行为分成三个时相：①获得食物存在的信号；②寻找和发现信号源；③鉴别食物的适口性。鱼类的摄食行为是鱼的感官都参与的一种行为，各器官作用如下。

1. 信号可被鱼类的感觉系统所接收

包括嗅觉、视觉、听觉、震觉（侧线）及电觉，某些情况下也包括味觉。但它们所起的作用与其发达程度（作用距离）有很大关系，一般来说其作用顺序为：

100m 以上——嗅觉；

25～100m——嗅觉、听觉；

5～25m——嗅觉、视觉、听觉；

1～5m——视觉、嗅觉、听觉；

0.25～1m——视觉、听觉、侧线、嗅觉、外周味觉；

0.25m 以下——视觉、侧线、电觉、外周味觉、触觉；

0m——口腔味觉、触觉。

2. 远距离寻觅在很大程度上以嗅觉为基础（其感知距离最远）

大部分鱼类由食物气味引起寻觅反应，通常嗅觉用于一定距离范围内饵料的识别和定位。如大西洋鳕能够利用嗅觉探测到埋于沙石下的食物，并用头推开沙石后取食；将星鲨的鼻孔堵塞，就不能发现装在布袋中的食物，这说明嗅觉在食物定位中的重要作用。但并非所有鱼类都具有对食物气味的精确定向能力。这是因为水中存在方向和强度不断变动的复杂的微流和强流体系，从而使化学信号的定向变得复杂化。因而依靠嗅觉确定食物位置的鱼，主要是那些其他感官不发达的种类（如底层鱼、深水鱼及夜间摄食的鱼）。

3. 味觉用于对食物适口性的判断

外周味觉（体表味觉）对初步判断食物适口性有重要作用，食物适口性的最终判断依靠口腔内的味觉感受器。外周味蕾多的鱼类具有一种很发达的能力——食物落入口腔前即可感知其味觉性质，这类鱼只需用触须或其他长有外周味蕾的器官接触一下摄食对象即可决定是咬住还是摒弃。大西洋鳕在捕食较小食物时首先依靠触须、胸鳍上的味蕾对食物进行识别。味觉器官还能辨别出甜、酸、苦、咸等食物的味道，尤其对甜和咸更敏感。东方鲀吃到含有奎宁的淀粉团会立即吐出。大西洋鳕吃过含氯化锂的食物致病以后，会避开这种特殊的食物。幼鲟咬食含有机酸的人工颗粒饵料的频率数倍于不含酸的对照颗粒，掺入苦味和碱味物质，会使饵料的摄入率显著下降。

4. 视觉在近距离觅食上起决定性作用

对多种鱼类昼夜摄食节律的野外观察表明光照与摄食强度密切相关。光照与摄食相关性首先存在于大部分食浮游生物的鱼类及浅水鱼类，其摄食可明显分为旺盛期和衰退期。深水处光照稳定且不超过 1lx，故深水鱼类昼夜摄食节律很弱，许多食浮游生物的鱼类白天逐个吞食食物而夜间转为滤食，同时对食物的选择性急剧下降。视觉对鱼类近距离觅食最为有效，它可以确定食物的位置、距离、大小、形状、色彩、亮度和运动活性。如食浮游生物的鱼类常捕食色素较深的浮游动物，某些鱼偏爱某种颜色或形状的食物，如大菱鲆幼鱼更多地扑向长与高之比为 5∶1 的饵料模型。鱼类对食物的选择性很大程度上以视觉为基础。

一些鱼类靠声响觅食，许多场合这些信号并非产生于食物本身而是产生于觅食者，也就是依靠接收次级信号发现食物，很多大型鱼类如金枪鱼、鲨鱼等均是如此。有些电感应系统发达的鱼类靠感应食物发出的电场觅食，但仅在距离很近时才能发现食物。

5. 鱼类依靠侧线系统识别和吞食各种运动着的食物

大部分鱼类震觉（侧线）系统很发达，其感应距离比电觉大。当一个生物游近鱼体时，产生了波动，鱼体则能感觉这种波动并产生反应，或加以捕食，或逃避，或置之不理。许多鱼类能依靠侧线系统识别和吞食各种运动着的食物。将一条盲眼的狗鱼和一条死鱼放在一起，这条盲鱼不能找到死鱼，因而继续挨饿，当移动死鱼时，它便能像活鱼似地捉捕它；鳜鱼对低频振动非常敏感且可诱导产生准确的攻击反应；大口鲇主要依靠侧线和触须捕食；针鱼具有发达的侧线系统，可捕食夜间活动的浮游动物；在完全黑暗的环境下蓝鳃太阳鱼能够利用侧线进行捕食；人工致盲的欧洲鳗仍然能够发现并攻击与其距离 20cm 轻微振动的模拟饵料鱼。通常，饵料生物运动活性越强，能为觅食者识别的距离也越远。

思考：为什么有些鱼类喜欢捕食活饵呢？这主要是运动饵料易被侧线系统发现。而有些鱼类除了食饵运动外，还要求食饵具有一定的形状，如鳜仔鱼一开口就要摄食鱼苗，而不吃浮游生物，这给生产带来了不便，研究后发现，可以投喂运动的人工配合饵料，但饵料要求呈“鱼形”，这也说明视觉在此发挥着重要作用。

另外，鱼的生理状况对其感官功能参数也有很大影响，并且存在季节性变化。胃肠饱满度大幅度改变鱼对食物信号的感受性——从最强的摄食反应到完全冷漠，饥饿的鱼对食物的选择性降低，引起觅食兴奋的信号谱被显著拓宽，咬住捕获物后的吞食率有所提高。胃肠饱满度增加，对食物的选择性随之增强，生殖洄游和护仔期间，某些鱼对食物信号的感受性下降。另一些鱼类产卵期性激素水平的上升提高了嗅觉对食物气味的感受性。

知识链接：不同光亮强度下感觉对鱼类摄食行为影响的一般规律分析

对于白昼摄食的中上层鱼类和浅水底层鱼类，无论是食浮游生物的鱼类还是食底栖生物的鱼类、凶猛鱼类，视觉在其捕食中均具有重要意义，有些种类甚至在视觉不起作用时完全不能捕食，说明在具有一定照度的水体中，由于视觉能很好地发挥作用，鱼类一般优先利用视觉捕食。尤其是在最清澈的热带水域中生活的鱼类，能够完全依靠视觉摄食，此时化学感觉在捕食中的作用不大。

对于一些晨昏及夜间或非常低照度下摄食的鱼类，有些种类仍利用视觉捕食，包括食浮游生物的鱼类和凶猛鱼类。食浮游生物的鱼类在夜间到水表层借助微弱光照捕食大型浮游动物，它们的眼睛由于具有发达的银色反光层，从而能大大提高对光的敏感性，凶猛鱼类在晨昏及夜间到浅水底层利用发达的夜视觉捕食白昼型饵料鱼，由于环境照度非常低，它们一般同时利用侧线机械感觉捕食，它们的视网膜因具有很大的会聚性，其光敏感性极高。

对于另一些夜间或极低照度下摄食的鱼类，视觉在摄食中的作用不大，其眼已退化，主要利用其他感觉摄食。对于主要以活动性不强的食物为食的鱼类，它们主要利用化学感觉摄食。食浮游生物的鱼类利用化学感觉以滤食方式摄取水层中的浮游生物，食底栖生物的鱼类利用化学感觉以吸吮方式及味觉器官触碰方式摄取底质上及底泥中的底栖生物，凶猛鱼类利用化学感觉以味觉器官触碰方式摄食死饵料鱼及偶然未能逃避的活饵料鱼。对于主要以活动性强的食物为食的鱼类，化学感觉往往仅能确定猎物的大致方位，它们主要依靠侧线机械感觉、电觉对猎物进行准确攻击，食浮游生物的鱼类利用侧线机械感觉捕食浮游动物，食底栖生物鱼类利用侧线机械感觉、电觉捕食底栖动物，凶猛鱼类利用侧线机械感觉、电觉捕食白昼型饵料鱼及掩藏于泥沙中的饵料鱼。

五、鱼类的行为与渔具渔法的选取

【鱼群的侦查】

白天在观察水库鱼群时，主要是通过“鱼影”、“水色”、“鱼泡”、“跳跃”和“鱼屎”等鱼类的行为及其所形成的现象来分析和判断鱼群的动向、动态、栖息场所和群体数量。夜晚在侦察水库鱼群时，只能凭借耳听的方法，一般在深夜或清晨倾听鱼类的游泳和跃水的声响来判断鱼群的动向，并根据其声音的大小、多少与位置来进一步决定鱼群的栖息地点、种类及群体大小。具体可采取以下几种方法。

(1) 从鱼类跃水的方位来判断鱼群方向　如果鱼类跃水连续两天在同一位置，起跳较慢，说明鱼群是在附近水域栖息，属定居性鱼群。若鱼类在跃水时鱼头方向是向前的，第一条鱼刚跃水不久，第二条鱼又在前方跃水，其间距长，速度快，说明鱼群在向前方游移，属流动性鱼群。

(2) 从鱼类跃水范围的宽窄来判断鱼群大小　如果发现库湾内只有零星的鱼类跃水，而且时间相隔较长，说明该区域的鱼群比较分散。若在一二亩范围内连续不断地跃水，则此处必定有较大鱼群。

(3) 观察水色　在无风或微风的天气，当发现水面有一块灰黑色或黑棕色的影子，移动时库水表面出现皱纹，说明是鱼群的影像。在这种影像中，如果发现鱼类游至水面，则更有把握判断这种影像为鱼群。

(4) 观察水泡　在观察水泡时，要辨清鱼泡和气泡。鱼泡与底层烂泥中冒出的气泡不一样，烂泥冒出的气泡是一个接一个地冒上来，气泡似圆形，原地不动。而鱼泡则有间隔性，鱼泡呈长圆形，而且随着鱼类的活动而移动。

(5) 观察鱼屎　如果发现某水域中有短的褐色或绿色圆柱形鱼屎，鱼屎细烂且质地新鲜，表明附近有鲢、鳙鱼群存在。若圆柱形鱼屎较长，鱼屎中还有未消化的细长植物碎渣，鱼屎又带有黏性，说明附近水域有草鱼群存在。

(6) 观察鱼跳跃　鲢、鳙鱼常常在一起集群，如果在水库的某水域发现鲢鱼跳跃，可能会有鳙鱼群。一般说来，鲢鱼较鳙鱼跳得频繁，如果发现鳙鱼跳跃，则鲢、鳙鱼群体较大。若鳙鱼跳跃次数多，数量大，跳跃点集中，则可能是大鱼群。若跳跃的鱼类个体比较整齐，说明是中心鱼群；若跳跃的鱼类个体参差不齐，说明是混合鱼群，且群体不大。

鱼类的行为是设计和选择网具与捕捞技术的重要依据。鱼类的行为直接影响到网具的渔获效果，各种渔具的作业方法也是根据鱼类的行为特点而确定的。研究鱼类对各种渔具的反应对改进渔具结构、提高捕鱼效果具有重要的实践意义。

利用鱼类的趋光、趋声性进行诱捕是利用鱼类的行为捕鱼。另外，鱼类在浑浊的水体中不易发现网具的存在，而发生乱游乱撞现象。根据这一行为，可在这种水域中设置刺网类网具，捕捞效率将大为提高。鱼类在澄清的水体中容易发现网具的存在，产生贴网漫游的行为。依据这一行为，设置定置性网具，如网簖、网箱簖、笼式张网等，导鱼入网以达到渔获的目的，效果显著。鱼类在流动的水域中，产生上溯逃跑和顺流而下的行为。依据这一行为设置定置性网具，同样具有防逃、捕捞的良好效果。摄食期间，鱼类一般处于分散状态，即使集群，其数量亦不大，时间也不会长。水库围网作业之所以在这一时期空网率较高，原因就在于此。而这一时期，则适宜于主动性、滤过性疏目拖网作业。依据鲢、鳙鱼集群性不大、遇危险信号向下潜游和迅速逃跑的行为，运用赶、拦、刺、张联合渔具渔法可取得最佳捕捞效果。依据鲤、鲫鱼等底层鱼类贴底、钻泥、潜穴、居洞、伏草的行为，采用电捕鱼法并辅之以网具，可达到较好的捕捞效果。若单独用锦纶棕丝沉刺网进行长年捕捞，也具有一定的效果。

第二节　鱼类的趋性行为及其渔业利用

趋性是指在单向的环境刺激下动物的定向行动反应，属于定型反应，是本能行为中最简单的一种。趋性要求有关动物具有感受性和反应性，因而趋性必须依靠动物的神经系统和肌肉来完成。趋性行为是一种遗传性状，因其具有适应意义而被保留下来。鱼类的趋性行为包括：趋光性、趋电性、趋声性、趋流性、趋化性、趋触性。

一、鱼类趋光性

光是鱼类的重要环境因子之一，主要来源于太阳照射。它通过信号作用对鱼类的行为和生理产生直接影响，而通过影响植物及其他环境因素间接影响鱼类生长、发育、繁殖、分布等生命活动。

鱼类感知光线刺激后能产生定向性运动，称为趋光反应。其反应有两种形式：一是正趋光，鱼类被光源所吸引，聚集在一定的照明区，中上层鱼类大多表现为这种反应，如竹刀鱼、沙丁鱼、脂眼鲱、小鲱鱼、鳀鱼、圆鲹、鲐、竹荚鱼、银汉鱼、鲢鱼等，而鲤科鱼类、鲇鱼、带鱼、鲹、颌针鱼、鲅鱼等常因灯光周围有饵料可食而成群游来，是对光的不确定性反应。另一种是负趋光，即鱼离开光源或从相对高的照明区进入较低的照明区。底栖鱼类、昼伏夜出鱼类大都表现这种反应，这是因为它们栖息、繁殖与索饵于底层，如鳗鲡由江河下海洄游是回避光线的，在月黑的夜里洄游时最为活跃。大马哈鱼也喜欢暗光。

鱼类的趋光性也有变化，幼鱼对光的反应往往较成鱼强烈；鱼类生殖前后的生理状态不同，趋光反应也不同；饥饿会增加鱼类的趋光性，而饱食则会使趋光性减弱。

渔业生产上的**灯光诱捕**就是根据鱼类的这种特性用集鱼灯将鱼诱集到预定的水域进行捕捞。为提高灯光诱捕的效果，需要根据被捕鱼类的视觉及趋光行为的特征设计集鱼灯和渔具。

鱼类有一定的适宜照度范围，并且在这种照度的水层内集群。鱼类的适宜集群照度随环境条件的变化而改变，如竹刀鱼在水上灯照射下，集群于光源下方约 2m 处，并滞留相当长的时间。而在水下灯照射下，尽管光量小于水上灯，鱼类能围绕并游向光源，但滞留不久即离开光源。趋光性强的鱼也是集群性强的鱼种，如沙丁鱼、鲹、鲐、竹刀鱼等。

有色觉的鱼类对颜色光的照射具有正趋光反应，眼睛对于可见光谱中各波段的敏感性是不同的，如深海鱼类最为敏感的光谱是 477～490nm，中上层鱼类为 480～520nm，浅海鱼类为 504～512nm，这些光也是鱼类喜欢的色光，能引起最大的趋光反应，如蓝圆鲹最敏感的光谱是 490 nm，用蓝绿光诱捕则能取得良好的效果。

多数鱼类对蓝色和绿色不敏感，因而网具多采用蓝绿色的材料。

二、鱼类趋电性

各种较大的水体中，都存在着微弱的大地电流。各种鱼类对电刺激的反应是不同的。鱼类在电场中的反应可分为感电、趋阳和昏迷三个阶段。

1. 感电阶段

鱼类进入电场后，受电刺激而惊恐不安、四处逃逸，力求使其体轴与电流方向平行，并表现为呼吸频率加快。不同种类对电流反应的敏感度不同，一般皮肤感受器发达的鱼类比较敏感，同种鱼类中个体大者对电流反应快。

2. 趋阳反应

趋阳反应属于鱼类趋电性，即在直流电场内，当电压增加到某一值时，鱼类头部转向阳极或游向阳极的行为，且水的电导率越高趋阳反应越明显。有学者推测，海洋洄游鱼类是以大地的微弱电流来定向的。

3. 昏迷反应

电场强度增高，超过鱼类的耐受极限，则出现呼吸微弱或停止，发生电麻痹导致死亡。因而目前电捕鱼已被禁止使用。但较弱的电流和脉冲电可用于拦鱼装置。鱼类在电场中的行为不仅因种类而不同，还受体长、代谢强度、水温及电场作用时间等因素的影响。小鱼感受的电流比大鱼要大；代谢强度大者比弱者对电流的感觉灵敏，耐电能力也强；鱼类夏季对电刺激比冬季敏感。

三、鱼类趋声性

鱼类利用能够适应于水中生活的特殊听觉器官——内耳和侧线，可感受机械振动、次声振动、声振动和超声振动。鱼类对声音刺激的行为反应有两种：一是趋向性反应（正趋音性）。鱼类听到喜爱的声音或同种鱼的摄食模拟声时，可从水平方向和垂直方向朝声源趋集。鲤鱼具有明显的趋声性，如养鱼槽中播放鲤鱼在游泳和吞食饵料时发出的声音时，会立即向鱼声发射器游去，并聚集在离发射器约3m远的水域，作出探索和寻找食物的反应。另一种反应是鱼类对于异常或厌恶的声音刺激产生逃避行为（负趋音性）。如鲐鱼听到长鳍鲸的声音或长鳍鲸的模拟声，立即出现惊恐反应，逃离声源。在养殖水体中进行的驯化养鱼，也是利用鱼类对声音形成的条件反射，用颗粒饲料进行定点、定时投喂，以提高饲料利用率。鱼类发声有利于相互联络、集群、吸引异性、防御和保护。

声诱捕鱼是利用鱼类对声音的趋集反应将鱼诱到预定的水域进行捕捞。常用的声诱法是模拟同种鱼类的摄食声。如鲫鱼在水温13℃时食欲很低，当水中播放该鱼的摄食声时，可把50m深的鳙鱼诱集到15m的水层，如撒入沙丁鱼饵料，就会大口吞食，可趁机捕之。此外，还可以利用声音使其产生惊恐反应，将鱼驱赶到预定的水域，或使鱼昏迷达到捕捞的目的。现已有人利用沙丁鱼、鲐鱼、鲫鱼、金枪鱼及鲨鱼等鱼类的正趋音性进行声诱捕鱼。

四、鱼类趋触性

鱼类对外界固体刺激而产生的定位反应，又称趋触性。鱼类的趋触性是依靠鱼类的触觉来实现的。在触觉中除神经末梢外，遍布于鱼体皮肤及触须上的味蕾起着十分重要的作用。例如，鳗鲡底层鱼类具有使身体局部贴靠海底或岩礁等特性。

五、鱼类趋化性

指鱼类以水环境中的化学物质浓度差为刺激源，使鱼类产生定向行动的特性。这是因为一切动物的觅食行为，主要依赖其对食物化学成分的反应。食物中可溶的或可挥发的成分在水中扩散开来，引起了鱼类的趋化行为。鱼类通过嗅觉器官，感受化学刺激源浓度的空间和时间变化，沿刺激源浓度梯度显示的方向性行动，游向刺激源的称正趋化性；游离刺激源的称负趋化性。不是所有鱼类都具备趋化行为，这取决于鱼类嗅觉的敏感程度。一般而言，鱼类在刺激源附近时，味迹浓度梯度大时，才出现趋化行为；高浓度刺激源，行动范围小而游速快；低浓度刺激源，行动范围大而游速慢。

发现饵料时，很多鱼类不是一开始就显示出趋化性，当距饵料较远时，往往不停地变换方向来回或曲折游动，逐渐缩小探索范围，当游近低浓度一边时，就转向高浓度一边。流水中的饵料味迹分布范围窄，鱼类更易接近饵料。有的学者认为鱼类由变向运动转向直线运动的趋化性行动，是由于两个鼻孔感到气味的浓度差引起的。鱼类获取饵料的行为，有时难以区分嗅觉作用或视觉作用，常常是两者兼而有之。

添加诱食剂对鱼类摄食有一定影响，尤其在稚、幼鱼的摄食中具有重要作用。了解这一特性，在饲料中添加嗜食物质，对于增加养殖鱼类进食量和加快其生长具有重要作用。

六、鱼类趋流性

鱼类趋流性指鱼类在流水中对流向和流速的行为反应特性。鱼类根据水流的流向和流速调整其游动方向和速度，使之处于逆水游动或较长时间地停留在逆流中某一位置的状态。鱼类的这种特性是因水压作用，由侧线、视觉和触觉等因素综合引起的，并与栖息的自然水域环境有密切关系。一般而言，大洋性洄游鱼类和河川急流中的鱼类，其趋流性都较强，如沙丁鱼、鲐鱼、金枪鱼、香鱼、鳟鱼、鲑鱼等。

分析研究鱼类的趋流性，是以感觉流速、喜爱流速和极限流速为指标的。感觉流速是指鱼类对流速可能产生反应的最小流速值。喜爱流速是指鱼类所能适应的多种流速值中最为适宜的流速范围。极限流速是指鱼类所能适应的最大流速值，又称之为临界流速。各种鱼类的感觉流速大致是相同的，也可以认为鱼类对水流感觉的灵敏性大致是相同的。由于各种鱼类游动能力不同，它们之间的极限流速差别很大。即使是同种鱼类，由于体长不同，个体的趋流性也不相同。总体而言，无论是极限流速还是喜爱流速，都是随着体长的增大而提高的。

第三节 环境对鱼类行为的影响

鱼类生活的水环境由两部分构成：**一是非生物环境**，包括各种理化因子及人类活动所引起的环境条件变化；**二是生物环境**，包括鱼类自身在内的各种动物、植物和微生物。鱼类必须适应所生活的环境，各种环境因子及其变化均影响鱼类生存、生长、繁殖、运动等一切生命活动。

一、非生物环境与鱼类行为

影响鱼类的非生物因素有温度、溶氧、盐度、pH 值、水流、水压、气候与季节变化等。光、声、电等对鱼类行为的影响见本章第二节有关内容。

1. 水温

鱼类是变温动物，其体温基本随着环境温度的变化而变化，因而水温对鱼类生存和生活及分布十分重要，同时，水温也会通过影响其他水环境因子间接影响鱼类的生活。各种鱼类都有其生存的最适温度，在最适温度范围内，随着水温增高，代谢作用增强，表现为鱼类呼吸、摄食、消化机能旺盛，生长迅速。各种鱼类在生殖时期，都要求一定的温度，如鲤、鲫鱼 14℃以上。由于各种鱼类对温度的适应情况差别很大，而水温对鱼类的分布也可产生重要影响。

(1) 水温对鱼类摄食行为的影响　在适温范围内，随着水温的升高，鱼类的运动量增加，摄食量增加，消化速度加快。分布于温带地区的鱼类，其摄食强度因水温的变化而有明显的季节变化，在春夏季摄食强烈，冬季减少摄食或停食；而冷水性鱼类则随着水温的升高摄食强度下降甚至停食。鳗鲡在水温 10℃时开始摄食，25～27℃时摄食量最大，超过 28℃则减少摄食；虹鳟在水温 3℃时即开始摄食，15～17℃时摄食量最大，20℃以上则减少摄食；草鱼在 20℃时日粮为体重的 50%，22℃时增为 100%～120%。摄食量的变化实际上是鱼类消化、吸收、代谢速度的反应。

(2) 水温对鱼类繁殖行为的影响　各种鱼类繁殖都要求一定的温度范围，但这个范围要比营养和生长的适温范围狭窄得多。同种鱼类生活于水温不同的水域，其性成熟年龄和繁殖季节亦不同，在温度较高的地区通常早熟。此外，水温的变化决定鱼类产卵的开始或终结，一定的水温变化对于鱼类产卵是一种信号，春季产卵的鱼类需要升温，而秋季产卵的鱼类则要求降温。鱼类可按照产卵季节水温变化的情况而提早或延迟产卵。四大家鱼在春季水温上升到 18℃以上时才能产卵，鲫鱼产卵水温一般要在 15℃以上，鲮鱼需 25～26℃，大马哈鱼的产卵水温则在 12℃以下，虹鳟在 6～13℃，细鳞鱼 7～8℃，狗鱼 3～6℃。

(3) 水温对鱼类分布的影响

① 热带鱼类：对水温要求高，适宜在较高的水中生活，其生存温度多为 10～40℃，生长、发育的适宜温度为 20～30℃，但不同种类间略有差异。常见的热带鱼类中遮目鱼生存温度为 8.5～42.7℃、罗非鱼 15～35℃、鲮鱼 7～32℃、短盖巨脂鲤 12～40℃、黄鳝 5～32℃、胡子鲶 4～34℃、石斑鱼 14～32℃。

② 温水性鱼类：温水性鱼类要求在温带水域条件下生活，其生存水温为0.5～38℃，摄食和生长的适宜水温为20～32℃，繁殖的适宜水温为22～26℃，低于10℃摄食量下降，生长缓慢，15℃以上摄食量逐渐增加，20℃以上摄食量和生长速度明显增加。属于这种类型的鱼类很多，我国淡水鱼类和近海的一些经济鱼类多属该类型，如鲢鱼、鳙鱼、草鱼、青鱼、鳊鱼、鲂鱼、鲤鱼、鲫鱼、鲴鱼、泥鳅、鳗鲡、鲷鱼、鲈鱼、鲻鱼、梭鱼、小黄鱼、小沙丁鱼等。

③ 冷水性鱼类：冷水性鱼类要在较低水温条件下才能正常生活，如大马哈鱼、虹鳟、太平洋鲱、江鳕类、香鱼、公鱼和多数银鱼等。虹鳟的生存温度为0～25℃，适宜生活温度12～18℃，最适生长温度为16～18℃，低于8℃或高于20℃食欲减退、生长减慢，超过24℃即停止摄食，以致死亡。

④ 冷温性鱼类：对水温的适应能力介于温水性鱼类和冷水性鱼类之间，牙鲆、大菱鲆、黑鲳鱼和大眼狮鲈等属冷温性鱼类。牙鲆的存活温度为1～33℃，适宜生长温度为17～23℃。大菱鲆的存活温度为0～30℃，适宜生长温度为10～24℃。黑鲳鱼的适宜温度范围为8～25℃，5～6℃停食，致死温度为1℃。

对于温度的变化，鱼类常常会以生理性变化（如越冬前鱼体脂肪的积累）、休眠（包括夏季蛰伏和冬季半休眠）及温度性回避（包括洄游）等生理、生态及形态方式，进行调节适应。

2. 溶氧

水中的溶氧是鱼类赖以生存的基本生活条件之一，是鱼类新陈代谢重要的物质和能量来源，还对饵料生物的生长、水中化学物质存在形态有重要的影响，因而可直接或间接影响到鱼类的生长、发育、繁殖等一切生命活动。

鱼类的正常生长发育要求水中有充足的溶氧。当水中溶氧量低于鱼类呼吸需求时，即低于临界氧浓度时，呼吸作用受阻，呼吸运动加强，呼吸频率加快，并往往出现浮头现象。如果在临界溶氧量的基础上继续下降，鱼类的呼吸作用受阻，会导致窒息死亡，此时水体的溶氧量称为“窒息点”。几种主要养殖鱼类最适的溶氧量一般为5mg/L以上，正常呼吸所需要的溶氧量一般要求不低于2mg/L，1.5mg/L左右的溶氧量为警戒浓度，降至1mg/L以下就会造成窒息死亡。

溶氧量低会对鱼虾的摄食行为产生重要影响。如果养殖鱼虾长期生活在溶氧不足的水中，摄饵量就会下降。例如，当溶氧量从7～9mg/L降到3～4mg/L时，鲤鱼的摄饵量减少一半。在低氧条件下，鱼、虾的生长速度减慢，饲料系数增加。草鱼在溶氧量2.7～2.8mg/L时养殖比在溶氧量5.6mg/L条件下养殖的生长速率约低10倍，饲料系数高4倍。

溶氧量低也可影响鱼的发病率，如鱼类长期生活在溶氧不足的水中，体质将下降，对疾病的抵抗力降低，发病率升高。溶氧量低将导致胚胎发育异常，在鱼孵化期，胚胎对溶氧要求高，如溶氧不足易出现畸形，甚至引起胚胎死亡。溶氧低会增加毒物的毒性，在低溶氧的水中鱼类呼吸频率增加，如果水中有毒物，使鱼类对水中毒物的接触量增大，毒害也就增加。水体中溶氧量过高，溶解气体过饱和可能引起养殖鱼类气泡病。

3. 盐度

盐度是影响鱼类分布的重要因素。不同盐度的水体渗透压不同，因而海水鱼和淡水鱼不能随意交换彼此生活的水体。盐度对鱼类的繁殖也有较大的影响，不同鱼类繁殖时需要不同的盐度，尤其是洄游性鱼类。四大家鱼在盐度超过3‰以上即不能正常繁殖。此外，水中溶解盐类的成分对鱼类的生长、发育和繁殖也有影响。海水以氯化物为主，淡水以钙和镁的碳酸盐为主。鱼类能直接从水中吸收部分营养盐，而且营养盐较多的水，有利于鱼类饵料生物的繁殖和鱼类的生长。某些金属盐类，当其含量较低时可能为营养盐类，而含量过高时则会成为有害因素。鱼类之所以能够在不同盐度的水体中生活，是因为它们具有完善的渗透压调节机制，但这种调节作用只能局限于一定的盐度范围内，如果超越此范围则导致鱼体失调，并影响其生存。按鱼类耐受盐度变化适应能力大小，又可将鱼类分为广盐性鱼类和狭盐性鱼类两类。狭盐性鱼类耐受盐度变化范围较小，包括绝大多数淡水鱼类和海水鱼类，如青鱼、草鱼、鲢鱼、鳙鱼、鲤鱼、鲫鱼、鳊鱼、鲂鱼、鲴鱼、泥鳅、鳜鱼、鲷鱼、牙鲆、石斑鱼等；广盐性鱼类则能够耐受较大盐度变化，包括洄游性鱼类、河口性鱼类，以及少数淡水鱼类和海水鱼类，如罗非鱼、大马哈鱼、虹鳟、鲈鱼、遮目鱼、鲻鱼、河鲀、眼斑拟石首鱼等。

4. pH 值

各种鱼类都有其最适宜的pH值范围，大多喜中性或弱碱性环境，pH值为7.0～8.5，丰产鱼池pH值大多在此范围内。许多鱼类能够适应较大幅度的pH值变化，如我国西部地区由于干旱少雨，蒸发量大，其pH值、碱度和盐度往往较高，雅罗鱼、鲫鱼等耐盐碱性鱼类可正常生活。但鱼类对pH值的适应有一定极限，一般不能小于4.0或大于9.5，超出此范围则很快死亡。在酸性水体内，可使鱼类血液中的pH值下降，使一部分血红蛋白与氧的结合完全受阻，因而减低其载氧能力，导致血液中氧分压变小。在这种情况下，尽管水中含氧量较高，鱼类也会因缺氧而“浮头”。在酸性水中，鱼类往往表现为不爱活动，畏缩迟滞，耗氧下降，代谢机能急剧低落，摄食很少，消化也差，生长受到抑制。pH值过低对于以其他水生生物为食的鱼类能造成间接危害，如在酸性环境中细菌、藻类和各种浮游动物的生长、繁殖均受到抑制；消化过程滞缓、有机物的分解速率减低，导致水体内物质循环速度减慢。当pH值过高，则往往破坏皮肤黏膜和鳃组织，而造成直接危害。

5. 气候与季节变化

(1) 气候变化对鱼类行为的影响　当天气降雨时，鱼类行为表现出一系列的变化。在风雨来临的前夕，平时生活在较平静水域的鱼类，十分活跃并四处游动，频繁上浮的行为加剧。在暴风雨期间，水域表面水温下降，鱼类潜至底层。当大量的活水流入时，带来丰富的饵料生物，鱼类往往逆水而上或顺流而下。当天气由雨转晴、库区内风平浪静时，鱼类上浮增多。当流入的浑浊水体向下沉降时，澄清较快的表层水也会引起鱼类上浮。光照的强弱也会引起鱼类行为的变化。拂晓时鱼类常常戏水跳跃，活动频繁。随着光照增强，鱼类逐渐潜入水下，上浮减少。待傍晚时，随着光照的减弱，鱼类又活跃于水面，上浮变多。

综上所述，天气晴朗时，鱼类上浮活跃；下雨时，鱼类喜欢活跃于水的表层；暴风雨前，鱼类集群游泳；暴风雨中，鱼类潜入深沟；久旱遇雨时，鱼类多在表层活动，起跳频繁；无风天气，鱼类喜欢在水域的表层或浅水区域活动；刮大风时，鱼类栖息在水域背风处或在深沟内隐蔽。在水库中，有时出现黄昏时鱼类由敞水区进入库湾，而拂晓时又从库湾游向敞水区的现象。

(2) 季节变化对鱼类行为的影响　季节的交替引起气候的变化，同时亦引起鱼类行为的变化。春季水温逐渐回升，鱼类所需的饵料生物渐趋丰富。因此，鱼类的活动和摄食量亦逐步增加。越冬的鱼类逐渐从深水区游向浅水区或水草丛中分散肥育。一些产黏性卵的鲤鱼、鲫鱼等鱼类，在春季更为活跃。在春季，鱼类结群的群体不大。夏季水温进一步上升，水域中浮物生物、底栖生物大量繁殖，水草生长茂盛，鱼类活动进一步增强，摄食量进一步加大，群体分散性更加明显。在夏季，若遇暴风雨或山洪暴发，有可能出现鱼类集群。

秋季水温渐渐降低，鱼类常常聚集成群漫游，有时甚至游至水面。然而，这一季节的鱼群并不大。冬季天气寒冷，水温急剧下降，鱼类开始集结游向适宜水温的水层中准备越冬。一般栖息在背风向阳、水较深的库湾内或深潭内，这时鱼类群体较大。当光照强而无风时，可发现鱼类结群上浮至水面活动。

二、生物环境与鱼类行为

水中的微生物、植物及包括鱼类在内的各种动物构成了鱼类的生物环境。鱼类与生物环境之间的关系包括种内关系和种间关系，它们或为鱼类的饵料，或为鱼类生活的必需条件，或为可捕食的鱼类，或为鱼类的病原生物，或者与鱼类有着更为复杂的关系。鱼类行为包括集群与非集群、相残、种间竞争、捕食与被食、寄生、共栖与共生等。

1. 集群与非集群行为

约有80%的鱼类在其生活史中有集群行为。有的种类终生集群生活，如浮游生物食性的上层鱼类。有的种类只在生命周期某一阶段呈现出阶段性集群，如乌鳢小时集群，长大后就分散活动。集群对鱼类的生活有利也有弊。集群在防御方面的作用不可忽视，往往单独活动的鱼被捕食的概率比在鱼群中要高得多；集群还有利于发现饵料生物，有利于游泳的动力学条件，即相互利用彼此的运动涡流以减小游动的阻力；被捕捞时，由于领头鱼的反应，鱼群可在片刻间逃逸。集群也存在着不利的方面：一是目标过大，容易被捕食者发现；二是常常会造成饵料不足，不利于迅速生长。

鱼类的非集群生活，尤其是底栖鱼类和筑巢产卵鱼类，它们一生或大部分时间分散生活，或者只按家族聚居。这种生活方式，有利于各个个体找到适宜的栖居地和足够的饵料。

2. 相残行为

种内关系最重要的方面是食物关系。当密度过大或其他原因使营养条件恶化时，食物竞争加剧，会产生生长离散（即个体差异加大），许多凶猛鱼类甚至会同种相残，如鲈鱼、带鱼等，这种以同种为食的现象可认为是鱼类对自然界的一种适应，有利于保存本种，维持种的延续。

3. 种间竞争行为

种间竞争是指具有共同的食物和生境的不同种鱼类之间所产生的竞争关系。包括直接竞争和间接竞争，竞争的激烈程度与食谱及生态灶的相同程度有关。竞争会向两个方向发展：一是一种占据绝对优势，完全排挤掉另一种；二是迫使其中一种占有不同空间，改食不同食物，产生食性分化。

4. 捕食与被食行为

捕食者与被食者的关系十分复杂，是在长期进化过程中形成的。捕食者的数量常取决于被食者的数量，而捕食者又可调节被食者的种群大小。对于天然水体的鱼类群落来说，捕食者的作用是：影响被食鱼的数量与质量组成；通过对不同被食鱼丰度及捕食鱼自己丰度的调节，促成生态系统的平衡；通过消灭病弱及不正常个体，充当生物改良者。对于放养水体的鱼类群落来说，捕食鱼将破坏合理放养，是造成减产、低产的重要因素。

5. 寄生行为

鱼类中也有种内寄生现象。如鮟鱇类的雄鱼，除了生殖器官外各个器官系统基本退化，个体往往只有雌体的1/10大小，用口吸附于雌鱼的鳃部、腹部或头部，以雌鱼体液为营养。种内寄生对繁殖中不易找到异性的种类生存有着积极的意义。种间寄生在鱼类中很少见。盲鳗的寄生是通过咬破寄主的体壁或鳃部钻入其体腔，吸食其内脏和肌肉，最终导致寄主的死亡。

6. 共栖与共生行为

共栖是指两种独立生活的鱼类，生活在一起，一方栖于另一方并对己有利，对另一方无害的相互关系。如鲫鱼与鲨鱼，鲫鱼以第一背鳍变异形成的吸盘吸附于鲨鱼体上，拾取鲨鱼的残饵，而对鲨鱼无害。还有另外一种共生现象，如一种裂唇鱼专吃笛鲷等口腔中和鳃部的寄生虫，起着“清洁工”的作用，而病鱼并不伤害它。

第四节　鱼类的洄游行为

洄游是指某些鱼类在其生活史中，出于对某种环境条件（营养、繁殖、越冬）的要求，在一定季节集群，从一个生活场所出发沿一定的路线向另一生活场所做有规律的大规模迁徙。这种运动是定向的、定时的、有周期性的，并具有遗传特性。洄游是鱼类种或种群重要的行为，是某些洄游鱼类生活史中不可或缺的组成部分。鱼类通过洄游变换栖息场所，扩大对空间环境的利用，最大限度地提高种群存活、摄食、繁殖和避开不良环境的能力。因此，洄游是鱼类种群存活、扩散和增长的重要行为特性。

一、洄游的类型

洄游的类型，从不同的研究角度有不同的划分方法。依据洄游的动力可将其分为被动洄游和主动洄游。被动洄游在洄游中不消耗能量，随波逐流，多数是指受精卵及仔鱼的洄游，如鲑鱼幼鱼的降海洄游；主动洄游是鱼类借自身运动能力所进行的洄游，依洄游的方向可分为水平洄游和垂直洄游，水平洄游又有离陆洄游和向陆洄游之分。按照鱼类洄游的目的可划分为生殖洄游、索饵洄游和越冬洄游。在自然界中，生殖、索饵、越冬组成鱼类生命周期的三个主要环节（见图 3-12），它们往往相互关联，有时有不同程度的交叉，但并非所有洄游鱼类都要经过这三个环节。有的鱼类只有生殖洄游和索饵洄游，有的鱼类越冬场与索饵场在一起或附近，有的索饵场就在生殖场所附近。鱼类在不同生长阶段其洄游周期也不同，幼鱼和成鱼的洄游周期、洄游路线、洄游时间往往也有所不同。通常按洄游的生态类群，可将洄游鱼类划分为海洋洄游鱼类、淡水洄游鱼类和过河口性洄游鱼类。

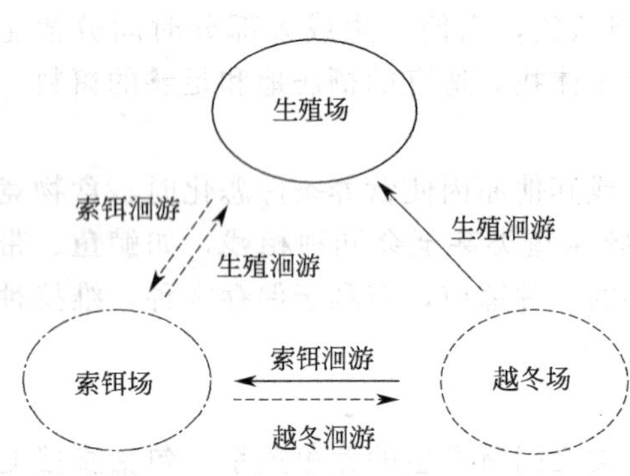

图 3-12　鱼类的洄游周期

1. 海洋洄游鱼类

整个洄游过程都发生在海洋中的鱼类称为海洋洄游鱼类。这种洄游具有季节周期性，且洄游距离长。多数情况下由生殖洄游、索饵洄游和越冬洄游三个环节组成，外海为其越冬场，近岸为其产卵和索饵场所。越冬洄游方向一般是从南到北，由浅水到深水。鲱鱼、鳕鱼、金枪鱼、鲐鱼、黄鱼、带鱼等均属于该类型。

2. 过河口性洄游鱼类

在海洋、淡水之间进行洄游的鱼类称为过河口性洄游鱼类。这种洄游主要是生殖洄游，具有典型距离长、规模大、规律性强的特点，一旦受阻则影响其生命周期。洄游中要经过海洋、淡水两种完全不同环境的改变。可分为以下两种。

（1）溯河洄游　指生活于海洋，性成熟后上溯到淡水产卵的鱼类。溯河洄游见于七鳃鳗科、鲟科、鲱科、鲑科和胡瓜鱼科，以鲑科的鲑屑和大马哈鱼属最为典型；此外，河鲀、松江鲈、三刺鱼等均属此类。

（2）降海洄游　生活于淡水，成熟后顺流而下降海产卵，其幼体再溯河进入河流、江河育肥。鳗鲡属是降海洄游鱼类的典型代表。

3. 淡水洄游鱼类

整个洄游都发生在淡水中的鱼类称为淡水洄游鱼类，也称江河洄游鱼类。这种洄游具有季节性、周期性，通常也由生殖、索饵、越冬三个环节组成，但洄游距离、规模、集群程度和规律性远不如海洋鱼类。其又可分为河湖洄游和河口干流洄游。如四大家鱼的幼鱼和产后亲鱼一般在江河中下游或湖泊中栖息育肥，繁殖时成熟个体溯河而上，到中上游产卵，仔、幼鱼再洄游到中下游或湖泊育肥；中华鲟一般在东海岸、长江三角洲育肥，上溯到干流上游产卵，属于河口到干流的溯河洄游；青海湖裸鲤也属此类。

二、洄游的原因

洄游的起因十分复杂，目前尚无确切结论，据推测和分析可能与历史（如冰川及海域的变化）、环境及鱼类内在（生理和遗传）因素等有关。影响洄游的环境因素很多，其中以水温、水流、水化学（包括盐度）等非生物因素，以及饵料生物等生物因素及生殖因素最为重要。水温是造成寒温带水域鱼类季节周期性洄游的主要因子。水温变化往往是生殖洄游和越冬洄游的信号，水温对饵料生物分布和数量的影响，也会间接影响鱼类的索饵洄游；鱼性腺成熟所分泌的性激素刺激神经系统使其兴奋而产生生殖要求。环境条件的变化则是开始生殖洄游的天然刺激信号。温带地区达到一定丰满度的鱼，温度下降的天然刺激成为其开始越冬洄游的信号。多数鱼类如果性腺发育不良，即使已经达到生殖年龄，外界环境刺激强烈，仍不会产生生殖洄游的要求；鱼类具有感受水流速度和方向的能力，这种感受被鱼类作为洄游时的“引导”。水流既支配被动洄游的方向、路线和距离，也是成鱼溯河洄游及降海洄游的根源，水流把鱼卵和仔、稚鱼携带远离出生地，形成成鱼回归性洄游；水中的化学因子通过鱼类的嗅觉和渗透压，引起其行为反应。对过河口性鱼类来说，盐度是触发其洄游的重要因素。水中的特殊气味、pH 值、溶氧、二氧化碳等均可不同程度地影响鱼类的洄游；索饵洄游是鱼类追随饵料生物的结果；避敌是垂直洄游的重要原因之一。

三、洄游的定向机制

对鲑等过河口性鱼类的回归本能及其定向机制的探讨和实验开始于 20 世纪 50 年代。多数学者认为，鱼类这种精密的定向行为可能从两个系统获得定向信息：一是来自太阳、月亮、极光、地磁场等信息，主要靠视觉和神经系统的感觉定位；二是水流、水温、水化学环境信息，主要靠皮肤感觉器、嗅觉等感官和神经系统的感觉定位。围绕鱼类定向机制观点有以下几种假说：一是以美国学者 A. D. Hasler 为代表的气味迁徙说，认为鱼类靠嗅觉并记忆这种感觉，追踪其出生地溪流的自然气味而引导回归，并在 20 世纪 50～70 年代初通过几个经典的试验加以验证；二是太阳时钟学说，主要针对过河口性洄游鱼类由海洋向河口洄游时及向大湖中洄游的鱼类。一般认为鱼类具有类似于蜜蜂、蚂蚁的罗盘机制，可依靠太阳定位。如白狼鲈晴天能从宽阔的湖心定向游到湖岸的产卵场，而阴天则不能辨别方位；以英国学者为代表的地磁学说认为，在鱼类的脑及侧线具有“磁铁矿”粒子，可感知地磁场的方向，并以此定向。

【思考题】

1. 名词解释

侧线　感觉芽　洄游　视锥细胞与视杆细胞　听斑　耳石　趋性

2. 简述鱼类侧线系统及其功能。
3. 简述鱼类味觉器官和嗅觉器官的结构及功能。
4. 简述鱼类内耳的结构及功能。
5. 如何利用鱼类的行为特点进行捕捞？
6. 试述声诱捕鱼与光诱捕鱼的原理。
7. 简述温度、溶氧、盐度、pH 值、水流、水压、气候与季节变化对鱼类生命活动的影响。
8. 为什么有些鱼类只捕食活饵？
9. 鱼类不同感觉器官在摄食行为中的作用如何？

第四章　鱼类消化系统与食性
（兼实验观察）

【技能目标】

1. 能熟练进行消化系统解剖与观察。

2. 能根据鱼类的消化器官结构推断其食性类型并由食性类型推断其养殖特点。

3. 能根据鱼的摄食方式及摄食行为来设计人工养殖投喂方式。

4. 能根据日摄食量与一次摄食量确定人工养殖日投饵量与投饵次数。

5. 能根据幼鱼阶段食性转化规律熟练掌握鱼类训食特别是凶猛肉食性鱼类训食的关键技术环节。

鱼类消化系统的结构特点与鱼类的食性有直接关系，不同食性对应着不同的结构。了解鱼类消化系统的结构与食性其目的是在鱼类养殖生产中，根据鱼类的不同食性及摄食行为，采用相应的饲料与训食措施。

第一节　鱼类的食性与肉质

【观察与思考】

取鲢鱼（或鳙鱼）、鳜鱼（或石斑鱼、鲈鱼）、草鱼（或团头鲂）、鲤鱼（或鲫鱼、鲴鱼）等鱼类标本，观察其口裂大小、口腔齿的有无、鳃耙数目多少与长短、肠的长度，以及胃的有无等特征，从实物标本上分辨出上述鱼类的食性类型。

根据各种鱼类脱离幼年时期后所摄取的主要食物，可将鱼类的食性分为以下几种类型。

一、鱼类的食性类型

1. 滤食性鱼类

以摄食浮游动植物为主食。如鲢鱼、遮目鱼、鲻鱼、斑鰶等鱼类滤食浮游植物，鳙鱼、鲥鱼等鱼类滤食浮游动物。其特征为：口裂大，鳃耙数目多，致密细长，排列整齐，便于滤取食物，肠数倍于体长。

2. 凶猛肉食性鱼类

以鱼为主食。如鳜鱼、鳗鲡、石斑鱼、真鲷、鳡鱼、鲈鱼、鳍鱼、翘嘴红鲌、红鳍鲌、乌鳢等，以及绝大多数的无鳞鱼类如鲇、黄颡鱼等。其特征为：口裂大，具锐利的口腔齿，鳃耙数目少而短，肠短于体长，有胃。

3. 草食性鱼类

以摄食水生高等植物为主食，也摄食附着藻类和被淹没的陆生嫩草及瓜菜叶片等，如草鱼、鳊鱼和团头鲂等。其特征为：肠长，无胃。

4. 杂食性鱼类

既食植物也食动物的鱼类称为杂食性鱼类。包括三类：①**温和肉食性鱼类**。主要以水中无脊椎动物为食，如青鱼以螺、蚬为食；中华鲟主食水生昆虫的幼虫，也食软体动物、虾、蟹和小鱼；东方鲀类咬食附着的贝类。②**碎屑食性鱼类**。这类鱼以碎屑中的动、植物尸体和碎片，以及生活在腐殖质里的小型底栖动植物为食，还舔刮底层或丛周生物。罗非鱼、鲴类、鲮鱼都属这一类。③**食杂鱼类**。这类鱼几乎摄食任何可食之物，是杂食性鱼类中的主要类群，它们的食性适应能力强。如铜鱼、胭脂鱼、鲤鱼、泥鳅等以水生昆虫、水蚯蚓和一些水生植物等为食，鲴类以舔刮底层的动植物为食。其特征为：肠 1～2 倍于体长。

一般来说，杂食性鱼类多数是广食性的，它们的消化器官能摄取、消化、吸收不同种类的动植物，当外界营养条件变化时能改变食物组成；滤食性鱼类、凶猛肉食性鱼类、草食性鱼类等只吃植物或动物，多数是狭食性鱼类，它们的摄食和消化器官较特化，当外界环境变化时，一般较难适应。

二、鱼类的食性与其肉质的关联

一般凶猛肉食性鱼类的鱼肉细嫩、肉质鲜美，且无肌间刺，如鳜鱼、鲈鱼、石斑鱼、鲇鱼等；滤食性鱼类如鲢鱼、鳙鱼、鲥鱼等肉质也较细嫩；但同为草食性的草鱼肉质较粗，而团头鲂肉质细嫩，同为杂食性鱼类的鲤鱼与泥鳅，前者肉质较粗，后者肉质细嫩。影响杂食性、滤食性鱼类肉质口感的因素主要是肌间刺，因此，不能一概认为草食性鱼类和杂食性鱼类的肉质就差。相反，由于草食性鱼类和杂食性鱼类食物链短，养殖成本远低于凶猛肉食性鱼类，更值得重视。至于池塘养殖的鲤鱼、罗非鱼等鱼类肉质泥土味重的问题，可以通过改良池塘养殖条件、改良饲料成分等以改善其肉质。草鱼“脆化”养殖就是很好的例证。“脆化”养殖是通过投喂蚕豆以改变草鱼的食物结构使其肉质变脆。脆化后的草鱼称“脆肉鲩”(两广地区将草鱼称为鲩鱼)，其肉质紧硬而爽脆，不易煮碎，即使切成鱼片、鱼丝后也不易断碎，肉味反而更加鲜美而独特，提高了草鱼的市场竞争力和养殖效益。

第二节　鱼类的消化管与消化腺

消化系统由消化管和消化腺组成。消化管包括口咽腔、食道、胃、肠等部分，各部分功能亦不相同（见表 4-1)。消化管这几部分在有些鱼类界限不明显，但可凭借不同的管径、不同性质的上皮组织及特殊的括约肌或一定腺体导管的入口来区别。消化腺由胃腺、肠腺、肝脏、胰脏和胆囊等组成。鱼类消化系统的生理机能是直接或间接消化和吸收食物，以供应组织的生长和提供生命活动所需要的能量。

表 4-1　消化管各部位与机能

部位	口咽腔	食道	胃	肠	肛门
机能	捕食	选择食物，扩大容积	储集食物，消化食物	消化食物，吸收营养	排泄食物残渣

【观察与思考】

采用新鲜及浸制的鲤鱼材料配合观察，用解剖剪从肛门前 1cm 左右处剪一孔，插入剪刀，向前方沿体壁的腹部正中线剪至左右鳃盖间的腹面露出心脏为至，随后自臀鳍前背缘向左侧背方剪至椎体附近时折向前方，仔细除去一侧的体壁，将内脏及口腔露出，移去左侧生殖腺，以便观察消化器官，用钝头镊子将盘曲的肠管展开。将剪刀伸入鲤鱼的口腔，剪开口角，并沿眼后缘将鳃盖剪去，以暴露口腔。主要观察食管、肠、肛门和胆囊（见图 4-1）。

(1) 口腔　口腔由上、下颌包围合成，上下颌均无齿，也无腭齿和犁齿，口腔背壁由厚的肌肉组成。腔底后半部有一不能活动的三角形舌。

（2）咽　鲤鱼的咽喉顶部味芽甚发达，成栉状排列，能于水和泥中分辨食物（在取食活动不旺盛的时期，栉状构造不显著）。咽部左右两侧有 5 对鳃裂，相邻鳃裂间生有鳃弓，共 5 对，每一鳃弓内缘有两排鳃耙，鳃耙较柔软。每一排有 25～27 个鳃耙。

知识链接：取食时水和不需要的物质与食料往往相混，水与泥沙等可以由此滤过，但是食物被挡住，向前转运，进入食道。

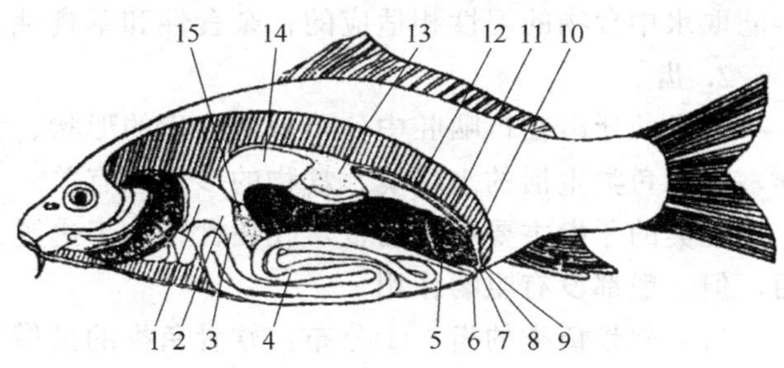

图 4-1　鲤鱼的消化系统

1—咽喉；2—食管；3—肠前部；4—肠；5—直肠；6—肛门；7—输卵管；8—泄殖孔；9—泄殖窦；10—膀胱；11—输尿管；12—余肾；13—肾脏；14—鳔；15—肝

第 5 对鳃弓特化成咽骨，其上无鳃丝，其内侧着生牙齿，叫做咽喉齿（咽齿），鲤鱼的咽喉齿较发达，呈白状，每侧有 3 列，由内向外排列，左右两咽骨各有三排牙齿，第一排有三齿，都较大，略近椭圆形，齿冠或有棱与沟或没有；第二排有一齿，较小，冠上有棱与沟，扁圆；第三排也有一齿，很小，冠上有或无棱和沟，其齿式为 1·1·3/3·1·1。咽齿与咽背面的基枕骨腹面角质垫相对，两者能夹碎食物。除外，在咽骨腹面还有三对发育牙齿，埋在该处的皮下。

知识链接：咽喉齿排列的行数和每行的齿数，为鱼类分类的依据之一，咽喉齿的形态则因鱼的食性不同而不同。

（3）食管　咽的后方为食管，背面有鳔管通到鳔。鳔管通入点为食管和肠的分界点。

（4）肠　鲤鱼无明显的胃（杂食性或草食性的鱼胃肠分化不明显，肉食性的鱼有胃的分化），食道之后即为肠管。鲤鱼的肠为体长的 2～3 倍（肠的长度和食性相关），呈盘旋状，较复杂。肠的前 2/3 为小肠，后部较细的为大肠，最后一部分为直肠，直肠以肛门开口于臀鳍基部前方。剪开肠壁，可见内有网膜状的黏膜褶。

肠黏膜在肠壁内面构成近乎网形的皱纹，肉眼也可以看见，皱纹间有无数小穴，为消化腺口所在。

知识链接：肠肌肉收缩能将食物团推向后方，形成肠蠕动。食物中的养分在小肠内被消化和吸收。肠皱纹增大了消化和吸收的面积。

（5）消化腺　鲤鱼口中没有唾液腺。小肠壁中的腺细胞能分泌各种消化液，如胃液素、胰蛋白酶等。鲤鱼的主要消化腺为肝脏与胰脏。

① 胆囊：胆囊位于肠管前部右侧，以胆管通入肠前部，其大部埋在肝脏内，呈椭圆形，较大，色深绿，该颜色是因其中所储的胆汁颜色所致。

② 肝胰脏：鲤鱼的胰散布在肝中，总称为肝胰脏，分左右 2 叶，为一细长呈红褐色的器官，弥散分布在肠管之间的肠系膜上，包被消化管。脾脏位于肠管和鳔之间，分布在肠各部之间的肠系膜上。肉眼观察分不出肝脏和胰脏，但在组织结构上两者还是分开的。

知识链接：胆汁是肝脏分泌的，由肝管经胆囊管入胆囊。

一、口咽腔

鱼类的口腔和咽没有明显的界限，鳃裂开口处为咽，其前即为口腔，故一般统称为口咽腔。口咽腔内有齿、舌及鳃耙等构造。

1. 口裂

鱼类口裂、口咽腔的形态和大小与摄取食物大小、摄食方式相关。

凶猛肉食性鱼类口咽腔较大，便于吞食大的食物，如鳜鱼、鲈鱼、带鱼、鳡鱼、鲶鱼等。

有些专食微小浮游生物的滤食性鱼类口咽腔也较宽大，如鲢鱼、鳙鱼等，这是与它们不停滤取水中食物的习性相适应的；杂食性和草食性鱼类则咽腔相对较小。

2. 齿

鱼类的牙齿在口咽腔中分布很广，齿的形状、大小、排列及锋利与否，均因鱼的种类而异，这与鱼类生活的水环境、食物的多样性有关。

鱼类的牙齿主要用于捕食，咬住食物免于逃脱。有些鱼类的牙齿有撕裂和咬断食物的作用，但一般都没有咀嚼作用。

(1) 软骨鱼类的齿 ①分布：软骨鱼类的齿借结缔组织附在软骨上。

② 形状：食甲壳类、贝类等温和食性的板鳃类鱼，齿一般呈铺石状，如星鲨、何氏鳐等。凶猛的肉食性板鳃类鱼，齿尖锐，边缘常有小锯齿。

(2) 硬骨鱼类的齿

① 分布：上下颌（颌齿）、犁骨（犁齿）、腭骨（腭齿）、鳃弓（咽齿）、舌（舌齿）（见图 4-2）。

硬骨鱼类的牙齿不仅在上下颌上生长，有的甚至在口咽腔周围的一些骨骼上生长，如犁骨、腭骨、舌骨、鳃弓上均能生长牙齿。着生在上下颌骨上的齿称**颌齿**；着生在口腔背部两侧腭骨上的牙齿称为**腭齿**；着生在口腔背部前方中央犁骨上的齿称**犁齿**；着生在鳃弓上的齿称为**咽齿**；着生在舌骨上的齿称**舌齿**。所有这些着生在口腔不同部位的牙齿，统称为**口腔齿**。

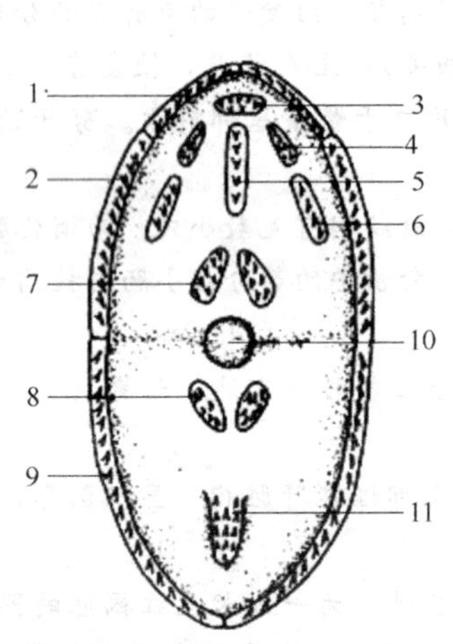

图 4-2 硬骨鱼类口腔齿和咽齿着生位置

1—前颌齿；2—上颌齿；3—犁齿；4—腭齿；5—副蝶骨齿；6—翼骨齿；7—上咽齿；8—下咽齿；9—下颌齿；10—食道开口；11—舌齿

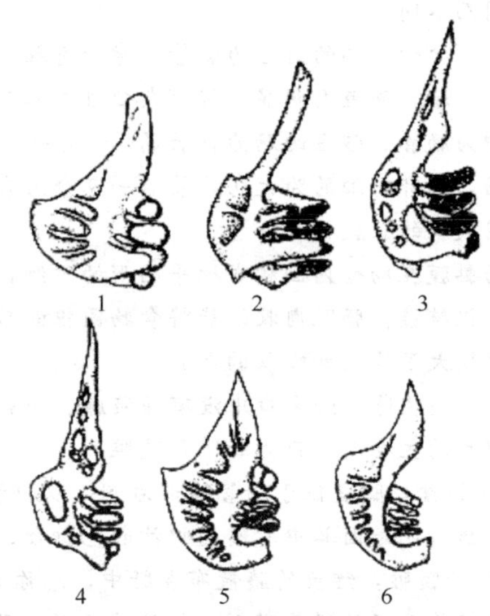

图 4-3 几种鲤科鱼类的咽齿

1—青鱼；2—草鱼；3—鲢鱼；4—鳙鱼；5—鲤鱼；6—鲫鱼

鲤科鱼类无颌齿，而第 5 对鳃弓的角鳃骨特别大，特称为**咽骨或下咽骨**，上生牙齿，即为**咽齿**，也称**咽喉齿**，与基枕骨下的**角质垫**（咽磨）形成咀嚼面，其形态、数目、排列状态是分类的主要依据（见图 4-3）。

口腔齿的形态、数目、分布状态常作为分类标志之一，其中犁齿和腭齿的有无、左右下咽齿是否分离或愈合等分类标志用得较多。

齿式——表示鲤科鱼类齿的数目和排列的方式。

鲤鱼的齿式为 1 · 1 · 3 / 3 · 1 · 1。

左咽喉右表达的含义：

1·	1·	3 /	3·	1·	1	三位数→左右各有三列齿
第	第	第	第	第	第	左右内列（第一列）均3枚齿
三	二	一	一	二	三	中间一列（第二列）均1枚齿
列	列	列	列	列	列	左右外列（第三列）均1枚齿

草鱼：2 ·4/5 ·2或2 · 5/4 · 2；鲢鱼：4/4。

② 形状：硬骨鱼类牙齿的形态与食性密切相关，大致分成以下几类。

a. 犬齿状（犬牙状齿） 齿尖而锋利，有时齿端有钩状缺刻，如狗鱼、鳜鱼、带鱼等，具这类齿的鱼类往往以其他水生动物为主要食物。

b. 圆锥齿状（圆锥状齿） 齿呈圆锥状，细长而尖，有的鱼类发达，有的则不甚发达，如大马哈鱼、鳕鱼等，以小鱼和无脊椎动物为食。

c. 臼齿状（臼状齿） 齿宽扁，适于压碎食物，如鲤鱼、青鱼、真鲷等，它们常食螺类、蚌类等坚硬的食物。

d. 门齿状（门牙状齿） 如平鲷、二长棘鲷、香鱼、河鲀等，适于摄取固着在岩礁上的生物。

3. 舌

鱼类的舌一般比较原始，位于口腔底部，没有弹性，不能活动，肌肉不发达。其真正作用还不十分清楚，有助于将食物导向食道，对鱼类觅取食物有一定的作用。

4. 鳃耙

着生于鳃弓腹面的内外两侧，具滤食、选择食物（鳃弓前缘具味蕾）和保护鳃丝的作用。鱼类鳃弓朝口腔的一侧长有鳃耙，一般每一鳃弓长有内外两列鳃耙，其中以第一鳃弓外鳃耙最长。多数鱼类在鳃耙的顶端、鳃弓的前缘具味蕾。

(1) 鳃耙的类型与数目 大多数鱼类的鳃耙为瘤状和杆状，但在各类别中差别很大。

① 板鳃类鱼的鳃耙：一般不发达，但以浮游生物为主要食物的姥鲨、鲸鲨等有密生而长的鳃耙。

② 硬骨鱼类的鳃耙：有以下几类。

a. 无鳃耙：如鳗鲡科、海鳗科、康吉鳗科、海龙科、烟管鱼科、颌针鱼科、鲟科等。

b. 有鳃耙痕迹：如鳅科、六线鱼科、鲽科等。

c. 长鳃耙：如鲱科、银汉鱼科。

d. 鳃耙变异：鳃耙呈簇状刺，如乌鳢。鳃耙呈叉状，如蓝子鱼。叉状鳃耙间有簇状刺，如带鱼。鳃耙连成海绵状，如鲢鱼、鳙鱼（见图4-4）。

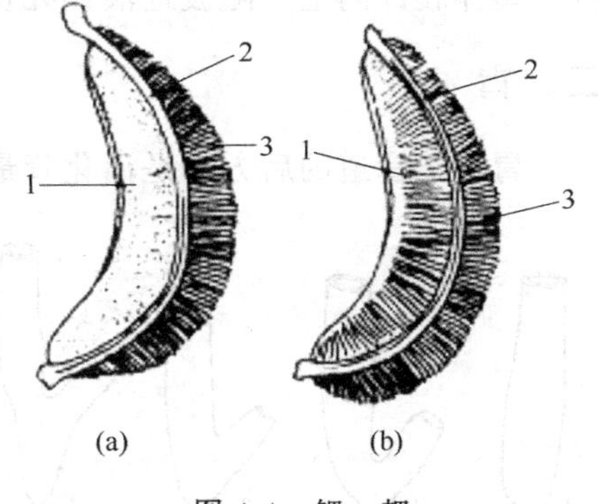

图4-4 鳃 耙

(a) 鲢鱼；(b) 鳙鱼

1—鳃耙；2—鳃弓；3—鳃片

③ 鳃耙的数目：鳃耙的数目在鱼类分类学上常作为重要的形态特征之一，常以第一鳃弓的外列鳃耙数代表某鱼的鳃耙数，即上鳃耙数（咽鳃骨、上鳃骨上附生的鳃耙数）和下鳃耙数（角鳃骨、下鳃骨上附生的鳃耙数）加在一起，作为某种鱼的鳃耙数，也有不分上下鳃耙数记载的。如鲈鱼的鳃耙5－9＋13－16。

(2) 鳃耙的数目、形状、疏密排列等与鱼类食性的关系

① 滤食性鱼类：以浮游生物为食的鱼类一般鳃耙数目多，致密细长，排列整齐，便于滤取食物，如鲢鱼、鳙鱼（见表4-2)。遮目鱼152＋163枚，鲻鱼100枚，斑鰶135～150枚。但海龙科、烟管鱼科鳃耙退化，而它们是以浮游生物为食的。

表 4-2 鲢鱼、鳙鱼鳃耙的比较

种类	鲢　鱼	鳙　鱼
鳃耙	数目多。体长 66cm 时约 1700 枚 鳃耙长，鳃耙：鳃丝＝1：0.78 鳃耙彼此连成一片，呈海绵状	数目少。体长 65cm 时约 680 枚 鳃耙较长，鳃耙：鳃丝＝1：1.4 鳃耙彼此不相连，具宽、窄两种鳃耙

② 肉食性鱼类：以肉食性和大型食物为食的鱼类鳃耙短而疏具刺，数目较少，如鳡鱼鳃耙为 13～15 枚，鲈鱼 18～25 枚，石斑鱼 22～25 枚，鲇为 13～15 枚，鳜为 5～7 枚。

5. 口腔消化

鱼类虽有各种类型的齿，但一般均无咀嚼功能，只用于捕捉、撕裂和磨碎食物。鱼类无吞咽动作，口腔内的食物移动主要依靠水流。鱼类口腔无唾液腺，无化学消化功能。

二、食道

1. 食道的形态结构

鱼类食道短而宽，管壁较厚。大多数鱼类的食道内壁具纵行黏膜褶，褶数 6～50，当吞食大型食物时可用以扩大食道容积。食管壁的黏膜层有丰富的黏液分泌细胞，能分泌黏液以辅助食物吞咽。

(1) 味蕾　食道黏膜层中尚有味觉细胞味蕾分布，食道因有味蕾及发达的环肌，具有选择食物的作用，当环肌收缩时，可以将异物抛出口外。食道后方与胃交界处有括约肌。

(2) 环肌　由于食道环状肌肉的收缩，当鱼呼吸而大量水进入口咽腔时，决不会将水吞入胃肠内。

2. 特殊结构

气囊：河鲀的食道有一气囊，遇危险时吸入空气或水使气囊膨大，腹部突出，体呈球状，鱼体腹部向上，随波逐浪如死鱼。

三、胃

胃位于食道的后方，是消化管最膨大的部分，其接近食道的部分称为**贲门部**，胃体的盲囊状突出部分称**盲囊部**，连接肠的一端称为**幽门部**。

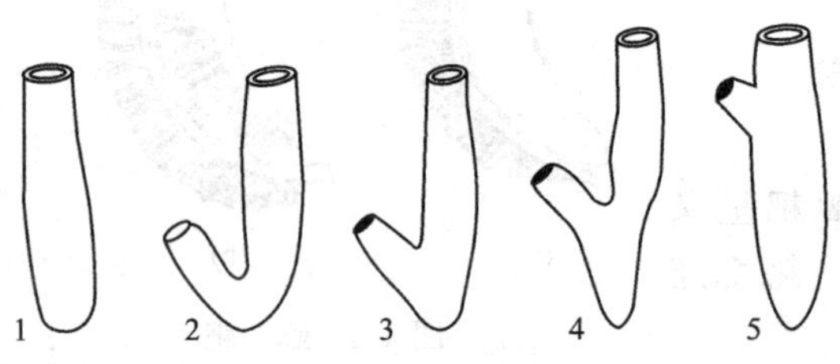

图 4-5　鱼胃的几种类型
1—直筒型；2,3—弯曲型；4,5—盲囊型

通常，肉食性鱼类有胃，如大口鲶鱼、鲑鱼、虹鳟、鳗鱼等，杂食性的鲤科鱼类无胃，如鲤鱼、鲫鱼等。

胃的大小与食性有关。吞食大量食物和一次消耗大量食物的鱼类胃膨大。

硬骨鱼类的胃在外形上可以分为五大类，见表 4-3 及图 4-5。

表 4-3　硬骨鱼类胃的比较

大类	形　态　特　征	代　表　种　类
Ⅰ形	圆筒形，贲门部不弯曲，幽门部不明显，无盲囊部	银鱼科、烟管鱼科、鲀科鱼类
V形	贲门部与幽门部之间弯曲成锐角，盲囊部不发达	鲑鳟类、香鱼、蓝子鱼、鲷科等鱼类
U形	贲门部与幽门部间和缓呈 U 形弯曲，盲囊部不明显	斑鲦、银鲳、池沼公鱼、白点鲑等鱼类
Y形	盲囊部外突延长，各部分均明显	大多数鲱科鱼类、星鳗、日本鳗鲡等鱼类
卜形	贲门部与盲囊部很明显，幽门部短小	蛇鲻，鲭科等鱼类

四、肠

1. 肠的形态结构

鱼类的肠可分为前肠、中肠和后肠三个节段，三段之间没有明显的分界。

（1）软骨鱼类的肠　软骨鱼类板鳃亚纲鱼类肠可明显分为小肠和大肠，小肠又分为十二指肠及回肠，大肠又分为结肠和直肠。

① 十二指肠：内壁无突起，管径较细，胰管开口于此。

② 回肠：管径较粗，内具螺旋瓣，胰管开口于此。

③ 结肠：肠后面突然变细的部分，后面附有直肠腺，具有分泌黏液、排盐的作用。

④ 直肠：直肠腺后方的大肠部分，末端开口于泄殖腔。

⑤ 螺旋瓣：为肠壁黏膜层及黏膜下层突出于管腔的褶膜，一般排列成螺旋状，有增加吸收面积的功能（见图 4-6）。

（2）硬骨鱼类的肠　硬骨鱼类的肠无大小肠之分。肠的长度及盘曲程度，因种类和食性而异。

幽门盲囊（幽门垂）：大部分硬骨鱼类在肠开始处有许多盲囊状突出物，称为幽门盲囊（或称幽门垂），其数目、大小及排列情况因种而异，常作为分类特征之一，有些鱼类幽门垂数目较多，如脂眼鲱约 1000 条，银鲳约 600 条，香鱼 350～400 条，鳕鱼 380 条，鳜鱼约 300 条。有些种类其数量较少，如鲻鱼 2 条，玉筋鱼 1 条，鲷科及大多数鲟科鱼为 4 条。

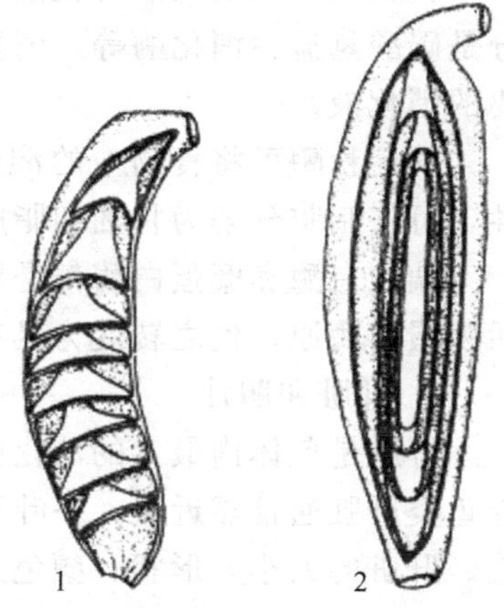

图 4-6　板鳃鱼类的螺旋瓣
1—螺旋形；2—画卷形

幽门盲囊的排列方式大致有两种：一为直线形，如鲱鱼、带鱼等，另一为环形，如鲻鱼、松江鲈鱼等。幽门盲囊均开口于小肠。

有些硬骨鱼没有幽门盲囊，如银鱼科、鲤科、鲶科、鳅科、鳗鲡科、鲻科、鲀科等。

幽门盲囊的组织结构与肠壁组织相似，其作用一般认为是用来扩充肠的吸收面积，同时又能分泌与肠壁相同的分泌物。

（3）肠长与食性的关系

① 肉食性鱼类：肠管较短，短于体长，多为直管或有一二个弯曲，如鲈鱼、鳜鱼、乌鳢等。

② 草食性与滤食性鱼类：以植物食物及浮游生物为食的鱼类肠管较长，在腹腔中盘曲较多，一般为体长的 5～15 倍。如鲻鱼、梭鱼、草鱼等。

③ 杂食性鱼类：肠短于草食性鱼类而长于肉食性鱼类。一般为体长的 2～5 倍。

五、肛门

肠道最后开口处为肛门，消化管中的残渣经此排出体外。

软骨鱼类和一些低等的硬骨鱼类肠末端开口于泄殖腔，然后排出体外，其他大多数鱼类肛门单独开口于体外。

肛门通常位于臀鳍与尿殖孔前方，但也有特别前移的，有的接近腹鳍，如江河上游的船丁鱼，个别种类还移至喉部，如前肛鳗。

六、消化腺

鱼类的消化腺由上皮组织分化而成，有大小两种类型：小型消化腺埋藏于消化管壁内，如食管腺、胃腺和肠腺等，大型消化腺为肝脏和胰脏，由一输出导管通入消化管腔。所有鱼类均无唾液腺，而只有黏液腺。多数鱼类缺乏真正的肠腺。这里主要介绍肝脏和胰脏。

1. 胰脏和胰液

胰脏是一个兼有内分泌和外分泌机能的腺体器官。其外分泌物是胰液，与消化有关。胰液由胰腺腺泡细胞及小导管管壁细胞分泌后沿导管进入肠内。

鱼类胰脏分布较为复杂，软骨鱼类的胰脏是致密性器官，硬骨鱼类的胰脏一般为散在性或弥漫性，只有少数硬骨鱼是致密性的。弥漫性胰分散在肝、幽门垂、脾和肠附近；分布在肝的称为肝胰脏，两种组织混在一起，但是为各自独立的器官，又各自有导管分别开口于肠，如鲤鱼、鲫鱼等。胰液由胰组织分泌，由胰导管入肠。

胰腺分泌的消化液为胰液，是无色、透明呈碱性的液体，pH 值为 7.8～8.4；其主要成分是碳酸氢盐、消化酶等，消化力极强。胰液中含有消化食物的 3 种主要酶类，因而是最重要的消化液。

胰淀粉酶可将食物中的淀粉分解为麦芽糖。胰淀粉酶一经分泌，不需要激活就具有活性，可将脂肪分解为甘油和脂肪酸。

胰蛋白酶和糜蛋白酶都是以不具活性的酶原形式存在于胰液中。肠液中的肠激活酶可激活胰蛋白酶原，使之转变为具有活性的胰蛋白酶。

2. 肝脏和胆汁

肝脏是鱼体内最大的消化腺，其前端借系膜悬挂在心腹隔膜上，后端游离在腹腔中。硬骨鱼类肝脏通常靠近胃，一叶至多叶。肝管从肝接受胆汁储存于胆囊内，然后由胆管排入肠腔。肝脏的大小、形状、颜色及分叶程度有很大变化。

肝是一个复杂的器官，具有消化、吸收、代谢、清除、解毒、造血、排泄等多种功能。在消化吸收方面，主要是肝细胞分泌胆汁，对脂肪消化和吸收起重要作用。

胆汁呈黄绿色，味苦、强碱性（在胆囊中为弱酸性），其主要成分是水、胆盐、胆酸、胆色素、胆固醇、脂肪酸、卵磷脂和无机盐。胆汁的作用是：激活胰脂肪酶；胆盐、胆固醇和卵磷脂均可作为脂肪乳化剂，使脂肪乳化成微滴，分散于水溶液中，增加胰脂肪酶作用面积，有利于脂肪消化；胆汁酸与脂肪酸结合形成水溶性复合物，促进脂肪酸吸收；胆汁能促进脂溶性维生素（维生素 A，维生素 D，维生素 E，维生素 K）的吸收。

3. 肠内微生物消化

有些鱼类肠道中有微生物的存在，它们对食物的分解起着重要作用。存在于肠道的细菌，其种类、数量因鱼的种类而异。摄食含有甲壳质动物的鲈鱼肠中有分解甲壳质的细菌；鲻鱼能利用食物中的尿素，这与其肠内氮代谢细菌的存在有关。摄取海藻的鱼类肠中有木聚糖分解细菌、果胶分解细菌；摄取动物性饵料的鱼类肠道中以分解蛋白质能力较强的大肠杆菌、链球菌、威氏杆菌等占多数；摄取植物性饵料的鱼类肠道中的嗜酸杆菌、双歧杆菌分解蛋白质能力较弱。同时肠道细菌能够合成 B 族维生素和维生素 K。

4. 消化酶的分泌与鱼类食性及运动的关系

鱼类对其生活条件、营养习性等有着结构上和生理上的适应性，消化酶的分泌也不例外。

（1）食性和消化酶　鱼类消化道的形态和机能因食性而不同，消化酶的种类和分泌量也与此相对应。通常，肉食性鱼类的消化道短，蛋白酶活性高；草食性鱼类的消化道长，淀粉酶活性高；杂食性鱼类消化道长度和消化酶活性则介于两者之间。

（2）饲料和消化酶　饲料的种类和质量对消化酶的分泌有影响。鱼类通过调整消化酶的分泌能适应于不同的饲料。杂食性的罗非鱼如果用蛋白质饲料（兔肉）、淀粉类饲料（面包）和脂肪饲料（含脂牛肉）投喂，可发现其胃蛋白酶活性及脂肪酶活性不受饲料成分的影响，而胰蛋白酶和淀粉酶活性则与饲料中的蛋白质和淀粉含量呈正相关变化。饲料的组成对鲤鱼蛋白酶活性的影响研究表明，肠管蛋白酶活性随着饲料中蛋白质含量的升高而升高。

（3）运动和消化酶　鱼的运动状态多种多样，有的能快速不断游动，有的则在水里静止不动。通常，活动能力强、游泳迅速而持久的鱼类（如大洋性鱼类）需要较多的能量供应，因此消化酶（主要是蛋白酶、淀粉酶和脂肪酶）较多，消化作用较强；中等活性的鱼类消化酶含量适中；而底栖鱼类（如蟾鱼科）蛋白酶和淀粉酶含量很低。

第三节　鱼类的摄食习性

鱼类的摄食方式与消化器官结构和食性有密切关系。食性与消化器官结构相对应，摄食方式与食性相对应，摄食不同食物时，鱼类也以不同的摄食方式获取。

一、鱼类的摄食方式

① 吞食：几乎全部鱼类的仔稚鱼阶段都是直接吞食位于口前方的一些小型浮游动物，主要是轮虫、枝角类和桡足类等。

② 追捕：大多数凶猛肉食性鱼类均是以直接追捕吞食的方式摄食。如鳡鱼能很快发现食物和追上食物，并且紧紧咬住食物。

③ 伏击：有些凶猛鱼类则采取伏击方式摄食，如鲶鱼、乌鳢、狗鱼等，平时潜伏在底部或草丛中，当食物对象进入伏击区时，一跃而出，先把食物横向咬住，然后从头倒吞下去。

④ 滤食：食浮游生物的鱼类，浮游生物随着水流进入口咽腔，然后通过细密的鳃耙过滤食物。如鲢鱼、鳙鱼则属于此类。

⑤ 研磨：以无脊椎动物（如甲壳类，软体动物等）为食的鱼类，有适应于其食性的不同类型的齿。如青鱼。

⑥ 刮食：摄食底层生物的鱼类，如鲴类用锐利的角质口缘刮取附着藻类，东方鲀类用板状齿咬下附着的贝类。其他还有白甲鱼、鲻鱼、鲮鱼等。

⑦ 挖掘：摄食底埋生物的鱼类，用此方式取食，如鲟鱼、鲤鱼用吻部掘出底泥后吸取摇蚊幼虫等小型动物。

⑧ 咬取：草食性鱼类以口咬断水草或陆生植物，如草鱼随着生长其口唇的角质化程度加强，可用以咬断植物。

⑨ 吸食：海马、海龙等口呈长管状，它们以吮吸的方式摄取水层中的糠虾等无脊椎动物。

⑩ 寄生：七鳃鳗、盲鳗等鱼类利用口吸盘吸附于其他鱼体，营寄生生活。

但有些鱼类在不同的发育阶段其摄食方式会随着食性的不同而发生变化，如鲢鱼、鳙鱼由吞食过渡到滤食。

二、鱼类摄食水层与食性的关系

1. 中上层鱼类

鱼类的摄食水层与食性是相适应的。鲢鱼、鳙鱼以食浮游生物为主，它们通常在水的中上层活动，鲢鱼在上层，鳙鱼稍下。

2. 中下层鱼类

草鱼在水的中下层及岸边摄食水草，主要在水体中下层活动，通常在被淹没的浅滩草地和泛水区域，以及干支流附属水体（湖泊、小河等水草丛生地带）摄食肥育。青鱼以底栖生物为食，经常在水的下层活动，一般不游到水面，通常集中在江河湾道、沿江湖泊及附属水体多螺蚬等底栖动物地带肥育，冬季在河床或湖泊深水处越冬。草鱼、青鱼和鲢鱼、鳙鱼一样，也有产卵洄游和不同发育阶段更换栖息场所的现象。

团头鲂是草食性鱼类，喜欢在水体的中下层活动，特别适合于湖泊静水水体、有沉水植物的敞水区的中下层栖息，生殖季节集群于有水流的场所进行产卵，冬季则在深水处的泥坑中越冬。三角鲂和长春鳊也是中下层鱼类，栖息习性与团头鲂相似。

鳜鱼、鲴鱼和短盖巨脂鲤等喜欢栖息于中下层的静水或微流水中，尤其是水草繁茂的湖泊、河流或水库的岩缝中。鲈鱼、鲻鱼、梭鱼属温带、热带浅海上中层鱼类，喜欢栖息于沿海近岸、浅海湾和江河入口咸淡水区育肥。

3. 底层鱼类

鲮鱼以附生藻类和腐屑为食，通常在水域的底层活动，夏秋季常在江河河湾、水库沙滩浅水处食物丰富场所摄食，水温14℃以下时则潜入水底，冬季则在深水处越冬。

鲤鱼、鲫鱼食底栖生物和腐屑，是底栖性鱼类，一般喜欢在水体下层活动，很少到水面上。它们对外界环境适应性较强，可以生活在各种水体中，但比较喜欢栖息在水草丛生的浅水处。春季生殖后大量摄食肥育，冬季在深水处或水草多的深水湖槽中越冬。

泥鳅、黄鳝、胡子鲶、乌鳢、牙鲆、大菱鲆、真鲷、黑鲷、石斑鱼、六线鱼等均属底层鱼类。

知识链接：栖息水层、食性与混养

根据青鱼、草鱼、鲢鱼、鳙鱼、鲤鱼等的栖息水层和食性，在淡水池塘养殖中常按一定比例进行这几种鱼类的混养。从这几种鱼的生活习性来看，青鱼和草鱼为中下层鱼类，而鲢鱼、鳙鱼为中上层鱼类，鲤鱼为底层鱼类，各种鱼生活在不同的水层，池塘的立体水面可以得到充分利用。从这几种鱼的食性来看，草鱼以水草、浮萍等水生高等植物为食，青鱼以底层软体动物为食，鲢鱼、鳙鱼则分别以浮游植物和浮游动物为食，因此，当我们在饲养草鱼的过程中，草鱼的残剩食物及排的粪便，可以起到培育浮游生物的作用，而这些正是鲢鱼、鳙鱼的食物，鲤鱼则以水底层植物碎屑、水生昆虫、虾等为食，这几种鱼的合理搭配饲养使水体饵料得到充分利用。

三、不同食性鱼类的摄食行为

不同食性鱼类的摄食行为与视觉、化学感觉、电觉、侧线机械感觉有关。几乎所有不同生态习性的鱼类特别是那些快速游泳的鱼类，觅食时通常都不同程度地利用嗅觉、听觉对食物进行远距离定向，而当它们摄取食物后，一般利用触觉、口咽腔味觉对食物进行最后识别。

1. 食浮游生物鱼类的摄食行为

（1）利用视觉白昼摄食　一般生活于水体中上层食浮游生物的鱼类，其活动性随照度的增加而增强，银汉鱼和竹荚鱼是典型的白昼集群鱼类，在白昼高照度条件下摄食，这些鱼的视觉在摄食时具有主导意义，通常被称为“视觉鱼类”。太平洋竹荚鱼的摄食强度在低照度时仅能摄食通常照度下一半数量的卤虫，而在黑暗情况下则完全不能摄食。美洲红点鲑和湖红点鲑幼鱼在50～1400lx照度范围时摄食正常，而在10～50lx照度范围则摄食强度下降。

上述食浮游生物鱼类的摄食活动均依赖于特定的照度水平，说明视觉对这些鱼的摄食活动是必不可少的。

（2）利用化学感觉夜间滤食　有些食浮游生物的鱼类可以在夜间或黑暗中摄食，但仅能以滤食方式进行，嗅觉对饵料的化学刺激可用于探测饵料密度，能诱导滤食反应。如大西洋鲱和白鲢都能够在黑暗情况下用滤食方式摄食。

（3）利用特化视觉夜间捕食大型浮游动物　另一些食浮游生物的鱼类仅在夜间到水的表层摄食，可选择单个的浮游动物，而不是通过滤食方式进行摄食。研究表明其视网膜外存在十分发达的银色反光层，因而这些鱼类可利用其特化的视觉捕食夜间才进入水层的大型浮游动物。例如，大眼鲷和黑边单鳍鱼等。

（4）利用侧线机械感觉夜间或极低照度下捕食浮游动物　一些食浮游生物的鱼类可以在夜间捕食浮游动物，是利用侧线机械感觉对猎物进行识别和定位的。如斑点杜父鱼、南极鱼、针鱼、欧鳊均具有发达的侧线管系统，可摄食黑暗环境中的浮游动物。

2. 食底栖生物鱼类的摄食行为

（1）主要利用视觉摄食　对一些浅水和近岸食底栖生物的鱼，视觉在其摄食中起主要作用。黑镖鲈主要依靠视觉捕食，其视觉对蠕动的活饵料很敏感，对冰冻的死饵料或碾碎的饵料则几乎没有反应，其嗅觉只用于对饵料的远距离识别和定向。

（2）利用视觉或化学感觉摄食　另一些食底栖生物的鱼类，它们可分别利用视觉或化学感觉进行摄食。大西洋鳕能利用视觉摄食水层中和底质上较大的食物，对较小的食物只有依靠触须、胸鳍上的味蕾感知后才可摄食。大西洋鳕还能利用嗅觉发现埋于沙石下的食物，并可用头推开沙石后摄取食物。大菱鲆可利用视觉捕食，同时食物的化学刺激也能诱导大菱鲆的捕食反应。

（3）利用化学感觉、侧线机械感觉或电觉摄食　还有一些食底栖生物的鱼类，如欧洲鳎后期仔鱼主要依靠侧线机械感觉捕食，其成鱼主要在夜间利用化学感觉摄食，视觉作用不大。中华鲟具有灵敏的电觉器官，并主要依靠电觉摄食。

3. 凶猛鱼类的摄食行为

（1）主要利用视觉白昼捕食，化学感觉、听觉起辅助作用　追逐型凶猛鱼类（金枪鱼、马鲛、河鲈等）生活于敞水区中上层，视觉在其捕食中起主要作用。一般认为，视觉用于捕食前对猎物的近距离识别和定位，嗅觉、听觉则用于对猎物的远距离定向。

（2）利用特化视觉和侧线机械感觉凌晨、黄昏及夜间捕食　对一些主要在凌晨、黄昏及夜间捕食的凶猛鱼类其主要利用视觉和侧线机械感觉捕食，其视网膜由于具有很大的会聚性，光敏感性极高，因而在非常低的照度下也能发挥作用，黑海凶猛鱼类（三须鳕、鲉、黑海石首鱼等）在照度为 0.1～0.01lx 时它们便开始活跃起来，捕食白昼型食浮游生物的鱼类（银汉鱼、竹荚鱼等）。食浮游生物的鱼类的眼睛在这种低照度下几乎不起作用，而这些凶猛鱼类则可利用其发达的夜视觉和侧线机械感觉进行捕食。白斑狗鱼也主要依靠视觉和侧线机械感觉捕食。鳜鱼为色盲，但光敏感性极高，一般优先利用视觉信息，仅在视觉受到限制时才依靠侧线捕食，攻击不连续运动且反差明显的梭形猎物，其侧线主要对低频振动的猎物起反应，化学感觉仅在吞咽食物时进行最后识别。

（3）利用化学感觉、侧线机械感觉、电觉夜间或极低照度下捕食　欧洲鳗鲡依靠嗅觉、味觉和侧线机械感觉捕食；点纹裸胸鳝和紫颌裸胸鳝利用嗅觉对食物进行远距离定向，游近食物后再用鼻部接触食物，食物的味觉刺激诱导其捕食反应，视觉在其捕食中的作用不大。鲇鱼能在完全黑暗的情况下利用化学感觉对猎物进行远距离定向，当到达电觉能起作用的近距离后则依靠电觉攻击猎物。

四、摄食的时间和间隔

在摄食时间上，有些鱼类存在昼夜节律，有的在白昼摄食，有的则在夜间摄食，还有一些鱼类整天摄食。这和光照强度、水温、溶氧，以及饵料生物的昼夜移动有关。主要依靠视觉发现食物的鱼往往在白昼摄食。主要依靠味觉、嗅觉发现食物的，如鲶常在夜间摄食。

影响鱼类摄食间隔的因素很多，除了环境因素及食物的质和量外，还和鱼类本身的形态、生理特点有关。通常有胃鱼类摄食间隔较长，如吞食大型猎物的凶猛鱼摄食的间隔时间以天来计算。而无胃鱼类，特别是杂食性鱼类摄食间隔较短。弄清不同鱼类摄食间隔的特点，对于养殖和捕捞都具有现实意义。

五、摄食量及其判断

1. 鱼类的摄食量

鱼类的摄食量可分为一次摄食量与日摄食量。一次摄食量即鱼类一次所摄食的饵料量。日摄食量即日粮，是鱼类 24h 所摄食的饵料量。

鱼的一次摄食量很不相同，与食性和胃的发达程度有关。通常凶猛鱼类的一次摄食量较大，往往饱食一次可供一天甚至几天的营养需要，如狗鱼和鳜鱼能够吃下与自身相同体重或体长的鱼。大多数温和鱼类，尤其是无胃的鲤科温和鱼类摄食比较均匀，一次摄食量不很大，但摄食次数较多。因此一次摄食量决定了人工养殖的日投饵次数。

日摄食量通常用食物重量（干重或湿重）占体重的百分数来表示。食物的类别及饵料的营养价值和鱼类的生理状况与摄食量有关。日摄食量和水温有密切关系，在鱼类的适温范围内，随着水温的升高，日摄食量增加。养殖品种中的青鱼、草鱼、鲢鱼、鳙鱼、鲤鱼、鲫鱼、鲂等鱼类，水温 5℃时开始摄食，日粮随水温的上升而增大，20℃以上摄食量急增，25～30℃时达最大值。另外，日粮与体重有密切关系，随着鱼类体重的增加，日粮的百分值下降，在同样条件下，当年鲤日粮为体重的 6.0%，2 年鲤为 2.0%。

鱼类摄食强度还随食物的丰富程度而增加，当食物极丰盛时，可能出现过量摄食的情况，进食量远远超过生理需要量，食物消化吸收率下降。草鱼在水草丰盛的水域，日粮达到 300%，是正常情况的 2～3 倍。但鱼类日粮在一定限度内保持稳定，不随食物量上升而增加，这个食物量称为**饱和日粮**，在食物量很少时，鱼类摄食受到限制，日粮减少。鱼类的摄食量还与性腺的成熟状况有关，接近产卵期的鱼，摄食量减少或停止摄食。

2. 人工养殖日投饵量与投饵次数的确定

一般鱼苗鱼种阶段日投饵 4～5 次，高温季节日投饵 3～4 次，9 月份以后水温渐低，日投饵 1～2 次。日投饵量一般为池塘吃食性鱼总体重的 2%～6%。实际投饵时也可根据鱼达到七八成饱或大部分鱼游离投饵区，即可停止投饵。投饵过程中还应根据鱼的摄食情况、天气变化、水质肥瘦等情况酌情增减投饵量。

判断鱼是否吃饱及所达到的饱食程度可以通过测定鱼的胃肠饱满度来判断。

胃肠饱满度：又称**充塞度**或**摄食等级**，应在现场或材料新鲜的情况下进行，如果消化道内食物发生分解，所观察到的饱满度则没有意义。测定胃肠饱满度一般采用 6 级制。

0 级：胃和肠中都没有食物，即空肠，0/4。

1 级：胃、肠中仅有残食，约占肠管的 1/4。

2 级：胃、肠中有少量食物，约占肠管的1/2。

3 级：胃、肠中有适量食物，约占肠管的 3/4。

4 级：胃、肠中充满了食物，但不膨大，即 4/4。

5 级：胃、肠中充满了食物，且胃、肠壁膨大，即 5/4。

有的情况下可对整个消化道分段测定饱满度，划分标准与上面相同，只是对食道、胃、肠或前肠、中肠、后肠（鲤科等无胃鱼类）分别测定等级。

如果全年进行胃肠饱满度的测定，就能看出鱼类周年不同季节的摄食强度和生殖季节前后的摄食变化。进行昼夜连续测定，则能看出其昼夜摄食强度的变化。

在测量时，同时还需要配合观察鱼的胆囊的大小。同样规格的同种鱼，胆囊大而胃、肠食物少，说明该鱼有很长时间未进食；胆囊大而胃、肠食物多，说明该鱼刚刚进食；胆囊小而胃、肠食物少，说明该鱼正在消化食物。

六、鱼类对食物的喜爱状况

鱼类对各种饵料生物的喜好程度是不一样的，这和饵料生物的味道、营养价值以及是否容易获得有关系。因而不少鱼类对饵料生物具有选择性。根据鱼类食物组成中各种类别的食物生物的个体大小、所占比重及营养价值，通常把鱼类食物分为主要食物、次要食物和偶然性食物，还可以依据鱼类对饵料生物的选择性，将食物划分为喜好食物、替代食物和强制性食物。通常以主要食物和喜好食物的性质作为判定某种鱼类食性类型的依据。

① 主要食物：在鱼类食物组成中所占实际比重最高，对鱼类的营养起主要作用 。在人工投喂饵料的养殖鱼类中，人工饵料就是主要食物。

② 次要食物：经常被鱼所利用，但所占实际比重不大。

③ 偶然性食物：偶然附带摄入，所占实际比重极小的饵料生物。

当主要食物丰富时，鱼类主要摄食主要食物；当自然水域中主要食物不够丰富时，鱼类就转向摄食次要食物，在这种情况下，鱼体的生长会受到一定影响。

鱼类对饵料生物的选择性一方面与鱼类的口裂大小、游泳能力、捕食经验有关，同时也与饵料生物本身的大小、密度、易得性、可消化性及食饵的逃避能力、食饵运动与否直接相关。

④ 喜好食物：是鱼类最喜爱的食物，在鱼类食谱中往往是主要食物。

⑤ 替代食物：是指喜好食物存在时鱼类不摄取，而当喜好食物缺少时即大量摄取的食物。在这种情况下，替代食物成为主要食物。

⑥ 强制性食物：是指当喜好食物和替代食物都缺少时，鱼类所吃的其他食物。例如，芜萍和浮萍是草鱼种的喜好食物，当它们缺乏时，草鱼种也摄食陆生嫩草，这是替代食物，迫不得已时草鱼种也吞食鱼苗及小虾等，这些就是强制性食物。

七、饥饿与“不可逆点”对成活率的影响

在某一水温下，鱼类摄取不到维持其生命活动所需的食物时，即处于饥饿状态。鱼类在饥饿或半饥饿一定时间后，鱼体消瘦失重、疲惫甚至死亡。

不同大小或年龄的鱼，对饥饿的适应能力不同。在完全饥饿的情况下，年龄大、个体大的鱼耐饥饿的时间长。实验证明，鱼类在幼小阶段饥饿或半饥饿，对身体所造成的损害，有时是无法弥补的，即使存活下来，也会出现畸形或发育不良。研究证明，鱼类早期生活阶段的初次摄食期是一个可能引起仔鱼大量死亡的危险阶段，而饥饿被认为是初次摄食期仔鱼死亡的主要原因之一，有人提出初次摄食期仔鱼饥饿**“不可逆点”**（the point of no return，

PNR）的概念，即初次摄食期仔鱼耐受饥饿的时间临界点。超过"不可逆点"的鱼类永远丧失了恢复摄食的能力，只能继续存活数天时间。各种鱼类的"不可逆点"不同，不管这个"点"在何时，鱼苗养殖全过程供应充足而适口的饵料是提高养殖成活率的关键。在这里需要特别提示的是，即使水体中有适口的饵料（通常为轮虫），但由于仔鱼阶段鱼苗的摄食能力差而不能主动摄取，只能靠"守株待兔"式的吞食，若适口的饵料未达到足够的密度，鱼苗还是会因得不到充足的食物而死亡。

鱼类经过不同的饥饿时间以后，当恢复供食时，各个种类的反应不同，多数鱼类在饥饿一定时间后，其摄食率比正常情况下显著提高，并经过一定阶段的喂养，体重会恢复到正常水平。但饥饿时间越长，摄食率越低，体重就越难恢复。

第四节　幼鱼阶段食性转化与训食

一、幼鱼阶段食性转化

鱼类的幼鱼阶段的食性与成鱼食性有很大不同。认识和掌握幼鱼阶段的食性对于养殖生产中的苗种培育、适时变换饵料种类有重要意义。一般可分为 2 个阶段。

1. 卵黄囊吸收完毕后的仔鱼期

即摄食小型浮游动物如一些无脊椎动物的幼虫和轮虫等饵料的阶段。

刚孵出的鱼苗（仔鱼期）均以卵黄囊中的卵黄为营养。当鱼苗体内鳔充气后，鱼苗一边吸收卵黄，一边开始摄取外界食物；当卵黄囊消失，则完全依靠摄取外界食物。但此时个体细小，全长仅 0.6～0.9cm，活动能力弱，其口径小，取食器官（如鳃耙、吻部等）尚待发育完全。因此所有种类的鱼苗只能依靠吞食来获取食物，而且其食谱范围也十分狭窄，除凶猛肉食性鱼类外，多数只能吞食一些小型浮游动物，其主要食物是轮虫和桡足类的无节幼体。生产上通常将此时摄食的饵料称为"开口饵料"。

2. 仔鱼-稚幼鱼的食性转化期

此时为仔鱼期食性向成鱼期食性的过渡阶段。

随着鱼苗的生长，其个体增大，口径增宽，游泳能力逐步增强，取食器官逐步发育完善，食性逐步转化，食谱范围也逐步扩大。几种主要淡水鱼苗的摄食方式和食物组成有以下规律性变化。

(1) 全长 7～10.5mm 的鲢鱼、鳙鱼、草鱼等鱼苗　均以轮虫和无节幼体、小型枝角类为食。

(2) 全长 12～15mm 的鲢鱼、鳙鱼、草鱼等鱼苗　摄食方式和食物组成（适口食物的种类和大小）开始分化。鲢鱼、鳙鱼的鳃耙数量多，较长而密，因此摄食方式开始由吞食向滤食转化；草鱼（包括青鱼和鲤鱼）则仍然为吞食方式。鲢鱼和鳙鱼的适口食物为轮虫、枝角类和桡足类，也有较少量的无节幼体和较大型的浮游植物；草鱼等则主要食枝角类、桡足类和轮虫，并开始吞食小型底栖动物。

(3) 全长 16～20mm 的鲢鱼、鳙鱼、草鱼等乌仔　食性分化更为明显。草鱼口径增大，可吞食大型枝角类、底栖动物，以及幼嫩的水生植物碎片（青鱼和鲤鱼的食性与草鱼相似）。鲢鱼、鳙鱼的口径虽也增大，但由于滤食器官逐渐发育完善，其滤食机能随之增强，摄食方式由吞食转为滤食。由于鲢鱼的鳃耙比鳙鱼的更长更密，因此，适合食物的大小比鳙鱼小。该时期的食物，除轮虫、枝角类和桡足类外，已有较多的浮游植物和有机碎屑。

（4）全长21～30mm的鲢鱼、鳙鱼、草鱼等夏花　摄食器官发育得更加完善，彼此间的差异更大。在此期末，这些鱼的食性已完全转变或接近于成鱼食性。而凶猛肉食性的乌鳢体长在30mm以下时还是以桡足类、枝角类和摇蚊幼虫为食。

（5）全长31～100mm的鲢鱼、鳙鱼、草鱼等鱼种　摄食器官的形态和机能都基本与成鱼相同。它们的上下颌活动能力增强，特别是鲤鱼已可以挖掘底泥觅食；它们的食性皆同成鱼，食谱范围较狭窄。而乌鳢体长在30～80mm时以水生昆虫幼虫和小虾为主，其次为小型鱼类，体长达80mm以上时则主要捕食鱼虾类。

在幼鱼发育过程中存在食性转变阶段，掌握食性转变时间，及时提供适口饵料，是人工育苗成败的关键之一。

二、主要养殖鱼类的训食

驯食是指在仔鱼-稚幼鱼的食性转化期内，将养殖鱼类从摄食天然活体饵料转化为摄食人工配合饲料的过程。通常凶猛肉食性鱼类与杂食性鱼类的驯食方法不同。

1. 凶猛肉食性鱼类

名特鱼类大多指经济价值较高的凶猛肉食性鱼类，如鲈鱼、石斑鱼、黄鳝、鳜鱼、翘嘴红鲌、乌鳢及绝大多数的无鳞鱼类如鲇鱼等，但它们在自然界中多以活体鱼类为食。在人工集约化养殖中，饲喂活食不但成本高，而且数量也难以得到满足；若采用人工配合饲料养殖这些鱼类，则必须对肉食性鱼类进行有效驯食，才可大规模养殖。驯食是养殖过程中的一个关键环节，如果驯食方法不当，不仅苗种成活率不能保证，还会导致个体大小参差不齐，甚至诱发同类相残现象，直接影响到生产效益。驯食的关键环节如下。

（1）选择恰当时机　驯食的最佳时机通常在稚幼鱼的食性转化期，不同肉食性鱼类都有其适宜的驯食规格，如河鲈为2～4cm，梭鲈为5cm左右，加州鲈鱼为5～6cm，乌鳢为4～6cm，大口鲶为5cm左右。一般情况下，个体越小，食性的可塑性越大，驯食越容易，个体越大，鱼的食性已成定势而难以驯化。

（2）逐渐取代活饵　逐渐用鱼类喜好的食物磨成的肉糜取代鲜活饵料，这是驯化转食成功的关键。例如，在河鲈的驯食中，蚌肉、螯虾肉是理想的驯食饵料，鳗鱼食性驯化采用丝蚯蚓比较理想，黄鳝用蚯蚓、小鱼虾、螺蚌肉等驯食较好，加州鲈鱼采用小杂鱼驯食可取得良好效果。同时注意首先大范围泼撒，然后逐步缩小泼撒范围，最后转变至饵料台定点投喂。

（3）投喂配合饲料　当被驯鱼类习惯在固定饵料台定点定时摄食后，再往肉糜中逐步加入配合饲料，最终完全投喂配合饲料。若需驯化鱼类白天摄食，则每天投饲时间向后推迟1～2h，直至延至每天上午8～9点投喂一次，下午2～3点投喂一次，此时摄食正常的话，驯食就告成功。另外，对大多数肉食性鱼类而言，比较适宜投喂适口性良好的软性配合饲料，否则可能导致拒食、厌食、吐食，败坏水质，甚至引发疾病导致死亡。

2. 杂食性鱼类

与凶猛肉食性鱼类驯食相比，杂食性鱼类驯食相对简单一些，通常以配合颗粒饲料直接投喂。驯食的关键环节是建立声响信号条件反射：投饵前，先敲击饵料桶或击掌、吹哨等发出声响信号，然后投放饵料。待十几秒后再发出声响，并投放饵料。如此反复进行，直到鱼群听到几声信号后，即能前来踊跃抢食为止。一般每次驯化15～20min，经3～7天鱼即可形成上浮集中抢食的摄食习惯。通常鱼种规格越小，驯化的时间越短，且条件反射建立越牢固，抢食越激烈。

【思考题】

1. 名词解释

咽喉齿　消化腺　螺旋瓣　幽门盲囊　凶猛肉食性鱼类　鳃耙　气囊　追捕　滤食　刮食　日粮　胃肠饱满度　主要食物　不可逆点　食性转化　训食

2. 鱼类的消化管道与食性的关系如何？

3. 消化酶的分泌与鱼类食性及习性的关系如何？

4. 养殖过程中，从能量利用角度考虑，养草食性鱼合算还是养殖肉食性鱼合算？

5. 鱼类的食性与其肉质之间有何关系？

6. 不同食性的鱼类采用的摄食行为有哪些？

7. 凶猛肉食性鱼类如何驯食？

8. 简述幼鱼阶段的食性转化。

9. 人工养殖日投饵量与投饵次数如何确定？

10. 简述鱼类摄食水层与食性的关系。

第五章　鱼类的繁殖

（兼实验观察）

【技能目标】

1. 能熟练解剖鱼类生殖系统，观察鱼类性腺的位置、形态和颜色。

2. 能通过目测法观察鱼类性腺发育的不同时期；通过测定成熟系数，判断性腺发育的成熟度；能够鉴别亲鱼的成熟度；能分析环境因子对鱼类性腺发育的影响。

3. 能正确估测鱼类绝对繁殖力和相对繁殖力。

4. 能快速鉴别主要养殖鱼类雌雄亲鱼。

5. 能熟练摘取鱼类的脑垂体，并掌握脑垂体的位置、形态、生理功能，以及摘取时间和保存方法。

繁殖是鱼类生命过程中的一个重要环节，是维持种族绵延永盛不可缺少的生命活动。掌握鱼类的繁殖习性和性腺的发育规律，对于研究鱼类的人工繁殖、选种与育种、移植驯化及鱼类资源的合理开发利用具有十分重要的意义。

第一节　鱼类的性腺发育与性成熟

所谓性腺，是指鱼体内产生生殖细胞的组织。绝大多数鱼类为雌雄异体。雌鱼的性腺为卵巢，雄鱼的性腺为精巢。性腺由卵巢系膜或精巢系膜悬系于腹腔背壁，位于消化道背侧、鳔腹面两侧，呈长囊状或圆柱形，一般成对，左右对称，成熟的生殖细胞通过生殖导管（输卵管或输精管）输送到体外。

【性腺发育观察】

随机选取一批性腺发育成熟的鲤鱼、鲫鱼、鲢鱼、鳙鱼等鱼类做标本，剖开腹腔，在消化道背侧，鳔的腹面两侧，找到成对的性腺，观察与测定以下内容：①观察卵巢与精巢的位置、形状、颜色与结构。②通过目测法，观察性腺的发育情况。根据性腺不同发育时期的外部形态特征，大多数鱼类卵巢与精巢的发育过程可以分为6个时期。③通过测定成熟系数，判断性腺发育的成熟度。将性腺取出并称重，计算其占体重的百分比，即为成熟系数。为避免消化道内食物团的影响，体重最好采用去内脏的空壳重。

【估测繁殖力】

① 称全重：称量卵巢的全重。

② 采样、称重：因卵巢从前到后的发育和成熟度不同，应从卵巢的前、中、后部各采集等量的卵巢样品，混合后取一定量称重，一般取1g（鲟、鳇、大马哈鱼等卵粒大的鱼类取10～20g）。

③ 计数：通常以第Ⅳ期卵巢中开始沉积卵黄的Ⅲ、Ⅳ时相的卵子数目作为繁殖力。对于卵粒小、数量多的种类，可将称重后的样品放入带水的培养皿中轻轻揉擦，使卵粒脱离产卵板呈游离状，然后用计数器计数；对于卵粒大、数量少的种类可直接计数全部卵粒。

④ 计算绝对繁殖力和相对繁殖力。

绝对繁殖力(怀卵量)=(样品卵粒数/样品重量)×卵巢重量

相对繁殖力(怀卵量)=绝对繁殖力/鱼体去内脏的空壳重

一、鱼类性腺发育

1. 卵巢的结构和发育

(1) 卵巢的结构　卵巢是雌性鱼类的生殖腺，是产生卵子的器官。鱼类卵巢一般成对，多数左右明显分开，有的种类则完全合并，如河鲈；有的在后部合并，如梭鲈；有的在中部合并，如条鳅。有的左右不对称，如香鱼、池沼公鱼；有的只有一个卵巢，如黄鳝的左侧卵巢发达，右侧退化。卵巢未成熟时呈半透明的条状，成熟时则呈长囊状。卵巢多为黄色，有的种类因卵的颜色不同而呈现其他色泽，如鲶鱼成熟卵巢呈墨绿色，大马哈鱼成熟卵巢呈橘红色。根据卵巢外方腹膜的有无及输卵管与卵巢是否相通等特点，可以将鱼类的卵巢分为游离卵巢和封闭卵巢两种类型。

① 游离卵巢：又称为裸卵巢，即卵巢不为腹膜形成的卵巢囊所包围。这种类型的卵巢一般不与输卵管直接相连，成熟卵先排入腹腔中，再经过输卵管腹腔口进入输卵管。一般认为游离卵巢代表原始类型构造，如圆口类、板鳃类、全头类、硬鳞类等鱼类的卵巢。

② 封闭卵巢：又称为被卵巢，卵巢被腹膜所形成的卵巢囊所包围，卵巢囊上有环肌和纵肌，其收缩可排卵。成熟的卵子一般不排到体腔中，而是直接落入卵巢中的卵巢腔内，卵巢囊后部变狭成为输卵管。这是高级类型的卵巢构造，真骨鱼类的卵巢属此类型。

几种雌性鱼类的生殖器官构造可见图 5-1。

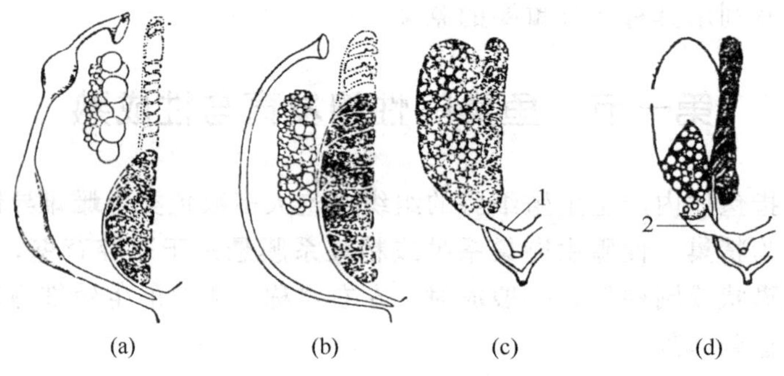

图 5-1　几种雌性鱼类的生殖器官

(引自李承林 2004 年)

(a) 板鳃鱼类；(b) 鲟；(c) 一般真骨鱼类；(d) 蛙鳟鱼类

1—输卵管；2—输卵管漏斗

(2) 卵巢的发育分期　多数硬骨鱼类的卵巢发育过程，根据性腺的体积、颜色、血管分布、性细胞成熟与否等标准，通过目测，一般分为 6 个时期。

① Ⅰ期卵巢：性腺未成熟，紧贴于鳔下两侧的体腔膜上，呈透明的细线状，看不见卵粒，肉眼不能分辨雌雄。这是鱼类第一次性成熟过程中所特有的阶段，一般当年家鱼的性腺处于此期。

② Ⅱ期卵巢：呈扁带状，表面有毛细血管分布，颜色微红，卵母细胞处于小生长期，不含卵黄，肉眼尚看不清卵粒，但能分辨雌雄。2 龄及产后退化的家鱼卵巢属此期。

③ Ⅲ期卵巢：体积显著增大，卵粒清晰可见，但不能从卵巢隔膜上分离下来，卵母细胞开始沉积卵黄。

④ Ⅳ期卵巢：为成熟期。卵巢体积很大，几乎充满体腔，卵粒大而饱满并可分离，卵质充满卵黄颗粒，表面血管粗而清晰。鲢鱼、鳙鱼、草鱼、青鱼的第Ⅳ期卵巢呈清灰色或灰

绿色，鲤鱼、鲫鱼呈橙黄色，黑鲷、鲻鱼呈淡橘黄色，鲶鱼呈绿色。至Ⅳ期末，卵细胞核极化（移向动物极一端），可进行人工催产。对于家鱼来说，此期一般为60天左右。在鱼类的人工繁殖生产中所称的**“亲鱼已成熟”**是指性腺发育已达到Ⅳ期，经过催情、注射激素能起正常成熟排卵反应的亲鱼。

⑤ Ⅴ期卵巢：为生殖期（性产物排出时期）。卵子透明而圆，完全成熟，已冲破滤泡排到卵巢腔中，呈流动状态，提起亲鱼卵即可从生殖孔自动流出，或轻压腹部卵即可排出。

⑥ Ⅵ期卵巢：为产后期。刚产完卵的卵巢，组织松软、充血，卵巢内还有残留的卵及空滤泡膜，但很快将被吸收，性腺随之萎缩。一次产卵的鱼类，产后卵巢退化到Ⅱ期再重新发育；分批产卵的鱼类，产后退化到Ⅲ期再重新发育。

2. 精巢的结构和发育

（1）精巢的结构　精巢是雄性鱼类的生殖腺，是产生精子的器官。鱼类精巢一般成对，少数种类如黄鳝只有一个。多数鱼类的精巢左右分开，位于腹腔的两侧，或在腹腔的后端合并，如鲤科鱼类左右精巢在尾端合并成“Y”形，汇合成很短的输精管，进入泄殖窦，通过泄殖孔与外界相通（见图5-2）。精巢未成熟时微红，成熟时乳白色。精巢多为长带状，成熟时表面出现很多皱褶。根据内部构造，真骨鱼类的精巢可分为以下两种类型（见图5-3）。

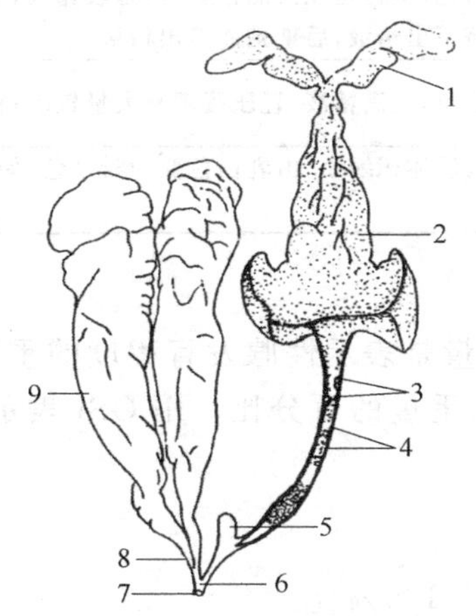

图5-2　鲤（♂）的生殖和泌尿器官
（引自叶富良，1993年）
1—头肾；2—中肾；3—斯氏小体；
4—输尿管；5—膀胱；6—尿殖窦；
7—尿殖孔；8—输精管；9—精巢

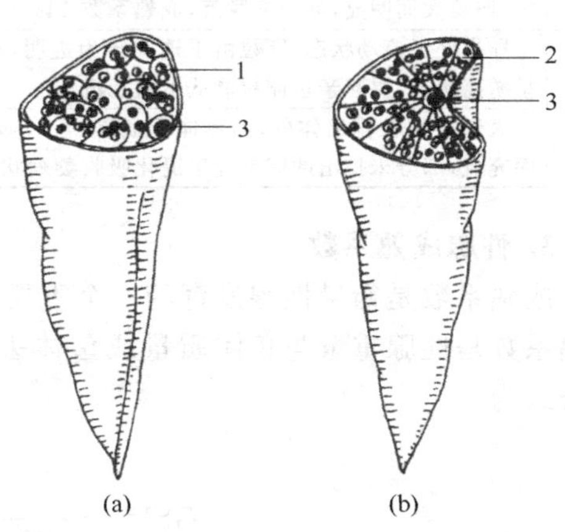

图5-3　真骨鱼类的精巢
（引自叶富良，1993年）
（a）壶腹型；（b）辐射型
1—壶腹；2—辐射叶片；3—输出管

① 壶腹型精巢：也称草莓型。它是由许多草莓状的壶腹（滤泡）所组成的，这些壶腹不规则地充满精巢内部，精子的发育和成熟就在壶腹中进行。精巢的背侧有输精管。成熟时，壶腹彼此融合，壶腹与输精管之间出现孔洞，以便输送精子到体外。鲱科、鲑科、鲤科等鱼类属于此类型。

② 辐射型精巢：精子成熟于呈辐射状排列的叶片中，叶片壁由精巢膜的结缔组织构成。整个精巢的一侧具纵裂状凹穴，底部有输出管。鲈形目、鲽形目等鱼类属于此类型。

（2）精巢的发育分期

① Ⅰ期精巢：呈细线状，紧贴于鳔两侧的体腔膜上，肉眼无法区分雌雄。

② Ⅱ期精巢：细带状，半透明或不透明，血管不显著。

③ Ⅲ期精巢：体积增大，呈圆杆状，质地较硬，表面光滑无皱褶，有毛细血管分布，

呈淡粉色，挤压腹部或剪开精巢都没有精液流出。

④ Ⅳ期精巢：呈乳白色，表面多褶皱，有血管分布，Ⅳ期末可挤出白色精液。

⑤ Ⅴ期精巢：各精细管中充满精子，提起亲鱼头部或轻压其腹部，大量较稠的乳白色精液从生殖孔流出。

⑥ Ⅵ期精巢：排精后的精巢体积大大缩小，呈细带状，浅红色。精巢一般退化到Ⅲ期重新发育。

青鱼、草鱼、鲢鱼、鳙鱼卵巢和精巢发育过程中外部形态特征的比较见表 5-1。

表 5-1　青鱼、草鱼、鲢鱼、鳙鱼卵巢和精巢发育过程中外部形态特征的比较

分期	卵　　巢	精　　巢
Ⅰ	灰白色，呈细线状，紧贴鳔下两侧的腹膜上，肉眼不能分辨雌雄	灰白色，呈细线状，紧贴鳔下两侧的腹膜上，肉眼不能分辨雌雄
Ⅱ	肉白色，半透明，呈扁带状，比同体重的雄鱼精巢宽 5～10 倍，表面血管不明显，撕去卵巢膜显出花瓣状的纹理，肉眼看不见卵粒。成熟系数 1%～2%	白色半透明，细带状，血管不明显，肉眼已经能分辨雌雄
Ⅲ	青灰色或褐灰色，体积显著扩大，肉眼可见小卵粒，但不易分离。成熟系数 3%～6%	白色，表面较光滑，似柱状，轻压腹部挤不出精液
Ⅳ	青灰色或灰绿色，体积扩大充满体腔，表面血管粗而清晰，卵粒大而明显，易分离脱落，成熟系数 14%～28%	乳白色，不再是光滑的柱状，而是较宽大，出现皱褶，早期挤不出精液，后期则能挤出精液
Ⅴ	卵巢处于流动状态，卵粒由不透明转为透明，在卵巢腔内呈游离状态，提起亲鱼卵粒能从生殖孔流出	乳白色，充满精液，轻压腹部有大量较浓精液流出
Ⅵ	大部分卵粒排出体外，卵巢体积显著缩小，卵膜松软，表面充血，部分未挤出的卵粒处于退化吸收萎缩状态	排精后体积缩小，由乳白色变为粉红色，局部有充血现象

3. 性腺成熟系数

成熟系数是衡量性腺发育的一个重要标志，性腺重量是表示性腺发育程度的重要指标。成熟系数是性腺重量与鱼体质量或鱼体去内脏后的空壳重量的百分比，用 GSI 表示，其计算公式为：

$$\mathrm{GSI}=\frac{\text{性腺重}}{\text{去内脏体重或体重}}\times 100\%$$

一般来说，成熟系数越大，说明亲鱼的性腺发育越好。同种个体的成熟系数，一般雌性大于雄性，并与年龄呈正相关，而且其周年变化有一定的节律，与性腺的发育分期变化基本一致。一般鲤科鱼类的卵巢成熟系数为 15%～30%，精巢为 10%～12%。

4. 亲鱼成熟度的鉴别

在鱼类增养殖业中，用于繁殖后代的成熟个体称为**亲鱼或种鱼**。亲鱼成熟度的鉴别，是决定亲鱼催产效果的关键环节。鉴别亲鱼成熟度的方法为**“看、摸、挤”**。**看**，就是看亲鱼腹部的大小、卵巢在体内的流动情况、生殖孔的形状及颜色和卵巢向后伸的位置；**摸**，就是摸腹部柔软程度、腹壁的厚薄和卵巢的弹性；**挤**，就是用手挤腹部，看生殖孔是否有精液向外流出，肛门是否有粪便，如果有粪便，说明鱼还吃食，晚几天催产较合适。

精巢发育成熟，**可以催产的雄鱼的主要标准是**：用手轻轻挤压后腹部，生殖孔处有较浓的乳白色精液流出，入水即散开。卵巢发育成熟，**可以催产的雌鱼的主要标准是**：鲢鱼、鳙鱼和细鳞斜颌鲴的腹部膨大，后腹部（腹鳍至肛门）柔软，腹壁薄而且有弹性，倒立鱼体卵巢向前流动，腹部向上时两侧下垂，生殖孔略突出并呈粉红色；草鱼的腹部膨大，后腹部薄，在水中腹部向下时，用手去摸，腹部柔软（出水后肌肉收缩，腹部变硬，不好检查），倒立鱼体卵巢向头部流动，头部向下时，卵巢下垂。用草棍将生殖孔周围的皮扒开能看见生殖孔，开放，微红或不红。此外，还应注意腹部鳞片排列疏松、腹中线下凹者为好。青鱼成熟度的鉴别标准似草鱼，但没有草鱼明显，较难识别。性腺成熟的雌牙鲆腹部隆起，似驼背。

5. 影响性腺发育的环境因素

鱼类的性腺发育有其各自的规律，受体内生理调节（中枢神经与内分泌系统）和外界环境条件的影响。环境条件的刺激通过鱼类的感觉器官和神经系统影响到内分泌腺（主要是脑垂体）的分泌活动，内分泌腺分泌的激素又控制性腺的发育。因此，鱼类的性腺发育是内因与外因综合作用的结果。了解性腺发育与环境的关系，其目的在于人工控制和调节环境因子以促进鱼类的性腺发育、成熟和产卵。影响鱼类性腺发育的综合生态条件主要有营养、水温、光照、溶氧、水流和水质等。

（1）营养　鱼类的生长和发育与营养条件密切相关，只有在合理的营养条件下，才能正常生长和发育。鱼类从摄食中获得的能量，除维持耗能外，主要用于躯体生长和性腺生长。营养条件是影响亲鱼性腺发育的主要因素，是鱼类性腺发育的物质基础，它对卵母细胞的生长、卵黄的发生和沉积有决定性作用。事实上，主要养殖鱼类生殖腺较大（占体重的1/5～1/4），怀卵量较多［可产卵（5～20）×10^4/kg 体重］，其性腺正常发育要从外界摄取大量的营养物质。因此，在亲鱼的培育过程中，特别是在性腺成熟临近时，要追加投饵量。对于海水鱼类，在培育过程中还要追加投喂沙蚕，因为沙蚕不仅营养丰富，而且富含不饱和脂肪酸。

多数春季产卵的鱼类，一般在产后有一个强烈摄食和躯体生长期，积累能量以供越冬消耗及冬季卵巢生长的需要；翌年春季产卵前还有一个摄食高峰，以提供卵巢最后发育成熟和产卵活动所需的能量。性腺生长季节，摄食所得的能量一般总是优先满足性腺的生长，所以养殖鱼类的产前培育和产后培育十分重要，培育亲鱼一定要抓好春秋两季的强化培育，特别是要抓好春季强化培育。四大家鱼的卵巢发育到第Ⅲ期后，在2～4月份这一时期内，亲鱼要从体内组织和外界食物中吸取相当于体重11%～16%的营养物质，供性腺发育需要。当卵巢发育成熟，成熟系数达20%左右时，表明亲鱼在性腺发育中，母体从外界摄取了大量的营养物质，特别是蛋白质和脂肪。

饲料的种类和数量直接影响到亲鱼性腺的发育。生产实践证明，如果在家鱼产卵后，卵母细胞处于生长早期的夏秋季节，加强培育，给予质好量足的饲料，使亲鱼体内储备充足的营养物质，并在开春后保持足够的营养，投喂含蛋白质高的饲料，绝大多数亲鱼的性腺发育良好，成熟系数大，成熟卵子的数量增多。相反，如果亲鱼在饲料不足或饥饿条件下，性腺发育不好，必然导致成熟系数下降，成熟卵的数量减少，甚至推迟产卵期或不能顺利产卵。若长期饲料不足，即使已达性成熟年龄的鱼，性腺也会一直滞留在第Ⅱ期，已发育到第Ⅲ期或第Ⅳ期的亲鱼，也有可能退回到第Ⅱ期而不能繁殖。

值得注意的是，在强化投喂时，应防止单纯投喂含脂量过高的饲料（如豆类等），而忽视其他生态条件。否则营养积累过多，鱼体过胖，如不采取措施使其转移到性腺中去，也会抑制性腺发育。用流水刺激的方法可以使过肥的鱼体内脂肪迅速转移到性腺中去，提高催产效果。

（2）水温　水温直接影响鱼类新陈代谢的强度，是加速或抑制性腺发育、成熟和产卵的重要因素。在适温范围内，温水性鱼类精卵形成的速度与水温呈正相关。我国淡水养殖的几种主要鱼类性腺发育和成熟的适宜水温为22～28℃，低于18℃，性腺发育速度缓慢，往往停止在第Ⅲ期或第Ⅳ期初而不向第Ⅳ期末过渡，更不能发育到第Ⅴ期，水温高于30℃时，性腺发育容易过熟而很快退化。

由于温度直接影响鱼类性腺发育和成熟，所以各个地区家鱼的繁殖期差别很大。南方一般在4～5月份就可以进行家鱼人工繁殖，而东北地区则为6～7月份。台湾的赤点石斑鱼繁殖期为3～5月份，浙江南部为5月下旬～7月份，浙江北部为6～8月份。生长在我国不同地区的鲢鱼，性成熟年龄虽然有明显差异（见表5-2），但成熟所需要的积温是一致的，累积积温为18000～20000℃。这说明鱼类的性腺发育与水温呈正相关，水温越高，性腺发育的周期成熟所需时间就越短。因此，通过调节水温的方法就可以使性腺发育的周期提前或延缓鱼类性成熟和产卵的时间。

表5-2　鲢鱼的成熟年龄与水温的关系

项　　目	黑龙江地区	江苏地区	广东地区	广西地区	其　　他
生长期/月数	5.5	8	11	12	生长期以平均水温在15℃以上计算
生长期平均水温/℃	20.2	24	25	27.2	
性成熟年龄	5～6	3～4	2～3	2	

因此，许多单位利用发电厂余热水、温泉水、深井地热水或加热设备升温来培育各种鱼类的亲鱼，使其提早产卵繁殖或反季繁殖，即按照鱼类的生长发育规律和市场需求来安排繁殖期，缩短养鱼周期，并获得了较好的经济效益。利用加温的办法使鲈鱼在秋季产卵，冬季培育鱼种，第二年当年就能养成食用鱼，避免越冬死亡。又如，要使牙鲆春季提早繁殖，可提高越冬期的水温，如12月底～1月中旬水温升至10～11℃，3月底升至13～14℃ 。生产上利用电热厂的温排水培育草鱼亲鱼，将5℃左右的水温每天升高1℃，直至升到23℃，然后恒温持续30天左右，结果可使草鱼提前2个月成熟产卵。

温度和鱼类的繁殖产卵也密切相关。温度可直接控制鱼类的排卵与产卵，每种鱼在某一地区开始产卵的水温是一定的，如鲤鱼、鲫鱼的繁殖水温在15℃以上，四大家鱼的繁殖水温为18℃以上。若水温达不到产卵或排精的温度，即使性腺已经发育成熟，也不能完成生殖活动。因此，水温及其变化是鱼类产卵行为的信号。春季产卵的鱼类需要升温，秋季产卵的鱼类需要降温。正在产卵的温水性鱼类或热带鱼类若遇到水温突然下降，往往会发生停产现象，水温回升后又重新开始产卵，冷水性鱼类则相反。

（3）光照　光照是对鱼类性腺发育和成熟起直接作用的指导因子，以光周期对性腺的影响最大。按照性腺成熟和光照时间的关系，可将鱼类分为长光照和短光照两种类型。春夏季产卵的鱼类属于长光照型鱼类，延长光照可促使其提前成熟和产卵，如鲤科鱼类、牙鲆等；秋冬季产卵的鱼类属于短光照型鱼类，缩短光照可促使其成熟、产卵，如鲑科鱼类、花鲈等。

因此，春季培育家鱼亲鱼适当浅水，不仅升温快，而且也能增加光照强度，促进其性腺发育。光照与鱼类的产卵行为也有密切关系。鱼类产卵需要一定的光照度，许多鱼类都是在光照度发生变化，昼夜交接的黎明或傍晚产卵。在生产实践中发现，青鱼、草鱼、鲢鱼、鳙鱼、鲤鱼、鲫鱼等鱼类产卵，尤其是自然产卵，常在黎明进行，可能是黎明时分的弱光对鱼具有刺激产卵的作用。

（4）溶氧　溶氧是影响鱼类新陈代谢的基本因子之一。亲鱼只有在水质清新和溶氧充足的环境中，性腺才能得到良好的发育。大多数养殖鱼类性腺正常发育所要求的溶氧量为4mg/L以上，水中溶氧量低于2mg/L时开始浮头，当低于0.5～0.6mg/L时，出现严重浮头，甚至死亡。

特别是开春后，随着性腺的迅速发育，亲鱼对溶氧的需求越来越大。性腺发育越好的亲鱼，需氧量越大，越不耐低氧，这就是亲鱼缺氧时首先死亡的是性腺发育好的亲鱼的原因。生产实践表明，如果亲鱼培育池溶氧量低，即使亲鱼只发生轻度浮头，也会给性腺发育带来不利影响。因此，亲鱼池要具有增氧或充气设备，培育中要注意观察水质，定期注入新水或勤换水，调节水质，保证亲鱼培育池水有充足的溶氧。

（5）水流　水流对于产半浮性卵的鱼类和溯河产卵的鱼类等的性腺成熟和产卵极为重要。在江河中性腺成熟的家鱼，在生殖季节，每当暴雨后水量狂涨、水流湍急时，经数小时至数十小时，亲鱼便可产卵。在某些水库上游的水流湍急处，家鱼也能产卵。这说明在天然条件下，水流刺激对家鱼性腺发育到第Ⅳ期后（Ⅳ期末～Ⅴ期）的进一步发育、成熟与产卵是很重要的生态条件。栖息在自然条件下的家鱼若缺乏水流刺激，或饲养在池塘的家鱼不经催产，性腺就不能向第Ⅴ期产卵状态过渡，也不能产卵。

生产实践证明，在人工催产条件下，亲鱼培育期间长年流水，或临产前适当给予水流刺激，对保证池水清新和溶氧充足、加速亲鱼新陈代谢和体内储存的营养物质向性腺转化，性腺发育、成熟和产卵都具有良好的促进作用。

此外，盐度对一些海产鱼类，特别是洄游性鱼类性腺的发育和成熟也十分重要。水面大小、水草、底质、鱼巢条件、异性的引诱作用等对鱼类性腺的发育、成熟和产卵均有一定的影响。

二、鱼类的性成熟

鱼类性成熟包括两种类型：一种是性腺发育第一次达到成熟，能产生成熟的卵子和精子，鱼类具有繁衍后代的能力，称为初次性成熟；另一种是产过卵（排过精）的性腺周期性地再次成熟。由于鱼类种类繁多，环境复杂，性成熟具有不同的特点。

1. 性成熟的年龄

各种鱼类必须达到一定的年龄，才能性成熟，这个年龄就是鱼类初次性成熟的年龄。鱼类初次性成熟的年龄不同种类间有很大的差异，即使同一种类也不相同。

（1）性成熟年龄的种间差异　性成熟年龄是由种的遗传性决定的，是物种长期适应环境的结果。根据鱼类首次性成熟年龄的不同，可将其分为以下三种类型。

① 低龄成熟鱼类：1龄或不足1龄即达性成熟的鱼类。多为小型鱼类、热带鱼类或生活于较差环境条件地区的鱼类，其寿命短，世代更新快。如罗非鱼、银鱼、青鳉、麦穗鱼、公鱼等。

② 中龄成熟鱼类：2～3龄或4～5龄达性成熟的鱼类。大多数鱼类属此类型，如鲤鱼、鲫鱼、四大家鱼、虹鳟等主要养殖鱼类。

③ 高龄成熟鱼类：10年或10年以上性成熟的鱼类，一般分布于高纬度地区。其寿命长，繁殖周期长，繁殖力低，世代更新慢。如鲟初次性成熟年龄为8～10年，鳇则需17～20年。

（2）性成熟年龄的种内差异　鱼类初次性成熟年龄的种内变动，反映了遗传和环境的影响。

① 雌雄间差异：雄鱼初次性成熟年龄一般较雌鱼早，而且初次性成熟时体长和体重也较雌鱼小，这在鱼类中是比较普遍的现象。在同一生殖季节内，雄鱼较雌鱼先成熟，因而初期产卵场雄鱼多于雌鱼，后期则雌鱼多于雄鱼，这种现象在人工繁殖时应引起注意。

② 种群间差异：种群间初次性成熟年龄的差异主要受水温、生长条件的影响，也有遗传因素的差异。如鲤鱼初次性成熟年龄在海南岛为1～2龄，在黄河和长江流域为2～3龄，在黑龙江流域为3～4龄；鲢鱼初次性成熟年龄在海南岛为2～3龄，在黄河和长江流域为3～4龄，在黑龙江流域为5～6龄。同种鱼类性腺发育成熟所需的总积温是一定的，因此温度较高的地区鱼类性成熟较早，在寒冷地区性成熟则晚。不同地区四大家鱼性成熟的年龄与体重见表5-3。

表5-3 不同地区四大家鱼的性成熟年龄与体重

种类	华北地区		华中地区		华南地区	
	年龄	体重/kg	年龄	体重/kg	年龄	体重/kg
青鱼	7～8	16以上	6～7	13以上	5～6	10以上
草鱼	5～7	7以上	5～6	6以上	4～5	4以上
鲢鱼	4～6	5以上	3～4	4以上	2～3	2以上
鳙鱼	6～7	8以上	5～7	7以上	3～4	4以上

③ 种群内差异：种群内初次性成熟年龄的差异反映了环境因子对种群生长和死亡率的作用。鱼类初次性成熟时间与其体长的关系比与其年龄的关系更为密切，这说明营养条件是主要的影响因素。

2. 繁殖周期

两次生殖之间的时间间隔称为繁殖周期，通常有一定的季节节律。鱼类的繁殖周期可分为两种类型。

① 单周期型：也称非重复产卵型，指一生只产一次卵的鱼类，包括生活史仅为1年的小型鱼类（如银鱼、香鱼等）、降海洄游鱼类（如鳗鲡）和溯河洄游鱼类（如大马哈鱼）。

② 多周期型：也称重复产卵型，指一生有两次以上产卵机会的鱼类。多周期型又可分为：短周期，1年中可以多次产卵，如食蚊鱼、罗非鱼等；1年性周期，大多鱼类属此类，如四大家鱼；2年以上性周期，2年或2年以上产卵一次，如大多数鲟类。

三、鱼类的繁殖力

鱼类的繁殖力体现了物种或种群对环境变化的适应性，繁殖力越高，越能适应较高的死亡率。鱼类的繁殖力一般根据其成熟年龄、性周期、怀卵量、有效产卵量和鱼苗成活率等因素综合评价。为了统一和方便起见，国内外大多以雌鱼的怀卵量来表示鱼类的繁殖力。

1. 繁殖力的概念

鱼类的繁殖力分为绝对繁殖力和相对繁殖力。

① 绝对繁殖力：指1尾雌鱼在一个生殖季节中所怀成熟卵的粒数（怀卵量）。其计算方法一般采用重量法。解剖处于第Ⅳ期卵巢的亲鱼，取出卵巢吸水后称卵巢全重，从卵巢中部取1g样品，计算已经沉积卵黄的卵粒数，包括开始沉积卵黄和充满卵黄的卵母细胞的数量，然后换算成整个卵巢的卵粒数。计算公式如下：

$$\text{绝对繁殖力}=\frac{\text{样品中的卵粒数}}{\text{取样量(g)}}\times\text{卵巢重(g)}$$

② 相对繁殖力：指1尾雌鱼在一个生殖季节中，单位体重（g）或单位体长（cm）所具有的卵粒数，即绝对繁殖力与雌鱼体重（一般用去除内脏的体重）或体长之比。相对繁殖力可用以比较不同种或同种鱼的繁殖力。计算公式如下：

$$相对繁殖力=\frac{绝对繁殖力}{体重(g)或体长(cm)}$$

池塘养殖条件下四大家鱼的怀卵量见表5-4。

表5-4 池塘养殖条件下四大家鱼的怀卵量

种类	平均卵巢重/g	平均体重/g	平均成熟系数/%	平均绝对繁殖力/×10⁴粒	平均相对繁殖力/(粒/g体重)
青鱼	2488	23000	10.8	150	65
草鱼	1079	6310	17.1	75.53	120
鲢鱼	897	4461	20.1	62.762	141
鳙鱼	1540	8640	17.8	107.8	124

2. 产卵量

由于卵巢中所怀的成熟卵要在一定的生态条件下才能由第Ⅳ期末过渡到第Ⅴ期而产出体外，所以在产卵过程中往往有部分成熟卵未能产出体外。因此，产卵量（有效繁殖力）实际为绝对怀卵量减去存在体内未产出的残留卵的数量，所以产卵量一般都小于怀卵量。在人工繁殖条件下，四大家鱼每千克体重的平均产卵量一般为5×10^4粒左右，最高产卵量可达到10×10^4粒左右（见表5-5）。

表5-5 四大家鱼人工繁殖时的产卵量

种类	每克体重平均产卵数/粒	每克体重最高产卵数/粒	统计尾数
青鱼	49.3	125	27
草鱼	47.4	103	76
鲢鱼	51.8	75.4	50
鳙鱼	58.8	77.6	29

第二节 雌雄区别

绝大多数鱼类是雌雄异体的。卵胎生或胎生的鱼类，雄性个体在体外具有交配器，如板鳃鱼类雄性个体腹鳍内侧的鳍脚、鳉形目鱼类雄性个体由臀鳍特化而成的交接器等，因此可以很容易地辨别雌雄个体。但由于多数鱼类进行体外受精，缺乏外生殖器，因而从外表上难以分辨雌雄。有些鱼类在生殖季节出现某些特征，可以用来区分雌雄，如雌性鳑鲏体外的产卵管、雄鱼的珠星和婚姻色等。部分鱼类的雌雄个体在外部特征上有一定的差别，如身体大小、体型、鳍形、生殖突和臀鳞等。

【主要养殖鱼类雌雄亲鱼的观察与鉴别】

在生殖季节，获取青鱼、草鱼、鲢鱼、鳙鱼、鲤鱼、鲫鱼、团头鲂、泥鳅、虹鳟、乌鳢、黄鳝、罗非鱼、黄颡鱼、鲮鱼、鳜鱼、斑点叉尾鮰等主要养殖鱼类的雌雄亲鱼，通过身体大小、体型、鳍形、生殖突、生殖孔、珠星、婚姻色等特征来鉴别以上鱼类的雌雄，并掌握生产上的实用、快速方法。

一、鱼类常见的雌雄区别特征

1. 身体大小

大多数鱼类同龄组的雌雄个体身体大小有明显不同，一般雌鱼大于雄鱼；在有保护后代习性的鱼类中，一般雄鱼比雌鱼大，如黄颡鱼、棒花鱼、食蚊鱼等。

2. 体型

有些鱼类雌雄个体的体型不同。在生殖期间，由于雌鱼的卵巢发育较快，往往外观可见其腹部膨大的卵巢轮廓，与雄鱼体型明显不同。鲆科鱼类的海鲆，雄鱼的两眼距离比雌鱼大；大马哈鱼在性成熟时，雄鱼的上下颌延长并向内弯曲成钩状，背部隆起，容易与雌鱼区别；虹鳟雄鱼头部尖狭，而雌鱼头部圆钝；鲶科部分种类的雄鱼体细长而雌鱼粗短。

3. 鳍形

雌鱼和雄鱼往往在鳍的形状上有明显的差异。最常见的是鳉形目的许多观赏鱼类，雄鱼臀鳍的部分鳍条常常延长为“剑尾”；卵胎生的食蚊鱼进行体内受精，其雄鱼臀鳍的部分鳍条特化为交接器；雄性泥鳅的胸鳍尖长，而雌性圆钝；大马哈鱼雄性个体的脂鳍比雌鱼大 40%。

4. 生殖突

生殖突是雄鱼的外部标志，它是生殖孔开口组织向外突出成乳头状的构造，鲶科鱼类及鰕虎鱼的雄性鱼类最明显。

5. 臀鳞

雄性银鱼的臀鳍基部两侧各有一行大的鳞片，称为臀鳞，这是银鱼鉴别雌雄的可靠依据。

6. 珠星

珠星为白色的锥状物，是鱼类表皮角质化产物，多分布在雄鱼的头部（吻部、颊部、鳃盖等）和胸鳍。一般出现在繁殖期或在繁殖期变得更加粗壮。

7. 体色

有些鱼类雌雄个体具有不同的体色，有的只出现在生殖季节，一般是雄性个体的体色变得更加鲜艳或异常浓暗，生殖季节过后即行消失，这种色彩称之为婚姻色。婚姻色多见于鲑科、鲤科、攀鲈科等淡水或咸淡水鱼类。许多鳉形目的雄性鱼类均较同种的雌鱼体色艳丽，具有更高的观赏价值。

8. 生殖孔

有些鱼类可以根据生殖孔和泌尿孔的开口情况来区分雌雄。如罗非鱼、黄颡鱼、鳜鱼、真鲷等鱼类的雄性个体在肛门后有一个较长的尿殖乳突，生殖和泌尿共开一个尿殖孔，而雌性个体在肛门后有较短的生殖乳突和生殖孔，其后还有一个泌尿孔。

一些两性异形的鱼类如图 5-4 所示。

二、主要养殖鱼类雌雄亲鱼的鉴别

在亲鱼培育或人工催产时，必须掌握恰当的雌、雄比例，因此首先要掌握雌、雄鉴别方法。

1. 四大家鱼亲鱼的选择与雌、雄鉴别

供人工繁殖用的亲鱼来源有两种途径：一是从江河、湖泊、水库等大水体中捕捞达到性成熟的较大个体的鱼，移养于池塘中进一步强化培育；二是直接在池塘中从鱼种培育达到性成熟年龄。有条件的地方，最好自养自繁，逐年储备、逐年选留，培育优质亲鱼。

（1）亲鱼的选择标准

① 成熟亲鱼的年龄与体重：四大家鱼的性成熟年龄由于南北方气候条件不同而有所差异，而且雄鱼比雌鱼早一年成熟。池养成熟亲鱼的体重要求是：鲢鱼 3～4kg，鳙鱼 8～10kg，草鱼 6～8kg，青鱼 15～20kg。雄鱼体重小于雌鱼 1～2kg。对于年龄相同的亲鱼，应尽量选择个体较大、生长性能好的，因为个体大的鱼怀卵量多，产卵量也较多。

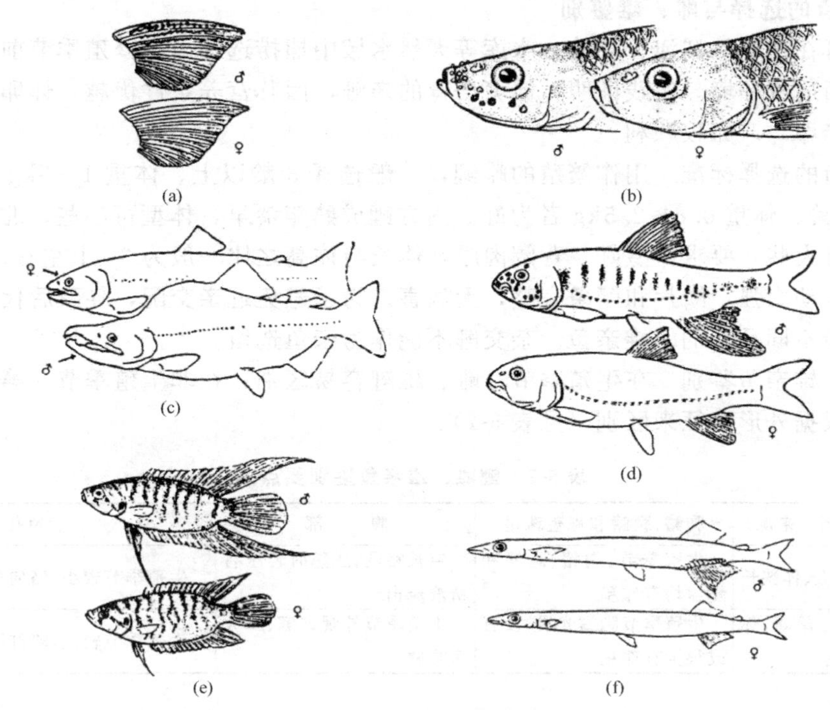

图 5-4　一些两性异形的鱼类
（引自李承林，2002 年）
(a) 鲢鱼的胸鳍；(b) 麦穗鱼；(c) 驼背大马哈鱼；(d) 马口鱼；(e) 圆尾斗鱼；(f) 银鱼

② 体质：亲鱼应体质健壮，行动活泼，无病无伤，鳞片完整，体色鲜艳，生长正常。

③ 血缘关系：选择亲鱼时要注意防止近亲繁殖，以免后代出现性状退化。应从不同水体或水系中选择血缘关系较远的雌雄亲鱼进行交配，建立在地区间交换亲鱼的制度，并坚持定期从原种基地引进原种后备亲鱼或鱼种。

（2）雌、雄亲鱼的鉴别　四大家鱼的雌雄鉴别主要是根据胸鳍上的副性征（第二性征）区别，在生殖季节达到性成熟的雄鱼，胸鳍上常出现珠星，珠星在雌雄亲鱼产卵排精时起兴奋、刺激作用。四大家鱼雌雄亲鱼的主要区别特征见表 5-6。另外，在同一水体的同批、同龄鱼中，个体较小者多为雄鱼。

表 5-6　四大家鱼雌、雄特征比较

种类	雌　鱼	雄　鱼
鲢鱼	胸鳍没有或很少有珠星，手摸胸鳍鳍条光滑；腹部较大而柔软，成熟时卵巢轮廓明显，泄殖孔稍突出，微带红润	胸鳍前几根鳍条上长有成排的珠星，用手顺鳍条抚摸有粗糙刺手感。珠星生成后，终生不会消失；腹部较小，成熟时轻压后腹部有乳白色精液流出
鳙鱼	手摸胸鳍鳍条光滑，无割手感；腹部膨大柔软，泄殖孔稍突出，有时稍带红润	胸鳍内侧有骨质的刀刃状突起，用手横摸有割手感，刀状物终生存在；腹部较小，成熟时轻压后腹部有乳白色精液流出
草鱼	胸鳍鳍条细短，自然张开，略呈扇形；胸鳍鳍条较光滑，一般无珠星；腹部鳞片圆钝，排列疏松；腹部膨大柔软，有弹性感	胸鳍鳍条较大而狭长，自然张开呈尖刀状；生殖季节在胸鳍内侧、头背部、鳃盖和尾柄上出现珠星，手摸有粗糙感，生殖结束后消失；腹部鳞片较尖，排列紧密；轻压腹部有乳白色精液流出
青鱼	胸鳍光滑，完全没有珠星	胸鳍鳍条上有紧密排列向后倾斜的白色细小珠星，有明显刺手感；其他基本同草鱼

2. 鲤亲鱼的选择与雌、雄鉴别

鲤亲鱼可在冬季从江河、湖泊、水库等天然水域中捕捞选留，在繁殖季节前放入池塘蓄养，使其逐渐适应环境。实践证明，池塘培育的亲鲤，因其营养条件优越，怀卵量大，而且习惯于池塘产卵，产卵较顺利。

（1）亲鱼的选择标准　用作繁殖的雌鲤，一般选择3龄以上、体重1～5kg者为好；雄鱼选择2～3龄、体重0.8～2.5kg者为好。南方鲤成熟年龄早，体型可小些，北方鲤成熟年龄晚，体型可大些。要求体型好，背阔肉厚，体长与体高之比一般为3∶1左右，体色鲜艳，体质健壮，活动力强，鳞片和鳍条完整，无病害。为了避免近亲交配，导致后代优良性状退化，最好选择不同品系的雌雄亲鱼。杂交鲤不能作为亲鱼选留。

（2）雌、雄亲鱼鉴别　在生殖季节，雌、雄鲤容易区别；在非生殖季节，第二性征不明显，但可以根据外形特征来区别（见表5-7）。

表5-7　鲤雌、雄亲鱼鉴别要点

性别	体型(同一来源)	胸鳍、腹鳍和鳃盖珠星	腹　部	泄殖孔
雄	头较大、体狭长	生殖季节，胸鳍、腹鳍和鳃盖均有珠星	狭长略硬，成熟时轻压有精液流出	生殖季节较小，略向内凹，不红肿
雌	头小、背高、体宽、身短	生殖季节胸鳍光滑，没有或很少有珠星	生殖季节外观饱满、膨大而柔软	生殖季节较大，略红肿，突出

3. 团头鲂亲鱼的选择与雌、雄鉴别

（1）亲鱼的选择　可从天然水域中捕捞，放入亲鱼培育池培育一段时间后再进行催产，也可从池塘鱼种中选留培育而成。亲鱼一般选择3～4龄，体重0.5kg以上，体高背厚尾柄短，体型近似菱形，体格健壮，生长良好的个体。雄鱼数量应略多于雌鱼。

（2）雌、雄亲鱼的鉴别　团头鲂雌、雄亲鱼的鉴别较容易，利用胸鳍第一根鳍条的形状在非生殖季节也可以区分雌、雄。其主要区别特征见表5-8所示。

表5-8　团头鲂雌、雄亲鱼的鉴别

性别	胸鳍第一根鳍条的形状	珠　星	腹　部
雄鱼	肥粗，略弯曲，呈"S"形，终生存在，不会消失	在胸鳍、尾柄的背缘及腹缘、头部和体背部均有密集的珠星	腹部较小，成熟时轻压鱼腹有乳白色精液流出
雌鱼	细而平直	胸鳍光滑无珠星，除在尾柄部分和体背部有少量珠星外，其余部分很少见到	腹部膨大明显，柔软，泄殖孔稍突出

4. 泥鳅亲鱼的选择与雌、雄鉴别

（1）泥鳅亲鱼的选择　繁殖用的泥鳅亲鱼主要从稻田、池塘、沟渠中捕捉，也可以从市场选购质量优良的个体。选择2龄以上，体长15～20cm、体重30g以上的雌鳅和体长10cm左右、体重10～15g的雄鳅。要求体型端正，无病伤，体表黏液分泌正常。雌、雄泥鳅亲鱼比例为1∶(2～3)。

（2）雌、雄亲鱼鉴别　雌、雄泥鳅很容易鉴别，其主要区别特征如表5-9所示。

5. 虹鳟亲鱼的选择与雌、雄鉴别

亲鱼培育可以从鱼种阶段开始，将培育与选育相结合；也可以在亲鱼产卵前1个月左右，从已达性成熟的个体中选择。亲鱼应选择体重1kg以上、4～5龄、体质健壮、色泽鲜艳、无病无伤的个体。

已达性成熟的雌、雄亲鱼有明显差异，如表5-10和图5-5所示。

表 5-9 泥鳅雌、雄亲鱼的鉴别

性别	胸鳍形状	胸鳍珠星	肉质隆起	腹部	白色圆斑
雄	较长，末端尖而上翘	胸鳍第二鳍条基部有一骨质薄片，鳍条上有珠星	背鳍末端两侧有肉质隆起(肉瘤)	腹部扁平，挤压时有乳白色精液流出	排过精和未排精的雄鳅腹鳍上方两侧都没有白色圆斑
雌	较短，末端圆钝呈扇形	胸鳍第二鳍条基部无骨质薄片，鳍条上无珠星	背鳍末端两侧无肉质隆起(肉瘤)	生殖季节，腹部膨大柔软，略带透明的粉红色或黄色，生殖孔大	已产过卵的雌鳅，腹鳍上方两侧留有一白色圆斑(即产卵记号)，未产卵雌鳅无此记号

表 5-10 虹鳟雌、雄亲鱼的鉴别

性别	上下颌	头部、吻端	背部	体色	腹部
雄	下颌向上弯曲呈钩状	头较大，口大，吻端较尖	略隆起	体色较深发黑	腹部硬，不膨胀，生殖孔乳白色、不突出
雌	上、下颌等长	头较小，口小，吻端圆钝	不隆起	体色较淡	腹部大而柔软，泄殖孔明显外突，生殖孔粉红色、突出

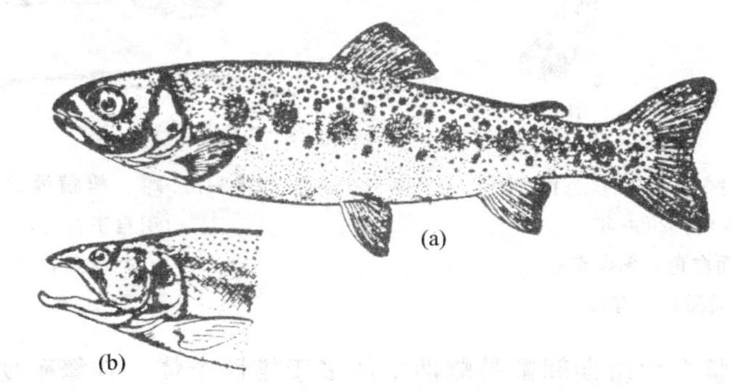

图 5-5 虹鳟雌、雄亲鱼的形态区别
(引自王吉桥，2000 年)
(a) 雌鱼；(b) 雄鱼

6. 乌鳢与斑鳢亲鱼的选择与雌、雄鉴别

每年冬季在四大家鱼亲鱼混养池干塘时收集达到性成熟年龄的乌鳢，或繁殖季节前 1～2 个月，到天然池沼中收集野生乌鳢。乌鳢选择 2 龄以上、体重 0.5～1.5kg 的个体作为亲鱼，斑鳢可选择 1 龄以上、体重 150g 以上的个体作为亲鱼。

乌鳢和斑鳢的雌、雄个体没有明显的第二性征差异，在非生殖季节外形上难于区别。在生殖季节，雌、雄个体的主要区别如表 5-11 和图 5-6 所示。

表 5-11 乌鳢和斑鳢雌、雄亲鱼在生殖季节的鉴别

种类	雄鱼	雌鱼
乌鳢	胸、腹部呈灰黑色，腹鳍到生殖孔间有明显的深黑色大斑纹，腹部较小，生殖孔狭小微凹	胸部白嫩微黄，腹部呈灰白色或淡黄白色，腹鳍至生殖孔间无黑色斑纹或不明显，腹部较大，生殖孔较大而圆、稍突出
斑鳢	除以上特征外，背鳍上有白色小圆斑，自下而上排列整齐，尾鳍上有 3 列以上的黑斑	除以上特征外，背鳍上斑点较大且模糊、不规则，呈半透明至淡黄色，尾鳍上有 2 列黑斑

7. 黄鳝亲鱼的选择与雌、雄鉴别

(1) 性逆转与性比　黄鳝在个体发育中，具有性逆转的特性，即从胚胎发育直到第一次

性成熟时，全部为雌性。产卵后，卵巢逐渐退化变为精巢，并产生精子，而变为雄性，并成为终生的雄性。据报道，黄鳝全长 24cm 以下的个体，均为雌性；在 2 龄以后，体长 25～37cm 时转入雌、雄间体阶段，性腺兼有卵巢、精巢，是雌、雄同体；全长 42cm 以上个体大部分为雄性。已经变成雄性的个体就不再变了，终身以雄性存在。因此，从黄鳝的体长就可以大体区分是雌性还是雄性。

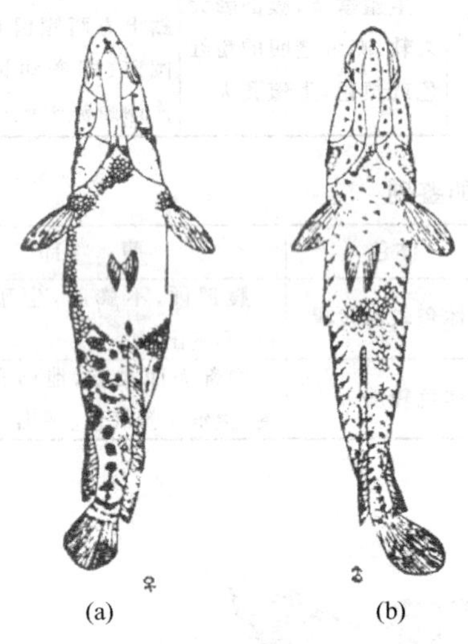

图 5-6　雌雄斑鳢亲鱼的形态区别
（引自王吉桥，2000 年）
（a）雌鱼腹面白色、无斑点；
（b）雄鱼腹面黑色、有斑点

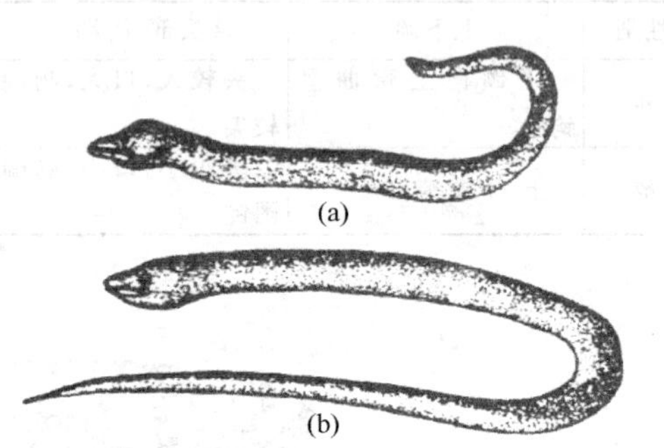

图 5-7　雌、雄黄鳝亲鱼的形态区别
（引自王吉桥，2000 年）
（a）雌鱼；（b）雄鱼

黄鳝生殖群体在整个生殖期间都是雌性个体多于雄性个体。在繁殖期雌性个体比例大于雄性个体，尤其在 5～6 月份雌性个体比例最高。

（2）黄鳝亲鱼的选择　作为人工繁殖用的黄鳝亲鱼，要求规格整齐，体质健壮，体呈黄色，最好为黄斑鳝。雌鳝以体长 30cm 左右、体重 50～200g 者为好；雄鳝以体长 42cm 以上、体重 200～500g 者为宜。雌、雄比例为（2～4）：1。

（3）雌、雄亲鱼的鉴别（见图 5-7）　在繁殖季节，雌、雄黄鳝亲鱼容易鉴别。雌鳝腹部膨大呈纺锤形，可见卵巢轮廓，腹部柔软，有弹性，呈浅橘红色，生殖孔红肿；雄鳝腹部较小，腹面有网状血管分布，呈血丝状斑纹，能挤出少量透明精液。

8. 其他养殖鱼类雌、雄亲鱼的鉴别

其他养殖鱼类雌、雄亲鱼的鉴别见表 5-12。

表 5-12　几种主要养殖鱼类雌、雄亲鱼的外部形态特征

种　类	雄	雌
罗非鱼	体大鳍长，在生殖季节，具有明显的婚姻色，体呈红棕色，头及两侧为微红色，尾鳍、臀鳍和胸鳍边缘呈鲜艳的红色；腹部有 2 个孔：肛门和泄殖孔	体小鳍短，体色灰黄色，尾鳍边缘为淡红色；腹部有 3 个孔：依次为肛门、生殖孔和泌尿孔
黄颡鱼	体较细长，成熟的个体比雌鱼长，在肛门后具有生殖突	相对粗短，无生殖突
斑点叉尾鮰	头部宽扁，灰黑色；头部两侧有发达的肌肉；腹部窄长，具有肛门和泄殖孔 2 个开孔，生殖孔有乳头状突起	头部较小，近圆形，淡灰色；腹部圆而饱满，具有肛门、生殖孔和泌尿孔 3 个开孔，生殖孔圆形，凹陷、红肿

续表

种 类	雄	雌
方正银鲫	胸鳍、腹鳍和鳃盖有珠星；头较大，狭长；腹部狭窄，轻压有精液流出；泄殖孔内凹，无红点	胸鳍、腹鳍和鳃盖无珠星；头小，体狭长；腹部膨大、柔软，泄殖孔突出，有红点
鳜	下颌前端呈尖角形，超过上颌较多，尖而长；泄殖区只有肛门和泄殖孔 2 个开孔	下颌前端呈圆弧形，超过上颌不多，短而圆；具有肛门、生殖孔和泌尿孔 3 个开孔
鲮	胸鳍第 1～6 根鳍条上有珠星，手摸有粗糙感；腹部狭小	胸鳍光滑，无珠星；腹部膨大

第三节　鱼类的繁殖习性

鱼类的种类繁多，栖居在各种类型的水域环境中，由于长期对不同环境条件的适应，鱼类的繁殖习性多种多样，在产卵类型、生殖方式和生殖生态环境等方面都有各不相同的特性。

一、性腺发育周期和产卵类型

我国主要养殖鱼类的性腺发育周期和产卵类型，大致分为两类：一类是以青鱼、草鱼、鲢鱼、鳙鱼为代表的一年一次产卵类型的性腺发育周期；另一类是以罗非鱼为代表的一年多次产卵类型的性腺发育周期。

1. 一年一次产卵类型性腺发育周期

(1) 雌鱼　一年一次产卵类型的青、草、鲢、鳙鱼类的卵巢，卵母细胞从Ⅲ时相进入Ⅳ时相，几乎是同步的。当卵巢进入第Ⅳ期后，卵巢内除了少量当年不能发育成熟的Ⅰ、Ⅱ时相的卵母细胞外，绝大部分是充满卵黄、大小相近的Ⅳ时相的卵母细胞。因此，在每年的繁殖季节里，卵巢发育只出现一次繁殖高峰，没有波浪式的起伏，为一次产卵类型。长江流域的青、草、鲢、鳙鱼类的卵巢，一般在第Ⅲ期越冬，4 月份进入第Ⅳ期，5 月至 6 月上旬是卵巢的成熟阶段，此时的亲鱼对催产药物反应敏感。每尾鱼催产的有效时间一般为 20～25 天，如果在此期间内催产，卵细胞能在较短的时间内（10～20h）完成成熟并可以产卵。卵母细胞发育进入Ⅴ时相，如果此时期不催产，Ⅳ期末的卵母细胞即趋向生理死亡，自然退化。已产卵或自然退化后的卵巢进入Ⅱ期。卵巢的周年变化及其成熟系数基本上按下列程式进行：

Ⅳ期 { 青鱼 10%～12%；草鱼 12%～15%；鲢鱼、鳙鱼 15%～25% } —人工催产后／生理死亡，自然退化→ Ⅱ期〔1.5%～2%〕—越冬→

Ⅲ期〔2.5%～4%〕—卵黄形成→ Ⅳ期 { 青鱼 10%～12%；草鱼 12%～15%；鲢鱼、鳙鱼 15%～25% }

(2) 雄鱼　雄鱼的精巢一般是在第Ⅳ期越冬，在正常的气候和培育条件下，从Ⅳ期发育到Ⅴ期大约需要 2 个月。长江流域青、草、鲢、鳙鱼类的精巢一般为 4 月上旬至 6 月上旬处于Ⅴ期，6 月中旬以后开始退化。人工催产或自然退化后的精巢处于Ⅲ～Ⅳ期。

2. 一年多次产卵类型性腺发育周期

一年多次产卵的罗非鱼等鱼类的卵巢，初级卵母细胞从Ⅲ时相进入Ⅳ时相，不是同步的，产卵后的卵巢仍然为Ⅳ期。在Ⅳ期卵巢中除了有卵径大小不同的Ⅳ时相卵母细胞外，还有Ⅱ、Ⅲ时相的卵母细胞。当第一次最大卵径的Ⅳ时相卵细胞发育到Ⅴ时相产出后，留在卵巢中接近长足的Ⅳ时相的卵母细胞，继续发育成熟，在第二次产卵时产出。这样，一年中卵巢发育出现多次消长变化，形成多次高峰。雄鱼的精巢发育也和雌鱼卵巢发生相适应的多次消长变化，出现多次高峰。因此，为多次产卵类型。

二、生殖方式

鱼类的生殖方式归纳起来大致有以下四种类型。

1. 卵生

绝大多数鱼类属于这种类型，鱼类将成熟的卵直接产于水中，体外受精，体外发育。也有少数鱼类是体内受精、体外发育，如软骨鱼类的猫鲨。

2. 卵胎生

其生殖特点是雄鱼有特殊的交接器，进行体内受精，受精卵在雌鱼输卵管内发育，但胚胎发育以自身的卵黄为营养源，与母体没有关系，或母体仅提供水分和矿物质等部分营养物质。如软骨鱼类的白斑角鲨、日本扁鲨、许氏犁头鳐等；硬骨鱼类的食蚊鱼、海鲫、黑鲪、褐菖鲉等。

3. 胎生

进行体内受精、体内发育，胚胎发育所需的营养来源于母体。如有些板鳃类雌体的输卵管发育为类似子宫的构造，其壁上有许多乳状突起，卵在体内受精后，胚胎与这些突起相连，形成类似胎盘的构造，称之为“卵黄胎盘”，母体的营养就通过这种胎盘输送给胚体。如软骨鱼类的灰星鲨、鸢魟等。

4. 单性生殖

鱼类的雌核发育是一种配子无融合的生殖方式。同种或近源种雄鱼的精子，只起刺激卵子发育的作用而不受精，不参与遗传物质的传递，育出的后代均为雌性，只具有母系形状。如黑龙江银鲫即属于此类型，生产上用异源精子（兴国红鲤）刺激银鲫的卵子进行雌核发育而培育出的异育银鲫，较其母本显示出了良好的生长性能，受到养殖者的欢迎。

三、鱼卵的生态类型

根据鱼卵的比重不同与生态特点，可以将鱼卵分为四种生态类型。

1. 浮性卵

浮性卵较小而透明，卵内大多含有一个至多个油球（脂肪滴），无黏性，由于其密度比水小，一经产出即浮于水面上或漂浮于水层中，随风向和水流而移动。大多数海洋真骨鱼类的卵属此类型，如大黄鱼、带鱼、真鲷、鲐、鲻、梭鱼、石斑鱼、花鲈大菱鲆、牙鲆等；少数淡水鱼产浮性卵，如乌鳢、斑鳢、鳗鲡等。

2. 黏性卵

黏性卵密度大于水，卵膜有黏性，产出后黏附在水生植物或其他物体上。如鲤、鲫、团头鲂、鲴、泥鳅、银鱼、鲟、胡子鲇等的卵产出后黏附在水草、木桩或岩石等附着物上，人工繁殖需要提供鱼巢。

3. 沉性卵

沉性卵的密度大于水，卵间隙较小，卵粒较大，产出后会很快沉入水底，多选择沙底或石砾底质，如大马哈鱼、虹鳟、罗非鱼、鮰、鲀等。

4. 漂浮性卵

这类卵的密度大于水，但产出后卵膜吸水膨胀形成较大的围卵周隙，使体积扩大密度减小，但仍大于水，在静水中沉底，在流水中随水漂流于不同的水层中发育，为江河鱼类所特有，如青、草、鲢、鳙、鲮、鳜等的卵为漂浮性卵或半浮性卵。这些鱼类在自然条件下，都是在江河急流中产卵繁殖，在人工繁殖条件下，应将受精卵放在环道或孵化缸中流水孵化。如果在静水中卵子聚集，胚胎会因缺氧而发育畸形和死亡。

四、产卵场及其产卵条件

1. 产卵场

水体中某一区域在一定时期具备了某种鱼类的产卵条件，鱼类会大批群集于此进行繁殖，该区域就成为这种鱼类的产卵场。鱼类对产卵场的要求极为多样化，这与卵的特性和卵子发育要求的条件有关。如果产卵场和产卵条件受到破坏，会影响鱼类的繁殖，成熟的亲鱼没有合适的产卵条件不会产卵，卵粒将被逐渐吸收，成熟的卵巢会退化。四大家鱼只能在大型江河中，具有特定生态条件的特定江段，完成发情产卵过程。这些鱼类的天然产卵场，以长江、珠江流域分布最多，黑龙江（鳙除外）、黄河、淮河、钱塘江、闽江及海南的某些江河也有分布。

2. 产卵的生态条件

产卵时所需的水温、水流、水质、盐度、底质、光线等理化因子、附着物、异性的存在及饵料基础等，称为鱼类的产卵条件。不同鱼类所要求的产卵条件是不同的。四大家鱼的产卵条件包括：第一，一般位于宽窄相同的江段，河床具深槽或深潭，沙砾、石砾底质，受水流冲击，而形成往上翻的“泡漩水”，使产出的卵容易受精。第二，一定的涨水条件，如大雨后山洪暴发，江水骤涨，水流湍急。不同鱼类对涨水要求不同，鳙鱼要求有较大涨幅才能大规模产卵，鲢鱼、草鱼只需涨水即可产卵，青鱼除涨水产卵外平水和微退水也可产卵。第三，产卵水温为18～31℃，最适宜的产卵水温为22～28℃。因此，除水温外，一定的水深、流速、流量，特别是“泡漩水”的形成，是四大家鱼自然产卵场所必要的条件。

3. 产卵习性

胎生或卵胎生鱼类由于进行体内受精、体内发育，一般不需选择产卵场所，而卵生鱼类在体外发育，为保证其后代的成活率，往往要对产卵场进行严格的选择。根据鱼卵的特性、产卵环境和鱼卵的胚胎发育特点，可以将卵生鱼类的产卵习性分为以下几种生态类型。

（1）水层产卵类型　又称为敞水性产卵类型，大多数鱼类属此类型，它们在水层中产卵，卵在水中处于悬浮流动状态，多为浮性卵或漂浮性卵。产浮性卵的鱼类要求产卵场为敞水区（湖、海），如乌鳢、鳜及大部分海洋鱼类；产漂浮性卵者要求有一定的水流，多在江河的中、上游产卵，并与洪水暴发、水位上涨有密切关系，如四大家鱼、鳡、鲮等。

（2）草上产卵类型　主要是产黏性卵的鱼类，亲鱼将卵产在沉水植物多的浅水区，卵一经产出即分散附着在水草茎叶上，故要求产卵场有水草等附着物以免落入水底死亡。如鲤亚科、鳊亚科、鲇形目的一些鱼类。

（3）石砾产卵类型　如产沉性卵或黏性卵的鱼类。产沉性卵者要求产卵场为石砾底，水质清澈，如大马哈鱼；产黏性卵的鱼类卵黏附于沙砾、石块上孵化，如中华鲟、麦穗鱼及鳅科部分鱼类等。

（4）营巢产卵类型　亲鱼在产卵前先筑巢，筑巢的材料有植物的茎叶、石砾、沙土及鱼自身吐出的气泡等，亲鱼将卵产在巢内，在巢中完成受精，并由亲体之一守护，驱赶入侵的敌害，修补巢穴和通气等。如刺鱼用植物碎片与体表分泌的黏液混在一起筑成椭圆形鱼巢；斗鱼及黄鳝在水面上吞气后沉入水底，将气泡呈泡沫状吹出筑成浮巢；乌鳢以水草筑成环状鱼巢；麦穗鱼、黄颡鱼及罗非鱼在水底挖坑筑巢；沙鳢在背风湖湾处选石穴、破瓦罐、蚌壳为巢；大马哈鱼在石砾底上用尾部掘坑筑巢等。

（5）体表产卵类型　受精卵附着于亲鱼体表、皮肤、额前或口腔、鳃腔、孵卵囊内发育。如罗非鱼繁殖时亲鱼用嘴和鳍在浅水泥底挖坑筑穴，在巢内产卵排精后，雌鱼即将卵和精子吸入口中受精和孵化，直到幼鱼能自由游泳摄食才脱离母体；海龙、海马的受精卵在雄鱼腹部的育儿囊中孵化。

（6）喜贝性产卵类型　亲鱼将卵产在软体动物体内发育，如淡水中的鳑鲏，雌鱼在生殖季节具有长的产卵管，将卵产在河蚌的鳃腔内发育，直至孵出鱼苗为止；生活在海边的一些鰕虎鱼、鳚等卵产在贻贝、牡蛎的空壳内等。

五、亲体护幼

有些鱼类在产卵后有保护幼体的习性，亲体护幼对提高卵和幼鱼发育的成活率和避免被敌害捕食有积极作用。据统计，硬骨鱼中无护幼者占 78%；雄性护幼者占 11%，如刺鱼、斗鱼、海马、海龙、棒花鱼；雌性护幼者占 7%，如罗非鱼；双亲护幼者占 4%，如乌鳢。雄性护幼者为多，这是因为要避免雌鱼耗能而影响繁殖力，也与体外受精和雄性的领域行为有关。具亲体护幼特性的淡水鱼多于海水鱼。凡是有护幼习性的鱼类，大多数营筑巢产卵。

第四节　神经和内分泌系统在鱼类繁殖中的作用

内分泌腺是鱼类机体内许多无分泌导管腺体的总称，腺细胞分泌物直接进入血管或淋巴管，通过血液循环而输送到所作用的部位。由内分泌腺产生的分泌物叫激素。激素是一种高效能的生物活性物质，血液中有微量激素存在时，其作用就很明显。激素的主要作用为：加速或抑制体内代谢过程；调节控制机体的生长、发育和生殖机能；维持机体内环境的稳定，增强机体对有害刺激和环境变化的耐受力。

鱼类的内分泌腺主要有脑垂体、甲状腺、性腺、胸腺、胰岛腺、肾上腺和尾垂体等（见图 5-8），其中与鱼类繁殖有关的主要内分泌腺有脑垂体、甲状腺和性腺。

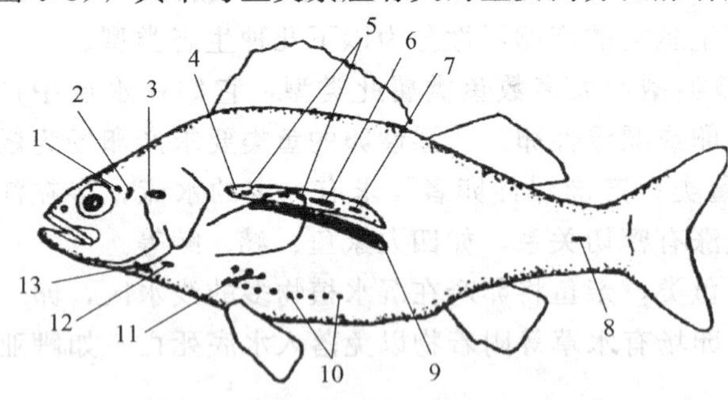

图 5-8　鱼类内分泌腺的分布
（引自苏锦祥，2000 年）
1—脑上腺；2—脑垂体；3—胸腺；4—肾脏；5—肾上腺肾上组织；6—肾上腺肾间组织；7—斯坦尼斯小体；8—尾垂体；9—性腺间隙组织；10—肠组织；11—胰岛；12—后鳃腺；13—甲状腺

下丘脑是鱼类脑的重要组成部分。由鱼类下丘脑神经分泌细胞产生的激素，按其作用性质可以分为两类：一类是释放激素，具有兴奋作用，引起脑垂体激素的释放；另一类是抑制激素，具有抑制作用，能够抑制脑垂体激素的分泌。它们统称为丘脑下部神经激素，在鱼类的繁殖活动具有重要作用。

一、性腺

性腺是产生精子和卵子的生殖器官，同时也是一种内分泌器官，能分泌性激素。卵巢分泌的激素为雌性激素，精巢分泌的激素为雄性激素。雌雄个体性激素的产生都在脑垂体促性腺激素的控制下进行，但是外界条件也是很重要的，如水流、水温、异性的存在等，都能加强性激素的分泌。

性激素直接或间接地与繁殖活动发生关系。性激素主要有三个方面的功能：一是刺激卵巢或精巢发育成熟，并使生殖细胞排出体外；二是刺激第二性征的发育和生殖活动的发生，当生殖细胞发育到准备受精阶段，性激素可诱使两性聚集在一起，以保证受精顺利进行，一些与性有关的行为如雌雄鱼追逐嬉戏、合抱交配及抚育幼鱼等也离不开性激素的作用；三是对垂体的促性腺激素具有负反馈作用，从而维持性激素的正常调节功能。

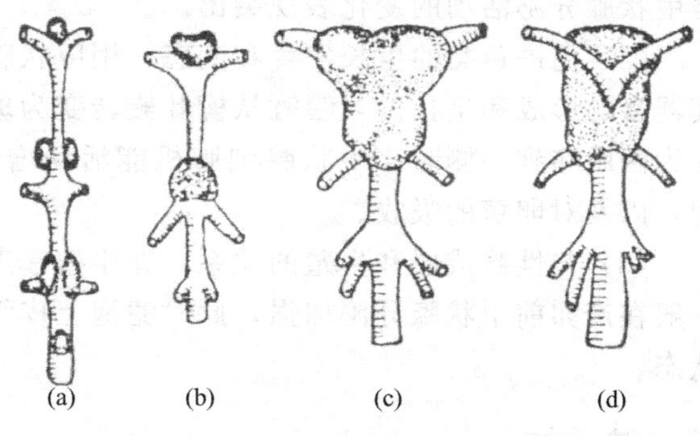

图 5-9　几种硬骨鱼类的甲状腺
（引自叶富良，1993 年）
（a）鲈鱼；（b）鲐鱼；（c）石鲷（背面观）；（d）石鲷（腹面观）

二、甲状腺

1. 甲状腺的结构

硬骨鱼类的甲状腺弥散性分布于前鳃弓附近的腹主动脉和鳃区间隙组织内，有的也随入鳃动脉进入鳃，某些鱼类的甲状腺泡弥散分布到眼、肾、头肾和脾等处（见图 5-9）。

鱼类甲状腺是由球形滤泡和滤泡间组织组成（见图 5-10）。滤泡大小不一，是甲状腺的功能和组织单位，滤泡腔内充满由滤泡上皮分泌的胶质物质——甲状腺胶质。甲状腺胶质中含有活性的甲状腺激素。滤泡间组织是指滤泡间细胞、结缔组织及微血管，起营养和传输作用。

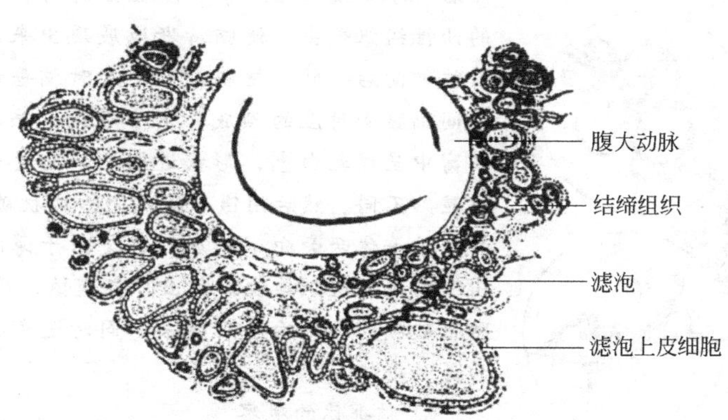

图 5-10　鲑的甲状腺组织
（引自李承林，2004 年）

滤泡壁由一层排列紧密的立方上皮组成。当甲状腺活动增强时，滤泡上皮呈高柱状；腺体机能减退时呈扁平状。甲状腺是一种储存腺体，其分泌物首先集中和储存在滤泡内，其中部分分泌物可以直接进入血液以应急。

2. 甲状腺的机能

甲状腺激素的主要作用是增强鱼类机体的新陈代谢，促进生长和发育成熟，与鱼类性腺发育和成熟的关系十分密切。

（1）促进鱼类的代谢　主要是和糖的代谢有关，如 2～3 龄幼鲑生长旺盛时，甲状腺活跃，而肝糖储量较低。其次，与离子的代谢也有密切关系，它能影响广盐性鱼类及溯河鱼类血液中的氯离子平衡，而且与水分的排出有关。水温与甲状腺的分泌活动也有密切关系，夏季水温高时甲状腺分泌机能较低，而冬季水温低时甲状腺分泌机能则较高，尤其以冷水性鱼类甲状腺分泌活动的变化表现突出。

（2）促进鱼类的生长发育和变态　用甲状腺激素处理正在生长发育的幼鱼，可明显加速其器官的形成和生长。当鳗鲡从柳叶鳗转变为玻璃样线鳗时，以及鲽形目鱼类从两侧对称转变为两眼移到一侧时，甲状腺细胞机能活动增强。抗甲状腺素药物能够延迟胚胎的孵化时间，以及对卵黄的吸收。

（3）与性腺成熟和生殖的关系　在生殖季节，甲状腺的分泌机能也表现出明显的变化。一般在产卵前甲状腺分泌加强，此时滤泡上皮细胞变高，产卵后分泌活动降低，或处于静止状态。

三、脑垂体

脑垂体是鱼类最重要的内分泌腺，它分泌的激素不仅作用于身体各种组织，对鱼体的一系列生理活动有重大作用，而且能调节其他内分泌腺体的活动，控制性腺、甲状腺和肾上腺的发育。

【脑垂体的摘取与观察】

1. 脑垂体的位置

鱼类的脑垂体位于间脑腹面，视神经交叉的正后方，嵌藏在副蝶骨背面，前耳骨内侧缘的小凹窝内。

2. 脑垂体的摘取方法

摘取脑垂体时，可从脑颅的背面入手，先将脑颅顶部的骨片用剪刀剪除或用刀削掉，使颅腔暴露，然后用纱布或卫生纸等吸湿性强的材料将脑组织上方和周围的油性组织吸去，使脑清晰地展现出来，再用镊子夹住脑的前端并向后翻转，把脑翻开，此时脑垂体与脑脱离关系。在与间脑腹面对应的颅底骨窝中寻找，脑垂体（见图 5-11）在凹窝中呈现乳白色，形状近圆形，与大米粒相似，与周围组织显然不同。然后用镊子尖端小心地挑破脑垂体外周的薄膜，并从脑垂体两旁向下稍压，将突出于薄膜外的脑垂体轻轻托出。脑垂体组织柔软，取出时要谨慎，尽量保持脑垂体完整，防止破损，而影响使用效果。同时避免将破碎的脑组织误认为是脑垂体。

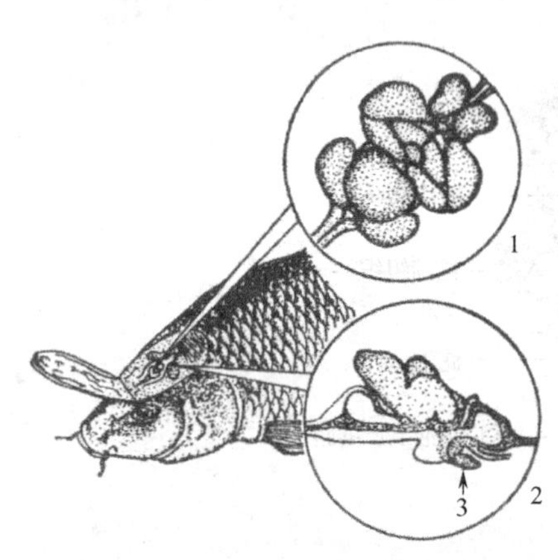

图 5-11　鱼类脑垂体的部位示意图

（引自曹克驹，2008 年）

1—鱼脑；2—脑纵切面；3—脑垂体

3. 脑垂体的观察

呈现乳白色，形状近圆形，与大米粒相似。

1. 脑垂体的结构

鱼类的脑垂体包括神经垂体和腺垂体两部分，腺垂体又分为前腺垂体、中腺垂体和后腺垂体三部分（见图 5-12）。

神经垂体由脑腹面突出部分形成，直接与间脑相连。神经垂体主要由神经纤维、血管及神经胶质细胞组成。神经垂体中没有腺细胞，不能合成激素，而是储存与释放神经分泌物的部位，它储存的物质是用来调节腺垂体中激素分泌的。腺垂体由口腔顶壁向上突出形成，能产生多种激素，其功能各不相同。

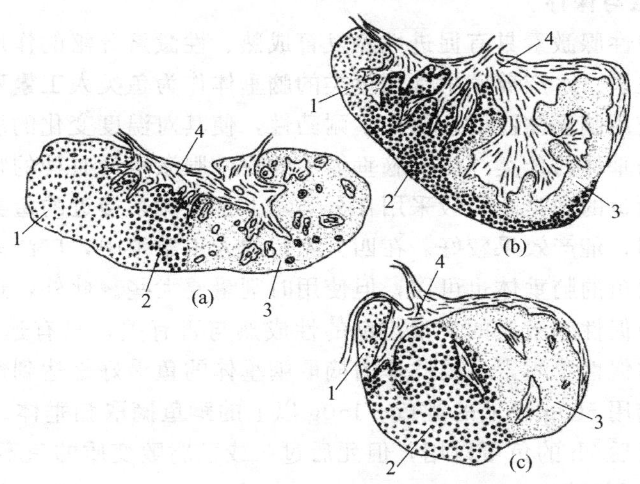

图 5-12 几种鱼类脑垂体切面
(a) 日本鳗鲡；(b) 鲈；(c) 杜父鱼
1—前腺垂体；2—中腺垂体；3—后腺垂体；4—神经垂体

2. 脑垂体的生理机能

鱼类的脑垂体分泌多种激素，对鱼类的生长、性腺发育、甲状腺和肾上腺的发育，以及体色等方面都有重要作用，其中对鱼类催产最有效的激素是促性腺激素。

(1) 生长激素（GH） 生长激素是由中腺垂体的生长激素细胞产生的一种非糖蛋白激素。除神经组织外，生长激素几乎对所有组织的生长都有刺激作用，能增加细胞的数量和体积。生长激素促进组织生长的作用主要是通过影响蛋白质、糖和脂肪代谢，增加细胞内氨基酸的积累和蛋白质的合成来实现的。

(2) 促性腺激素（GtH） 促性腺激素是由中腺垂体的促性腺激素细胞分泌的一种糖蛋白激素，这类激素能直接作用于性腺，所以称之为促性腺激素。促性腺激素一般有两种：促卵泡激素（FSH）和促黄体激素（LH）。FSH 能促进雌性动物卵泡成熟及分泌雌激素；能促进雄性动物精子的成熟。LH 能促进雌性动物排卵及卵黄生成，促进黄体分泌雌激素和孕激素；促进雄性动物间质细胞增生和分泌雄激素。鱼类 GtH 的氨基酸组成和排列顺序与哺乳动物的 FSH 和 LH 不同，是鱼类所特有的。因此，鱼类 GtH 的生物和免疫活性既类似于哺乳动物的 FSH 和 LH，又有鱼类所特有的生物和免疫活性。不同鱼类的 GtH，氨基酸组成和排列顺序不尽相同，这可能导致鱼类 GtH 生物活性的特异性。因此，在鱼类人工催情中，一般采用同种、同属或同科鱼类的脑垂体作催产剂，催产效果比较明显。家鱼人工催产，普遍采用鲤、鲫鱼类的脑垂体作催产剂，亦能取得良好的效果。

(3) 促甲状腺激素（TSH） 促甲状腺激素是由前腺垂体的促甲状腺激素细胞分泌的糖蛋白激素。它的主要生理功能是促进甲状腺的生长和功能，促进甲状腺激素的释放和合成。甲状腺激素对促进性腺发育过程中的代谢有积极作用。

(4) 促肾上腺皮质激素（ACTH） 促肾上腺皮质激素是由前腺垂体的促肾上腺皮质激素细胞分泌的激素，其主要生理功能是促进皮质增生及皮质类固醇的合成和分泌。

(5) 催乳素（PRL） 催乳素是由前腺垂体催乳素细胞产生的激素。它对鱼类主要起调节渗透压的作用，对维持体液及渗透压的平衡有重要作用，尤其是对交替生活在海洋、淡水中的鱼类十分重要。

3. 脑垂体的摘取与保存

脑垂体分泌的促性腺激素具有促进性腺发育成熟、性激素分泌的作用，而且与鱼类的排卵和产卵有着直接关系。水产养殖中常用鱼类的脑垂体作为鱼类人工繁殖的催产剂。但在人工催产中如果反复使用脑垂体注射，易产生耐药性，使其对温度变化的敏感性降低。

（1）用于摘取脑垂体的鱼类　由于脑垂体中的促性腺激素具有种的特异性，因此在摘取脑垂体时必须考虑到鱼的种类。一般采用在分类学上亲缘关系接近的鱼类，如同属或同种鱼类的脑垂体做催产剂，催产效果较好。在四大家鱼的人工繁殖中，广泛采用的是鲤鱼、鲫鱼的脑垂体，鲢鱼、鳙鱼的脑垂体也可以，但使用时剂量要大些。此外，还应考虑到鱼的成熟情况，因为脑垂体中促性腺激素的含量与鱼的性成熟与否有关，只有达到性成熟年龄的雌、雄鱼，才含有较多的促性腺激素，因此作为摘取脑垂体的鱼最好是达到性成熟或已接近性成熟年龄。生产上多选用500g以上的鲤鱼、150g以上的鲫鱼摘取脑垂体。供摘取脑垂体的鱼一定要新鲜，冬季死后2h的鱼可以用，但死后过久或已腐败变质的鱼不能用。

（2）脑垂体的摘取时间

① 脑垂体分泌GtH的变化规律：鱼类脑垂体的促性腺激素在一年中的含量是不同的，鱼类脑垂体细胞分泌GtH的变化规律与性腺发育和繁殖密切相关，因此了解和掌握促性腺激素的动态含量是十分重要的。赵维信等（1983年）发现，鲤脑垂体促性腺激素的分泌随季节变化，含量也不同。雌鲤亲鱼在产卵前的2～3月份脑垂体中GtH含量最高，产后的3～4月份GtH含量下降，10月份含量最低，11月起，脑垂体中GtH含量又逐渐回升。雄鱼脑垂体中GtH含量的周年变化与雌鱼相似，但早于雌鱼，这与雄鱼性腺先成熟相一致。雌、雄鲤成熟系数最大值的出现时间较脑垂体中GtH含量的最大值迟约1个月。

② 脑垂体的摘取时间：脑垂体中促性腺激素的含量具有季节变化，一般产卵前含量最高，产卵后含量最低，即在鱼类繁殖前的2个月内脑垂体的质量最好。因此在进行人工繁殖时，如果采用鱼类的脑垂体做催产剂，就要考虑什么时间摘取效果最佳。最好在繁殖季节前摘取，不宜用刚产过卵的鱼的脑垂体。摘取鲤鱼、鲫鱼脑垂体的时间通常在冬季大捕捞时或产卵前的春季进行，此时所获得的脑垂体，其促性腺激素含量高，催产时效果较好。

③ 脑垂体的摘取方法：见前面实验部分脑垂体的摘取与观察。

④ 脑垂体的保存方法：从鱼体上摘取下来的脑垂体，先放在手背上，用镊子小心清除表面黏附的血污和其他组织，然后浸泡在盛有丙酮的小玻璃瓶中，进行脱水脱脂处理，以便长期保存备用。如果没有丙酮，用无水酒精也可以。保存方法为：新鲜脑垂体与丙酮体积比为1：15，浸泡6h后取出，换入新的丙酮中，体积比为1：10，经过24～36h浸泡后，取出脑垂体放在干净的白纸上风干或用吸水纸吸干，切忌日光晒干或火烤。最后将干燥的脑垂体密封于有色瓶中备用，存放于低温、干燥、阴凉处，其保存有效期可达2～3年。也可以用蜡将小瓶塞周围密封后保存，或经过2次丙酮处理后将脑垂体放在新丙酮液中浸泡，密封瓶口保存，待翌年用时再晾干。质量上乘的脑垂体完整、饱满、颜色洁白，用手轻压即成粉末。新鲜脑垂体脱水后制成的干品重量为新鲜时的13%～17%。在1尾鲤鱼脑颅中取出50mg的脑垂体，制成干品后的重量大约为8mg。

四、下丘脑

1. 下丘脑及其分泌功能

下丘脑是鱼类脑的重要组成部分。下丘脑是间脑腹壁突出形成的漏斗体，漏斗体腔和第三脑室相通，由下丘脑发出的神经轴突经过垂体柄进入脑垂体前叶。下丘脑中含有大量的核团，是控制脑垂体分泌的神经元。对脑垂体分泌细胞的分泌活动有明显影响的核团有两类：一类称视前核，另一类称结节外侧核。视前核产生的神经激素主要释放到垂体神经部与垂体腺体部之间的血液通道；结节外侧核的神经纤维直接分布到脑垂体间叶的嗜碱性细胞，并在连接处释放激素。这些激素通过血液循环或由神经末梢直接传递，能促进脑垂体分泌细胞的分泌活动。

鱼类下丘脑神经分泌细胞产生的激素，按其作用性质可以分为两类：一类是释放激素或称为释放因子，具有兴奋作用，引起脑垂体激素的释放；另一类是抑制激素或称为抑制因子，具有抑制作用，能够抑制脑垂体激素的分泌。它们统称为丘脑下部神经激素。

2. 促性腺激素释放激素（GnRH）

经研究证实，鱼类的下丘脑中存在促性腺激素释放激素（GnRH），并在结构上彼此类似。用鲤鱼下丘脑抽取液灌注鲤的心脏，2min 后，其血液中的 GtH 显著升高到 400ng/ml 血，其效应与注射合成的促黄体素释放激素（LRH）相同。可见，下丘脑中含有 LRH，而且 LRH 的含量与脑垂体的 GtH 含量直接有关。

鱼类下丘脑分泌 LRH 的神经分泌细胞，随季节和年龄的变化而变化。性成熟后的青、草、鲢、鳙鱼，下丘脑的神经分泌细胞在产卵前期和产卵后分泌颗粒少，临产时细胞中充满分泌颗粒，这和性周期、垂体间叶细胞的变化一致。

3. LRH 及其类似物（LRH-A）**的生理功能**

目前已知在脊椎动物的下丘脑中有 6 种释放激素，其中 LRH 和鱼类的繁殖活动关系密切。LRH 是一种小分子多肽，仅以 ng 的量存在于下丘脑中。天然或按照其结构人工合成的 LRH，对牛、马、羊、猪、鱼等都呈现很高的生物活性。但是，对鱼类催产的用量要比哺乳动物高出百倍，这可能是由于鱼类的 GnRH 结构和哺乳动物有差异，或者是垂体上的受体结构不同。

为了提高 LRH 对鱼类的催产效果，从改变构型着手，我国学者 1975 年合成了 LRH 的类似物（LRH-A）。LRH-A 能抵制酶的破坏，延长其在体内的滞留时间，活性比 LRH 高数十倍甚至上百倍。因此，LRH-A 已成为我国当前鱼类人工繁殖广泛应用的重要催产剂。

LRH 和 LRH-A 都能刺激脑垂体间叶嗜碱性细胞强烈的分泌活动，释放 LH 和 FSH。不同的是，对脑垂体释放 LH 的效应较强，而对脑垂体释放 FSH 的效应较弱。LRH 和 LRH-A 能诱导各种动物 GtH 的合成和释放，进而诱导排卵（排精）和产生性腺类固醇激素。草鱼注射 LRH 后，四种卵巢酶的反应都非常活跃。这些酶的变化与卵巢类固醇激素的合成和促进卵子最后成熟排卵有密切的关系。

在催产季节或催产季节之前，对青、草、鲢、鳙等性腺发育较差的个体注射低剂量的 LRH-A 有良好的催熟效果。经注射后的雌鱼趋向同步成熟，雄鱼能大量增加精液。这种催熟效果比用鲤、鲫的脑垂体或 HCG 催熟效果更好。

4. 促性腺激素释放激素抑制激素（GRIH）

实验证明，在鱼类的下丘脑中不仅存在着促性腺激素释放激素（GnRH），而且存在着促性腺激素释放激素抑制激素（GRIH）。GRIH 可能来源于视前核。Peter 等（1983 年）发现，性腺退化的金鱼视前核 GRIH 部位被损伤时，血清中的 GtH 未见上升或很少上升；但是，性腺成熟期的雌金鱼视前核 GRIH 部位被损坏时，就出现 GtH 水平上升。这说明 GRIH 的作用在性腺退化的雌金鱼中不很重要，而在性腺发育期脑垂体 GtH 水平增高过程中，GRIH 对 GtH 的释放有重要的调节作用。

鱼类的 GRIH 的结构特性，现在尚不清楚。目前仅通过试验证明多巴胺在硬骨鱼类中起着与 GRIH 相同的作用。多巴胺既能抑制脑垂体分泌 GtH，又能抑制下丘脑分泌 GnRH。

五、下丘脑-脑垂体-性腺的相互作用

鱼类的繁殖过程是一个复杂的生殖生理过程，只有通过外界环境条件的刺激和体内各相关组织器官之间的相互协调作用才能完成。

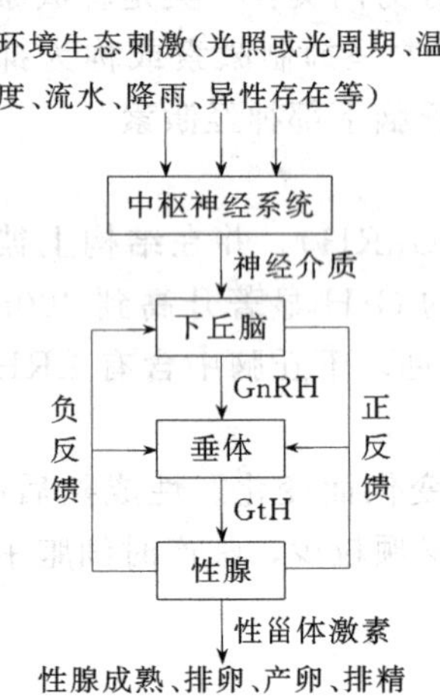

图 5-13 下丘脑-脑垂体-性腺轴心的自控作用示意图

在鱼类的性腺发育、成熟、排卵、产卵或排精的过程中，中枢神经系统通过外部感觉器官——视觉器官、触觉器官和侧线器官等接受外界环境条件，如温度、光照、水流和异性存在的刺激，把信息传递到大脑，激发神经分泌细胞释放出一类小分子的神经介质如多巴胺、去甲肾上腺素和羟色胺等，经过神经末梢突触间隙把信号传递至下丘脑，刺激下丘脑神经分泌细胞合成和分泌 GnRH，GnRH 通过毛细血管或神经纤维直接传递到垂体间叶，激发垂体间叶嗜碱性细胞合成和分泌 GtH。GtH 进入血液循环，到达性腺，刺激性腺生成并分泌性腺类固醇激素，促使精子、卵子的发育成熟，以及排卵、产卵或排精的性行为。

在整个性腺发育成熟和排卵、产卵或排精的过程中，如果性腺类固醇激素生成和分泌量过多，它可以通过负反馈发出信号到下丘脑和脑垂体，抑制 GnRH 和 GtH 的分泌；如果生成和分泌量过少，则可以通过正反馈促使下丘脑和脑垂体进一步分泌 GnRH 和 GtH。这样上通下达，层层传导，相互联系配合，协调制约，形成了以下丘脑-脑垂体-性腺为轴心的自动控制的生殖生理传导反射系统（见图 5-13），从而完成鱼类的整个繁殖过程。

【思考题】

1. 名词解释

游离卵巢　封闭卵巢　壶腹型精巢　辐射形精巢　成熟系数　绝对繁殖力　相对繁殖力　产卵场

2. 以四大家鱼为例，试述鱼类卵巢和精巢发育各期的特点。
3. 如何鉴别亲鱼的成熟度？
4. 试分析环境因子对鱼类性腺发育的影响。
5. 简述青鱼、草鱼、鲢鱼、鳙鱼、鲤鱼、鲫鱼、团头鲂、泥鳅、虹鳟、乌鳢、黄鳝、罗非鱼、黄颡鱼、鳜鱼、斑点叉尾鮰等主要养殖鱼类雌雄亲鱼的鉴别方法。
6. 举例说明鱼类的繁殖方式。
7. 四大家鱼产卵场的产卵条件有哪些？
8. 如何摘取鱼类的脑垂体？
9. 试述鱼类脑垂体的基本结构、分泌的主要激素及其生理功能。
10. 简述鱼类甲状腺的结构和生理机能。
11. 简述鱼类下丘脑-脑垂体-性腺在鱼类繁殖过程中的相互作用。

第六章　鱼类的发育与生长（兼实验观察）

【技能目标】

1. 能够通过切片观察鱼类精子、卵子的形态和卵子的发育时期。

2. 能够鉴别精液的质量，区分适当成熟卵、过熟卵和未成熟卵。

3. 知道影响鱼类精子寿命和活力的外界因素，可正确保存精子。

4. 在鱼类的繁殖生产中，能够进行人工受精，获得鱼类的受精卵，观察鱼类的胚胎发育过程，熟练掌握各期的特点。

5. 熟知影响鱼类胚胎发育和仔鱼存活的环境因子，能正确控制鱼类人工孵化的环境；熟知影响鱼类仔鱼存活的生态因子，能在生产中科学控制。

6. 能够鉴别鱼苗和夏花鱼种的质量。

7. 熟知鱼类的生长规律和影响鱼类生长的环境因素，合理控制鱼类的养殖生产，获得最好的经济效益。

8. 能够用鳞片、耳石、鳍条、鳍棘、支鳍骨、脊椎骨、鳃盖骨和匙骨等材料来鉴定主要经济鱼类的年龄。

鱼类一生的发育可分为胚前发育、胚胎发育和胚后发育三个阶段：胚前发育指精子与卵的发生和发育过程；鱼类的胚胎发育和胚后发育过程又可划分为胚胎期、仔鱼期、稚鱼期、幼鱼期、成鱼期和衰老期 6 个时期，每一时期都有其各自的形态和生理特点。鱼类的生长是在不断的新陈代谢过程中物质和能量积累的结果，表现为体长和体重的增长。由于环境对鱼类的生长有较大的影响，并会在骨骼上留下痕迹，可用来鉴别鱼类的年龄。研究鱼类的生长状况和规律，确定性成熟年龄，可为掌握鱼类资源蕴藏量并预测资源的变动，科学养鱼和合理捕捞提供理论依据。

第一节　生殖细胞

【鱼类生殖细胞的观察】

观察生殖细胞的材料可用新鲜的鲤鱼、鲫鱼，也需要用经过染色处理的切片。

1. 卵子的观察

鱼体解剖后，将整个卵巢呈现出来，随机取不同数目的卵粒，在解剖镜或显微镜下观察。

(1) 卵子的形态　多数鱼类的成熟卵呈圆球形。

(2) 测量卵径　测定前，先用台测微尺将目测微尺每一格的实际长度标定出来。目测微尺为 10 大格、50 小格，如用台测微尺标定其长度为 5mm，则目测微尺每 1 小格为 0.1mm。然后随机从卵巢中取 200 粒卵，用目测微尺测量卵径。测定活体卵应带水操作，以防止离水后因失水而造成误差；如果卵为椭圆形或不规则形，应测其最大卵径和最小卵径，取其平均值作为卵径。

(3) 卵子结构的观察　通过切片观察鱼类的卵核、卵质和卵膜。

(4) 观察卵所处的发育时期　多数鱼类卵子的发育过程可以分为 6 个时期（时相），每期的发育特点见本节内容。

(5) 卵子质量的鉴别 在鱼类的繁殖季节结合生产实践，鉴别适当成熟卵、过熟卵和未成熟卵。

2. 精子的观察

(1) 通过切片观察精子的形态、结构和发生过程。

(2) 在鱼类的繁殖季节结合生产实践，观察精子的活力，鉴别精液的质量。

一、卵子

1. 卵子的形态

大多数硬骨鱼类的成熟卵呈圆球形，这种形状的卵受力均匀，所受阻力最小，有利于发育，如青鱼、草鱼、鲢鱼、鲂、鲤鱼和鲫鱼等的卵子。但有些鱼类的卵由于具有各种形态的卵膜，从而使卵子呈现不同的外形，如圆柱形、梭形、管柱形、半球形等。

鱼类卵子的大小也因种类而异。一般卵生鱼类，尤其是产卵后不进行护卵的鱼类，所产的卵较小，产卵量大；胎生和卵胎生鱼类的卵子较大，产卵量小。卵大有利于仔鱼初次摄食、生长、避敌，并可提高成活率。

2. 卵膜

卵膜是覆盖在卵子外面的膜状结构。成熟卵子的外面通常有两层膜：一是卵黄膜，也叫初级卵膜；二是初级卵膜外的次级卵膜，次级卵膜遇水后大都产生很强的黏性，在卵的周围形成很厚的胶质层，使卵黏于水中的物体上，如鲤鱼、鲫鱼、团头鲂、泥鳅等。软骨鱼类在这两层卵膜外还有一层由卵壳腺分泌的卵壳，称为三级卵膜。因此，软骨鱼类的卵虽为圆形或卵圆形，但其外的卵壳形状各异（见图6-1）。

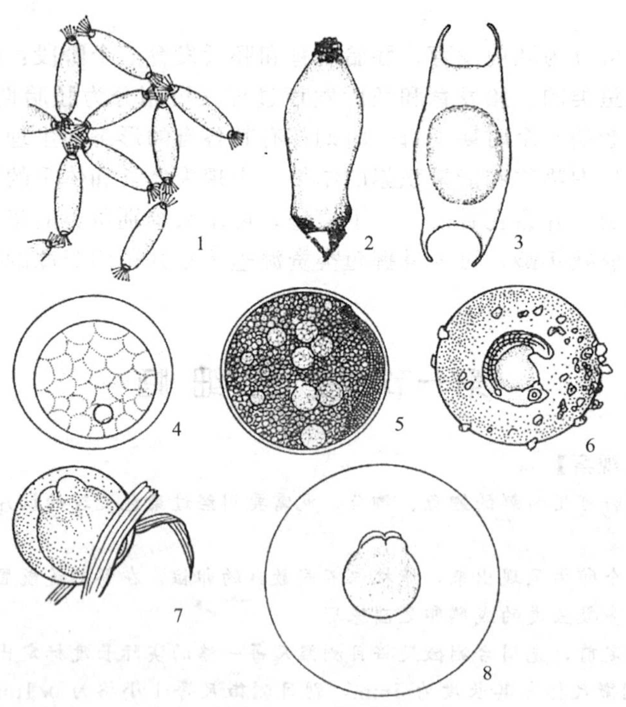

图 6-1 各种鱼类卵的形态

1—盲鳗（示卵囊端部丝状突起末端小钩互相联络）；2—梅花鲨（示角质卵囊）；3—何氏鳐（示角质卵囊）；4—斑鳗（浮性卵、单油球）；5—凤鲚（浮性卵，多油球）；6—棒花鱼［沉(黏)性卵］；7—鲤鱼（沉/黏性卵）；8—草鱼（半浮性卵、示卵周隙）

3. 卵质与卵核

（1）卵质　即卵子的细胞质，鱼类卵子的细胞质极为丰富，其中含有丰富的卵黄物质。在胚胎发育过程中，卵黄物质是重要的营养物质，而在鱼类早期发育过程中，卵黄囊期则是鱼类由内源性营养向外源性营养转化的一个关键时期。

（2）卵核　即卵子的细胞核，由核膜、核质、核仁和核染色质四部分组成。成熟卵子的卵核移向卵子的一侧形成动物极。在鱼类繁殖中可以依据卵核的偏移程度（位于中心无偏移、1/4 偏移、1/2 偏移、3/4 偏移等）来判断卵的成熟度。

4. 卵子的发育分期

根据卵子形成过程中的细胞学特征，大多数鱼类卵子的发育过程可以分为 6 个时期（时相）。

（1）第Ⅰ期　卵原细胞向卵母细胞过渡的阶段，此时的卵巢为第Ⅰ期卵巢。

（2）第Ⅱ期　初级卵母细胞的小生长期，此时的卵巢为第Ⅱ期卵巢。

（3）第Ⅲ期　初级卵母细胞进入大生长期，卵母细胞体积显著增大，开始沉积卵黄。以第Ⅲ期初级卵母细胞为主的卵巢为第Ⅲ期卵巢。

（4）第Ⅳ期　仍是大生长期的初级卵母细胞，卵母细胞达到最终大小，整个细胞质内充满卵黄。本期末的卵母细胞可以接受人工催产，能对催产药物和外界环境起反应，即排卵反应。这种卵母细胞即达到了**生长成熟**。以第Ⅳ期初级卵母细胞为主的卵巢为第Ⅳ期卵巢。

（5）第Ⅴ期　由初级卵母细胞经过成熟分裂向次级卵母细胞过渡的阶段。初级卵母细胞细胞质中的卵黄颗粒开始融合，核膜消失，进入第一次成熟分裂，排出第一极体，进入第二次成熟分裂期。此时卵粒排出滤泡之外，落到卵巢腔中成为游离的成熟卵，能接受正常的精子和受精。这时的卵称为**生理成熟**的卵子。在静水域生长的青鱼、草鱼、鲢鱼和鳙鱼等鱼类的卵母细胞，只有经过人工催情后才能发育到此期。鲤鱼、鲫鱼、鲈鱼、牙鲆等鱼类的卵母细胞可自行发育到此期。以处于流动状态的第Ⅴ期的次级卵母细胞为主的卵巢为第Ⅴ期卵巢。

（6）第Ⅵ期　卵母细胞开始退化期。当第Ⅳ期卵母细胞体积达到最大，即生长成熟之后经过一段时间（约 20 天），如果不进行人工催产，就会趋向生理死亡或自然退化。此期的卵巢为第Ⅵ期卵巢。产完卵后的卵巢，主要为第Ⅱ期的初级卵母细胞和已经排出卵的空滤泡膜，还有少量未产出的成熟卵正在退化吸收。

卵细胞进行成熟变化时，成熟卵细胞的滤泡膜破裂，成熟的卵细胞排出滤泡之外，落到卵巢腔中成为游离的成熟卵，此过程称为**排卵**。已经完成成熟和排卵，在卵巢腔中处于游离状态的成熟卵，在适宜的条件下，从卵巢腔经生殖孔产出体外，此过程称为**产卵**。在正常情况下，排卵和产卵是紧密衔接的，排卵后卵子可以很快产出体外，卵子产出体外受精后放出第二极体，完成第二次成熟分裂。卵子成熟期一般很快，仅数小时便可完成。

在鱼类的人工繁殖中，经常提及过熟一词。过熟的概念包括两个方面：即卵巢发育过熟和卵子过熟。**卵巢发育过熟是指卵的生长过熟**。当卵巢发育到第Ⅳ期中期或末期时，卵母细胞已经生长成熟，正等待合适的条件进行成熟分裂，此时的亲鱼已达到可催产的程度，人工繁殖生产称**亲鱼已成熟**。在此等待期内注射催产剂能产生正常的排卵反应，可获得较好的催产效果。但等待时间有限，过了等待期，卵巢对催产剂不敏感，不能引起亲鱼正常排卵。这种由于催产不及时而引起卵巢发育过熟的现象，称为卵巢发育过熟。

卵的过熟是指卵的生理过熟。已经排出滤泡的成熟卵，由于未能及时产出体外或未能及时人工受精而失去受精能力，即成熟卵因条件不适应，错过了产出时间，而变成过熟卵退化、吸收。一般排卵后，卵在卵巢腔中成熟的时间只有 1～2h，此时的卵称为成熟卵或适当成熟卵；超过了此时的卵称为过熟卵；尚未达到此时的卵称为未成熟卵。

5. 卵子质量的鉴别

卵子质量主要根据卵子的颜色、大小、卵膜弹性和膨胀速度等鉴别。通常把产出的卵分为适当成熟卵、过熟卵和未成熟卵三大类。

(1) 适当成熟卵的特征　产卵顺利而集中，卵子流出母体时有一定的黏滞性；卵子晶莹透亮，饱满均匀；颜色依种类而异，呈黄色或青灰色或其他颜色，但色正而具有光泽；卵子遇水后吸水力强，卵膜弹性强，膨胀快。这种卵的质量好，受精率高，但在鱼体内一般只能维持2h左右，如果不产出，就会成为过熟的卵。所以人工受精时应掌握这个时期。

(2) 过熟卵的特征　产卵顺利而集中，但产出卵的颜色呈卵灰白色或灰黄色等（因种而异），无光泽，弹性差，入水后膨胀慢；缺乏适当的黏性；卵膜皱缩。这种卵受精率极低，即使受精发育也不正常，多为畸形胚胎。卵子过熟多是因为催产晚、鱼体受伤、外界环境突变或人为干扰等因素造成的。过熟卵中有部分是死卵。

(3) 未成熟卵的特征　卵径小，核未极化，不透明，色素不鲜明，吸水力差，膨胀慢，卵粒大小不整齐。

四大家鱼卵子质量鉴别要点如表6-1所示。

表6-1　四大家鱼卵子质量鉴别要点

性　状	质　量	
	适当成熟卵	不成熟卵或过熟卵
颜色	鲜明	暗淡
弹性	卵球饱满，弹性强	卵球扁塌，弹性差
吸水情况	吸水膨胀速度快	吸水膨胀速度慢，卵吸水不足
鱼卵在胚盘上静置时胚胎所在位置	胚盘（动物极）侧卧	胚盘朝上，植物极向下
胚胎卵裂	卵裂整齐，分裂球清晰，发育正常	卵裂不规则，分裂球大小不一，发育不正常

二、精子

1. 精子的形态结构

精子是经过变态的成熟精细胞，体积小而活力强。硬骨鱼类的精子一般只有20～60μm，如白鲢为30μm，鲽为35μm，鲑为60μm；软骨鱼类的精子较长，如刺鳐的精子长达215μm。硬骨鱼类精子形态结构均为鞭毛型（见图6-2），由头、颈、尾三部分组成。主体是头部，具一较大的细胞核，核外有很薄的原生质，前部有钻孔体或顶体，以便于精子入卵完成受精；颈部很短；尾部细长，呈鞭毛状，为推进器。

2. 精子的生物学特性

(1) 精子的质量和活力　鱼类的精液中含有大量的精子。青鱼、草鱼、鲢鱼、鳙鱼、鲤鱼、团头鲂等主要养殖鱼类的精液密度大都在（200～400）×10^8/mL之间。好而浓的精液中精子数量多一些，差而稀的精液中精子少一些；繁殖季节中期精液中精子的密度高一些，早期和晚期精子的密度稀一些。可用肉眼观察精液的流出情况、颜色、黏稠度等来评价精液的质量。用肉眼看，优质的精液呈浓乳状，乳白色，精液量大，轻轻触摸精巢即可排出，精液遇水后立即散开；反之，精液呈稀水状，粉白色，有时带有血丝，通常为过熟或排过精子的雄鱼的精液；牙膏状、遇水不易散开的精液则为不成熟的精液。也可以通过精子在水中的活力试验观察精子的活力：把一点儿精液放在载玻片上，滴一滴水，精液会产生“涡动”现

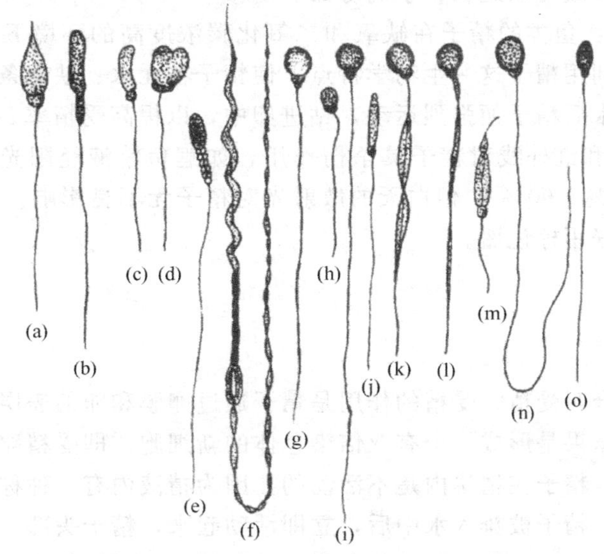

图 6-2 各种鱼类的鞭毛型精子
（引自楼允东，1996 年）
（a）肺鱼；（b）七鳃鳗；（c）绵鳚精子侧面观；（d）绵鳚精子正面观；（e）魟；（f）鳐；（g）梭鱼；（h）鳟；（i）鲑；（j）鲟；（k）鲈；（l）狗鱼；（m）鳗鲡；（n）鲂；（o）金鱼

象。“涡动”越剧烈，“涡动”时间越长，说明精子活力越好。

（2）精子的寿命　精子在精液中是不活动的，遇水便开始激烈运动，不久便死亡。精子在水中活动所持续的时间称为寿命。精子的寿命甚短，淡水真骨鱼类仅几十秒至数分钟，鲢鱼、草鱼的精子在淡水中的寿命一般为 50～60s，中华鲟精子寿命为 5～40s。海水真骨鱼类精子存活时间略长。由于精子在水中的寿命很短，人工授精时动作要快。

精子在水中寿命短的主要原因是本身含有的原生质非常少，缺乏供运动消耗的能量储备。精子在水中活动时，只有部分能量消耗在运动方面，大部分能量消耗在调节渗透压方面。在低温或等渗的溶液里或弱酸性水环境中，精子寿命会延长。

（3）影响鱼类精子寿命的外界因素　主要有盐度、温度、pH 值和光线等。

① 盐度：水环境的盐度对精子的寿命和活力影响较大，其影响是通过渗透压而实现的，这是由于精子原生质与水的盐分不同，海淡水鱼类的精子入水后均要消耗大量的能量来调节渗透压，从而影响精子的寿命和活力。在等渗液（生产上常用蔗糖液、任氏液等）中，精子的寿命和活力则大大提高。因此认为淡水鱼类的受精过程在等渗溶液中进行，或干法受精，都比在淡水中好，可提高受精率。

② 水温：各种鱼类精子的活动都要求一定的适宜温度，水温过高或过低都不利于精子成活。四大家鱼精子的寿命在水温 22℃时最长为 50s，30℃和 0℃时分别为 30s 和 20s。精子的寿命在一定范围内随温度升高而缩短的主要原因是：温度越高，精子代谢强度越大，活力也越强，本身能量很快耗尽。相反，低温能够降低精子的代谢活动，故能延长精子寿命。因此生产上常采用低温方法保存离体精液，温度越低保存时间越长，如家鱼冷冻精液可在液氮中保存 60～90 天（最长超过 700 天）而不影响受精率。

③ pH 值：鱼类的精子在弱碱性水中活动力最强。如鲤鱼精子在 pH 值 7.2～8.0 水中活动力最强，金鱼精子在 pH 值 6.8～8.0 时受精率最高。而在弱酸性水溶液中，能麻醉精

子，降低其代谢活动，故可以延长精子的寿命。

④ 氧和二氧化碳：鱼类的精子在缺氧和二氧化碳浓度高的环境下活动受到抑制，寿命延长。干法受精就是利用精子这一生物学特点，使精子在无水、缺氧条件下均匀分布于卵子表面，延长寿命，加水后精子便强烈运动，钻进卵中，以提高受精率。

⑤ 光线：紫外线和红外线对精子具杀伤作用，如鲤鱼精液经阳光直接照射 10～15min 后，精子死亡率达 80%～90%，但白天的散射光对精子无不良影响。故人工受精应避免阳光直射。保存精液最好用棕色瓶。

三、受精

1. 自然受精

卵子和精子的结合叫受精。受精的作用是精子通过卵膜和卵的表层原生质与卵核结合的一系列过程。受精的结果是形成一个有双倍染色体的新细胞，即受精卵。大多数鱼类的受精是在水环境中完成的。精子在精巢内是不活动的，因为精液内有一种称为雄配子素Ⅰ的分泌物能抑制精子的活动，精子被排入水中后，立即活动起来，精子头部（顶体）能够分泌一种类胰蛋白酶的物质，可以溶解受精孔处的卵膜，使精子通过受精孔进入卵内，随后受精孔关闭，以防止其他精子入卵。所以鱼类为单精受精，多精受精现象很少发生，此后精卵细胞核融合，完成受精过程。主要养殖鱼类的受精过程可大体分为受精膜的形成、胚盘的形成及雄、雌原核形成与融合等几个阶段。青鱼受精后的形态学变化如图 6-3 所示。

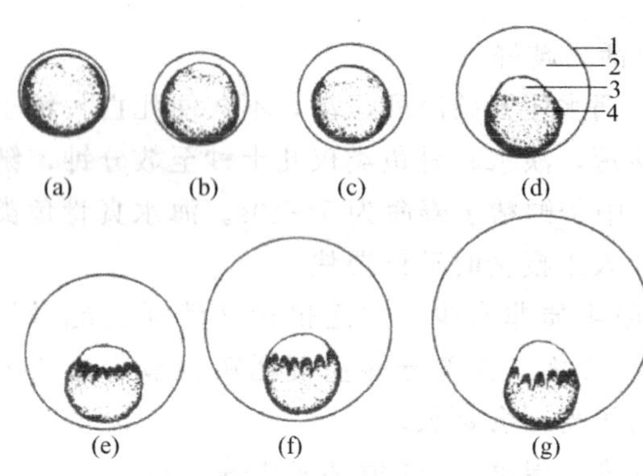

图 6-3 青鱼受精的形态学变化

（引自楼允东，1996 年）

（a）成熟未受精卵；（b）受精后 3min；（c）受精后 6min；（d）受精后 8min；（e）受精后 15min；（f）受精后 25min；（g）受精后 45min

1—受精膜；2—围卵周隙；3—胚盘；4—卵黄

2. 人工受精

（1）干法受精　将发情至高潮或到预期发情产卵时间的亲鱼捕起，一人抱住鱼，头部向上尾部向下并用手按住生殖孔，以免卵子流到水中，另一人用手握住尾柄并用毛巾将鱼体腹部擦干，然后用手柔和地挤压腹部（先后部，后前部），把鱼卵挤入盆中，盆中不要带进水，然后把精液挤于鱼卵上，用羽毛或手均匀搅动 1min 左右后，加水，用水冲去多余精液，最后将卵放进孵化器中进行孵化。

（2）湿法受精　把精液和卵子同时迅速挤入盛水的盆中，带水受精，搅拌均匀。

（3）半干法受精　卵子加入少许水，之后挤入精子，搅匀。

人工受精时要组织配合好，操作要轻，避免亲鱼受伤，不要让阳光直射。一般自然受精产的精、卵质量较好，亲鱼受伤机会少，因此，当亲鱼性腺成熟、体质健壮、雌雄比例合适时，应尽量进行自然产卵、受精，或以自然受精为主，人工受精为辅。

第二节　鱼类的胚胎发育

【鱼类胚胎发育过程的观察和操作方法】

本实验应在鱼类繁殖季节结合生产实习完成。观察种类应根据所在地区的具体条件而定，既要有一定的代表性，又要容易获得。选用刚受精的受精卵，或用性腺发育成熟的鲤鱼、鲫鱼、鲢鱼、鳙鱼、鲂鱼、花鲈鱼、罗非鱼等鱼类的雌雄亲鱼人工采卵受精获得受精卵。如不能进行活体胚胎发育观察，也可观察不同发育阶段的固定胚胎标本。

1. 受精卵的获得

可以从进行鱼类人工繁殖的生产单位直接获得，也可以自行人工采卵受精获得。一般采用干法受精：取完全成熟的亲鱼，擦干鱼体及器皿的水分，先将鱼卵挤入500mL的量杯中，再将精液挤入100mL的量杯中（也可以直接挤在卵上），用吸管取一定量的精液滴入卵中，精液用量为卵容量的1/10。然后用毛笔轻轻搅拌使精卵充分混合，静置3～5min后，用清水轻轻洗去多余的精液和污物，再将受精卵倒入装有清洁淡水或海水的培养缸中。若是鲫鱼、鲤鱼等黏性卵，受精后可不必洗卵，直接用毛笔渍受精卵，轻轻均匀撒入放有棕榈皮和水的培养缸中。

2. 受精卵的测量和受精过程的观察

(1) 受精卵卵径的测量　随机选取卵20～30粒，在显微镜下用目测微尺测量卵径，以及卵吸水后产生的卵周隙。测量时要取平均值作为卵径。

(2) 受精后卵的变化　受精后立即随机取一定量的卵，在显微镜下连续观察，可见到精子入卵后受精膜形成、胚盘形成和雄、雌原核的形成与融合，以及受精1～2h后发生的卵裂等一系列变化。

(3) 受精率的测定　在卵裂开始后未受精卵开始变得浑浊、不透明，此时可随机取一定数量的卵放入培养皿中，在解剖镜下检查受精卵的百分比。至原肠期未受精卵死亡变白，特征更为明显，用肉眼即可进行计数，以测定其受精率。

3. 胚胎发育过程的观察

主要养殖鱼类的胚胎发育可以分为卵裂期、囊胚期、原肠期、神经胚期、尾芽期、出膜期和仔鱼期，各期的发育特点见本节内容。

4. 孵化率的统计

计算孵出仔鱼占受精卵总数的百分比。

一、胚胎发育分期

胚胎期是指从受精卵发育到仔鱼前期的整个过程，即在卵膜内进行发育的时期。生产上的孵化阶段则包括鱼苗下塘前的整个过程。主要养殖鱼类的胚胎发育可以分为**卵裂期、囊胚期、原肠期、神经胚期、尾芽期、出膜期**和**仔鱼期**。仔鱼期属于胚后发育期，是指刚孵出的鱼苗到下塘前的一个时期。该期的鱼苗仍以卵黄为营养，即行内源性营养生活。硬骨鱼类初孵仔鱼的形态结构与成体相比有很大的差异，其体内和体表的部分器官尚未形成或未发育完善，需在破膜后继续发育，如鳔、消化道及鳍条等器官。鱼类胚胎在破膜后继续发育的特点是：胚胎继续增长；长出胸鳍；由消化道背壁细胞分化形成

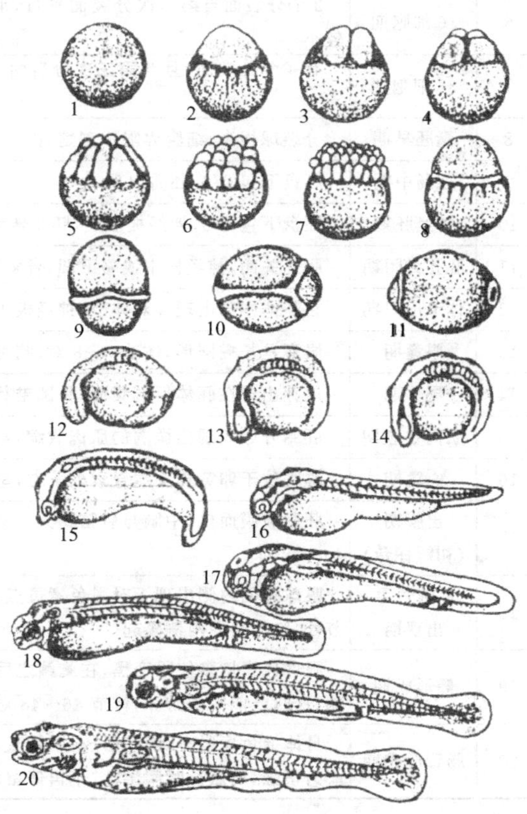

图6-4　鲢鱼的胚胎发育
（引自王吉桥等，2000年）
1—受精卵；2—胚盘形成；3—2细胞期；4—4细胞期；5—8细胞期；6—16细胞期；7—32细胞期；8—囊胚早期；9—原肠胚期；10—神经胚期；11—胚孔封闭期；12—体节出现期；13—眼囊期；14—尾芽期；15—肌肉效应期；16—心跳期；17—出膜期；18—眼球色素出现期；19—鳔形成期；20—肠管形成期

鳔（生产中称为腰点）；体表色素逐渐增多；卵黄囊逐渐因被吸收而缩小，最终消失。当卵黄囊即将耗尽时，仔鱼已可以开口主动摄食，各器官基本完备，此时鱼苗可以从孵化器中移至室外育苗池中下塘饲养。各期的发育特点见组织胚胎学课程，现以鲢鱼和牙鲆为例图示鱼类的胚胎发育过程。鲢鱼的胚胎发育及仔鱼发育特征见图 6-4 和表 6-2。牙鲆的胚胎发育过程见图 6-5。

表 6-2 鲢鱼胚胎发育及仔鱼发育特征及时序（水温 20～24℃）

图序	发育时期	外部特征	受精后时间/(h:min)
1	受精卵	圆球形，卵质分布均匀，极性不明显	0:00
2	胚盘形成	原生质集中在卵子的动物极，形成隆起的胚盘	0:30
3	2 细胞期	胚盘分裂为 2 个大小相等的分裂球	1:00
4	4 细胞期	分裂球再次分裂，分裂沟与第一次分裂面相垂直，形成 4 个大小相等的分裂球	1:10
5	8 细胞期	2 个分裂面与第一次分裂面平行，分裂成 8 个分裂球，排成两排，中间 4 个较大，两侧 4 个较小	1:20
6	16 细胞期	2 个分裂面与第二次分裂面平行，形成 16 个分裂球，中间 4 个较大，外围 12 个较小	1:30
7	32 细胞期	有 4 个分裂面，且与第三次分裂面平行，32 个分裂球排成 4 行，而且在同一个平面上	1:40
8	囊胚早期	分裂球很小，细胞界限不清楚，由很多分裂球组成的囊胚层高举在卵黄上	2:27
9	原肠中期	胚盘下包 2/3，胚盾出现	7:30
10	神经胚期	胚盘下包 4/5，神经板形成，胚体转为侧卧	10:00
11	胚孔封闭期	胚孔关闭，神经板中线略下凹，脊索呈柱状	11:35
12	体节出现期	在胚体中部出现 2 对体节，神经板头端隆起	12:35
13	眼囊期	眼囊呈长椭圆形，体节 7～8 对，脑可分出原始的前、中、后三部分	15:00
14	尾芽期	尾芽出现在胚体后端腹面，呈圆锥状，眼囊变圆，体节 10 对	16:05
15	肌肉效应期	胚胎开始表现出微弱的肌肉收缩，第四脑室出现，晶体很清楚	19:35
16	心跳期	心脏位于卵黄囊头端脊索前下方，呈管状，开始时做微弱的搏动，而后加强	25:15
17	出膜期（初孵仔鱼）	胚胎破膜而出，中脑与后脑膨大。全身无色素，心脏长管状，头仍弯向腹面，体节 40～42 对	31:35
18	眼球色素出现期	眼球腹面内侧出现 1 对黑色素斑点，又称眼点期，侧线原基向后伸展到第 25 对体节处，胸鳍略向两侧隆起	39:35
19	鳔形成期	眼球色素增多使眼变黑，在胸鳍之后可见一长椭圆形的鳔，胸鳍扇状，伸向身体两侧，这时已能平衡游泳，体节 46～48 对	96:35
20	肠管形成期	身体上色素增多，鳃盖形成，肠管直且贯通，能主动摄食，鳔充气扩大如球状，运动能力很强，可做长时间游泳，不再停留水底	125:35

二、影响鱼类胚胎发育的环境因素及其生产应用

因为胚胎发育以卵黄为营养，不从外界摄取食物，所以影响胚胎发育的主要外界因素不是食物，而是水温、溶氧、酸碱度、光照、盐度和敌害生物等。

1. 温度

温度是胚胎发育的重要因素之一。水温对鱼类胚胎发育的影响因种而异，每种鱼类的胚

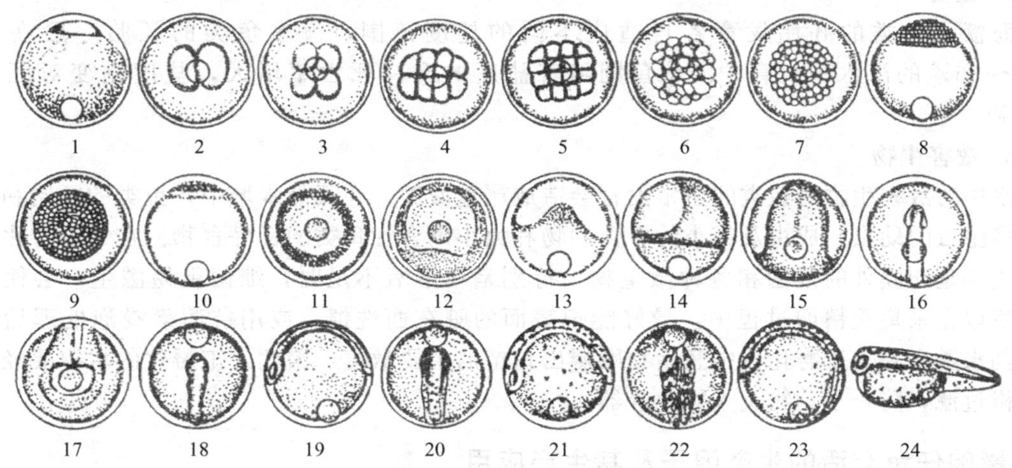

图 6-5 牙鲆的胚胎发育
（引自王吉桥等，2000 年）
1—胚盘形成；2—2 细胞期；3—4 细胞期；4—8 细胞期；5—16 细胞期；6—32 细胞期；7—多细胞期；8—囊胚早期；9—囊胚中期（顶面观）；10—囊胚晚期；11—胚环时期；12—原肠早期（顶面观）；13—原肠中期；14—原肠晚期；15—神经胚期；16—眼囊期；17—胚孔期；18—胚孔封闭期；19，20—尾芽期；21，22—尾占体长 1/3；23—尾占体长 1/2；24—初孵仔鱼

胎发育都要求有一定的适温范围。如大马哈鱼、虹鳟等冷水性鱼类孵化的适温为 8～12℃；牙鲆、黑鲷等冷温性鱼类的孵化适温为 10～21℃；四大家鱼和鲤鱼、鲫鱼等温水性鲤科鱼类为 18～31℃；罗非鱼、短盖巨脂鲤和胡子鲶等热带鱼类为 24～32℃。一般来说，在其他条件正常的情况下，在适温范围内，胚胎发育所需的发育时间与温度呈负相关。水温升高虽然能促进卵的发育，但孵化期水温能影响仔鱼的体长、卵黄囊大小、肌节、色素沉着和上下颌的分化等，如果水温过高，使仔胚发育太快，仔胚器官发育不完善。因此，温度过高或过低都会引起不良后果。

2. 溶氧

鱼类耐缺氧的能力一般在卵发育期最差，因此溶氧对胚胎发育和成活的影响至关重要。当水中溶氧量降至 2mg/L 时，胚胎发育不正常或死亡，在整个胚胎发育期溶氧量应不低于 4mg/L，最好为 6～8mg/L。此外，随发育的进展需氧量逐渐提高，至出膜期达到高峰。孵化期间调整适宜水流，保证充足的氧气是提高孵化率的重要措施之一。卵表面水流循环是保证卵供氧的一个基本条件，故人工孵化器多采用流水型。海水鱼类人工孵化时一般均进行充气，流水孵化。充气、流水能使卵在孵化箱中滚动，使卵表面的溶氧能顺利扩散到卵中。

3. pH 值

胚胎发育过程中要求水质清新，中性或弱碱性的水为好。鱼类胚胎发育较为适宜的 pH 值为 7.0～8.5，偏酸或偏碱的水会使卵膜早溶，提早破膜，损害卵子，严重时能引起大量死亡。

4. 光照

不同种类对光的要求不同。沉性卵多需要避光或弱光，如大马哈鱼、虹鳟；而浮性卵需要有充足的光照才可正常发育。

5. 盐度

海淡水鱼类的胚胎发育各自适应不同的盐度范围，海水鱼类的胚胎一般在盐度12‰～35‰的海水中发育，淡水鱼则随着盐度的升高死亡率增大，盐度剧变对胚胎发育不利。

6. 敌害生物

水中的敌害生物对鱼类的正常发育会造成严重威胁。在天然水域中，鱼类的胚胎和幼苗是许多昆虫的幼虫、成虫及细小的甲壳动物和大小肉食性鱼类的良好食物。在人工孵化容器中，主要是卵膜外的细菌和各种微生物，特别是在溶氧不足时，细菌更易滋生，会使卵坏死。所以在采集受精卵过程中，最好能把表面的脏东西洗掉，或用抗菌素浸泡处理后再孵化。剑水蚤也是人工孵化器中胚胎和刚孵出鱼苗的主要敌害。因此人工孵化的水源要经过筛绢严格过滤，防止小动物流入孵化容器。

三、影响仔鱼存活的生态因子及其生产应用

鱼类的早期发育阶段，尤其在仔鱼阶段，死亡率特别高，研究仔鱼存活的机制对鱼类的增养殖都是十分必要的。

1. 饥饿和“不可逆点”

一般认为饥饿是造成仔鱼死亡的主要原因。仔鱼必须在卵黄耗尽前后及时从内源性营养转入外源性营养，否则就会造成饥饿。在海洋调查中发现海区中饥饿仔鱼的百分率很高。饥饿主要由两方面造成：一是每种鱼类的摄食成功率有高有低，这与仔鱼器官功能的发育有关；二是适口饵料生物的密度较低。在自然海区，饵料密度较低，一般不超过0.5个/mL，而这个密度对捕食能力相对较弱的仔鱼是不够的。

所谓**“不可逆点”**（the point- of- no -return ，PNR)，是指饥饿仔鱼抵达该时间点时，尽管还能生存较长一段时间，但已虚弱得不可能再恢复摄食能力，故亦称不可逆转饥饿点或生态死亡点。一般来说，仔鱼抵达PNR的时间与卵黄容量和温度相关，卵黄容量大，温度低，PNR出现时间晚；相反，则出现早。PNR出现的时间一般在卵黄耗尽后数天。真鲷卵黄囊耗尽为第6天，牙鲆为第5天。

研究仔鱼抵达PNR的时间，对于正确调查和估测海洋和大型湖泊仔鱼种群补充量具有重要意义。在自然水域，过了PNR的仔鱼通常停留在浮游生物水层，极易被浮游生物网拖到。以前估计补充量的时候，把所有的仔鱼都计数在内，这是不正确的。因为过了PNR仔鱼最终是不能存活的，所以我们要把PNR期仔鱼识别出来，再正确计数正常仔鱼的数目，才能准确估算种群补充量。

2. 临界期

临界期是指仔鱼从内源性营养转向外源性营养时，由于饵料保障和仔鱼器官发育两者共同作用而造成的大量死亡的危险期，其主要标志是高死亡率。临界期一般在仔鱼卵黄囊消失，从内源性营养转向外源性营养的时期出现。这一时期，鱼体从营养上的自给自足，转向外界觅食，和外界发生直接联系。这种机能的转变往往和仔鱼器官发育尚不完善发生矛盾，导致仔鱼对外界环境条件，特别是饵料保障的变化特别敏感，死亡率也就特别高。影响临界期高死亡率的主要原因有：一是饵料的大小、质量和密度，这是决定仔鱼初次摄食成功的最主要因子；二是仔鱼摄食机能形成和适口饵料密度高峰出现时间的配合。初次摄食的仔鱼都需要伴以视觉、摄食、消化、运动等器官功能的形成。这些机能的形成若与外界适口饵料密度高峰出现时间一致，则仔鱼顺利实现初次摄食；若早于或晚于外界适口饵料出现的高峰，

则初次摄食成功率就降低，意味着高死亡率。

临界期是一个内在的危险期，如果控制得好，临界期被压抑；反之，则表露。在养殖实践中，提高供饵技术，保证及时、适口、适量供饵，就有可能控制临界期的表露。

在池塘养鱼中，适时下塘是养好嫩口鱼苗（仔鱼）的重要技术措施之一。其原因是鱼苗池清塘、注水和施肥后，各种浮游生物出现高峰时间不同。一般顺序是：浮游植物和原生动物→轮虫和无节幼虫→小型枝角类→大型枝角类→桡足类。而鱼苗入池，随着口裂增大，依次摄取的食饵对象是：轮虫→无节幼虫→小型枝角类→大型枝角类和桡足类。因此，鱼苗适时下塘，就可以利用两者的一致性，从而提高成活率。

① 孵化期：一切影响孵化酶活性、卵膜正常软化、破裂的内外因子，对仔胚的孵出和存活有明显的影响。

② 鳃丝形成期：在鳃丝形成以前，仔鱼早期因皮肤呼吸、环境溶氧的不足易导致仔鱼大量死亡。

③ 上浮期（开鳔期）：此时人工孵化时充气量过大，会阻碍仔鱼上浮开鳔或误吞水中气泡或杂物，造成大量死亡或形成畸形鱼。

④ 变形期：此期仔鱼的器官、功能、生活方式等产生剧烈变化，任何阻断仔鱼顺利变态的因素均可导致死亡。

⑤ 自相残杀：对于凶猛性鱼类，稚鱼期自相残杀现象相当严重，不及时疏养，会造成稚鱼的大量死亡。

3. 敌害捕食

卵和仔鱼的捕食者主要是无脊椎动物和鱼类。由于鱼卵没有主动避敌能力，敌害捕食对卵的生存危害极大。仔鱼随着发育避敌能力增强，但在早期仔鱼游泳能力较弱，利用捕食的概率很高，特别是由于饥饿或其他原因变得虚弱的仔鱼最易受到敌害倾袭。因此，敌害捕食是鱼类早期生活阶段自然死亡的最主要因素。

4. 环境因子波动

环境理化因子通过影响饵料生物的分布和密度从而影响仔鱼的分布和存活。例如，自然海区仔鱼的存活依赖于小规模食饵密集区的存在。当一切风暴搅乱了片层时，饵料密度下降，不能满足仔鱼的捕食需要，造成饥饿而死亡。

理化因子可以直接影响仔鱼的器官功能发育，影响仔鱼生理、生化条件。当环境因子不适时，直接造成仔鱼死亡。这些理化因子包括：水温、盐度、流速、风浪、水污染等。饲养水体大小也是一个重要因子。室内育苗的一个常见现象是长度级差（生长离散），即随着仔鱼的生长，仔鱼群的长度范围扩大，这是室内饲养箱饲养的结果，其原因是对食物和竞争。

第三节　鱼类的生长

一、鱼类的生命周期

鱼类一生的发育可分为胚前发育、胚胎发育和胚后发育三个阶段。胚前发育指精子与卵的发生和发育过程；鱼类的胚胎发育和胚后发育过程又可划分为以下 6 个时期，每一时期都有其各自的形态特点和生理特点。

1. 胚胎期

从受精卵开始至胚胎破膜孵化出的整个发育阶段，此期在卵膜内度过，其营养完全依靠卵黄。各种鱼类的胚胎期长短有所不同。一般来说，胚胎期长的种类，孵出时，器官结构比较完善；反之，器官发育比较幼稚。

2. 仔鱼期

从仔鱼刚破膜孵化出到卵黄囊吸收完毕为仔鱼期。早期仔鱼具卵黄囊，仍由卵黄囊作为营养来源；晚期仔鱼卵黄囊吸收完毕，眼、鳍条、口和消化道逐步形成，但发育不完善，开始吸收外源性营养，营浮游生活，转向外界摄食，一般与浮游生物生活在同一水层。此期生产上称为鱼苗期。

3. 稚鱼期

从鳞片开始形成至鳞被发育完成为标志。稚鱼期内各鳍发育完毕，消化器官向成鱼基本形态发育完善。早期稚鱼仍营浮游生活，吃浮游生物，后期才转向各类群自己固有的生活方式。通常指孵化出不超过1个月的夏花鱼种。

4. 幼鱼期

全身被鳞，侧线明显，具有种的形态特征，内部结构也与成鱼基本相同，但性腺发育尚未成熟。

5. 成鱼期

初次达到性成熟，可进行生殖，出现第二性征。营养物质大部分用于生殖腺发育，并积累脂肪等物质，以供洄游、越冬和繁殖时所需。自然死亡率降至最低，而捕捞死亡率急剧上升。

6. 衰老期

成鱼期与衰老期无明显界限。其特征是性机能减退，生长停滞或极为缓慢。摄取的营养物质主要用于维持生命活动。自然死亡率上升。

鱼类养殖过程是鱼类繁殖、生长、养成的全过程。鱼类从鱼卵孵化出来一直到长成，这个过程是连续的。鱼类养殖过程包括：通过亲鱼人工繁殖获得鱼苗，将鱼苗培育成鱼种，最后将鱼种饲养成为成体鱼。苗种是鱼苗、鱼种的统称。在我国淡水鱼类的养殖生产中，**鱼苗**是指孵化后的仔鱼；**鱼种**是指供池塘、水库、河沟等水体放养，以养成食用鱼的幼鱼。

(1) 鱼苗培育　是指将仔鱼经过15～20天的培养，培育成全长3cm左右的稚鱼，此时正值夏季，习惯上把这时的稚鱼，称为**“夏花”**。另有一种培育法：鱼苗经过10～15天精细饲养，生长成为体长1.5～2.0cm的稚鱼，称为**“乌仔”**。“乌仔”再经过10～15天的饲养，生长成为体长3～5cm的稚鱼，也称为“夏花”。这种由鱼苗培育至夏花的过程在生产上一般称为**“发塘”**。

(2) 鱼种培育　是指将体长3cm的夏花分塘，继续培育2～5个月，使其成为全长10～20cm幼鱼的培育过程，习惯上把这时的幼鱼称为**1龄鱼种或当年鱼种**。1龄鱼种秋季出塘的称**“秋花”**或**“秋片”**，冬季出塘的称**“冬花”**或**“冬片”**，越冬后到竖年春季出塘的称**“春花”**或**“春片”**。1龄鱼种也称**仔口鱼种**。1龄的草鱼、青鱼鱼种需再养1年，成为2龄鱼种，也称**老口鱼种**。

二、苗种质量的鉴别

苗种质量的好坏直接影响到夏花的培育，以及成体鱼的饲养，所以苗种质量的鉴别是苗种培育的一项重要内容，也是从业者需要掌握的一项重要技能。

1. 鱼苗质量的鉴别

鱼苗因受鱼卵质量和孵化过程中的环境条件，以及催产期早晚等因素的影响，体质有强有弱，体质的强弱对鱼苗的生长和培育有很大的影响。生产上可根据鱼苗的体色、游泳情况及挣扎能力来区别鱼苗的优劣。鱼苗质量的鉴别方法如表 6-3 所示。

表 6-3 鱼苗质量的鉴别

鉴别特征	优质鱼苗	劣质鱼苗
群体组成	鱼苗规格整齐，身体健壮，光滑而不拖泥，游动活泼	鱼苗规格参差不齐，个体偏瘦，有些身上还沾有污泥
体色	鱼苗群体色素相同，体色鲜艳有光泽	鱼苗往往体色略暗
受惊吓后的活动能力	将手指或木棒插入白瓷碗中间，使鱼苗受惊吓，鱼苗迅速四处奔游	鱼苗反应迟钝
逆水游动	用手或木棒搅动盛鱼苗的容器，使水产生旋涡，鱼苗能沿边缘逆水游动，若将鱼苗舀在白瓷碗中，让风吹动水面，鱼苗能逆风而游	鱼苗卷入旋涡，无力逆风而游
离水挣扎	鱼苗离水后会强烈挣扎，弹跳有力，头尾弯曲成圈状	鱼苗无力挣扎，或仅仅头尾颤抖

在鱼类人工繁殖过程中，容易产生下列四种劣质鱼苗。

(1) 杂色苗　一个孵化器中放入两批间隔时间过长的鱼卵，致使鱼苗嫩老混杂；或因停电、停水等原因，造成个孵化器底部管道回流，各种鱼苗混杂在一起。

(2)“胡子”苗　鱼苗已经发育到合适的阶段而未能售出，只能继续在孵化器或网箱内囤养，鱼体色素增加，体色变黑，体质变差；或由于水温过低，胚胎发育较慢，鱼苗在孵化器中的时间过长，质量较差；或由于鱼苗顶水时间过长，消耗能量大，导致壮苗变成弱苗。

(3)“困花”苗　鱼苗胸鳍出现，但鳔尚未充气，不能上下自由游泳，此阶段的鱼苗称为“困花”苗。“困花”苗在静水中大部分会沉底，鱼体嫩弱，鱼苗发育仍然需要以卵黄囊为营养，不能吞食外界食物，运输时容易死亡。

(4) 畸形苗　由于鱼卵质量不高或孵化环境差，造成鱼苗发育畸形，常见的有围心腔扩大、卵黄囊分段等。畸形苗游泳不活泼，往往与孵化器中的脏物混杂在一起，不易分离。畸形苗一般很难培育至夏花。

综上所述，在购买鱼苗时，必须了解每批鱼苗的产卵时间，并按表 6-3 的质量鉴别标准严格挑选，避免购买劣质鱼苗。

2. 夏花鱼种质量的鉴别

夏花鱼种质量的优劣可根据鱼种的出塘规格、整齐度、体色、活动情况及体质强弱来鉴别，鉴别方法如表 6-4 所示。

表 6-4 夏花质量的鉴别

鉴别特征	优质夏花	劣质夏花
出塘规格	规格大，同种鱼出塘规格整齐	规格小，同种鱼出塘个体大小不一
体色	体色光亮，肌肉润泽	体色暗淡无光，变黑或变白
活动情况	行动活泼，集群游泳，受惊吓后迅速下沉，不常在水面停留，抢食能力强	行动缓慢，分散游动，在水面缓慢游动，受惊吓时反应不敏捷，抢食能力弱
抽样调查	鱼在白瓷碗中狂跳，鱼体肥壮，头小背厚，鳞片和鳍条完整，无异常现象，身上和各鳍不拖泥	鱼在白瓷碗中很少跳动，鱼体瘦弱，头大背薄尾柄细，鳞片和鳍条残缺，有充血现象或异物附着，身上或鳍拖泥

三、鱼类生长的特点及其在生产上的应用

1. 连续性（不确定性）

大多数鱼类如果给予合适的环境条件，一生几乎可以连续不断地生长。许多鱼类性成熟个体的年龄和大小不确定。

2. 阶段性

鱼类一生都在生长，但其生长有一定的阶段性。一般把鱼类的生长分成性成熟前、性成熟后、衰老期，不同的发育阶段，鱼体的生长速率是不同的，一般鱼类在性成熟前生长较快。性成熟前，生长幅度大，变动也大；性成熟后，饵料提供的能量大部分用于性腺的发育，体重的增加主要反应在性腺的增重及越冬储备物质的增加；衰老期，所摄取的食物主要用于维持生命和储备越冬物质，体长和体重的生长速度均急剧下降，并接近渐近值。

3. 可变性

不同环境条件下，同种鱼不仅生长率不同，而且抵达性成熟的年龄和大小也不同，表现在两个方面：一是不同地理种群生长式型不同，主要与不同水系的温度、饵料条件等环境因子有关；二是同一种群的不同世代，其生长式型也不同，这是因为同一地区的自然环境条件不可能是恒定不变的。

4. 季节性

各季节鱼类生长率不同，一般春夏季水温适宜，饵料丰富，生长快；秋冬季水温下降，饵料缺乏，生长慢。

5. 雌雄相异性

许多鱼类雌雄个体生长式型不一，在体型、大小和生长率等方面存在明显的差别。一般雌性个体大于雄性个体，但罗非鱼的雄性个体大于雌性个体。

6. 等速和异速性

鱼体各部的生长速率可以相同（等速）也可以不同（异速）。鱼体体长增加快，而体重增加慢，而另一阶段鱼体体重增加快，而鱼体体长增加慢，这是异速；若鱼体体长和体重成比例生长则为等速。

7. 鱼类的生长特点应用于养殖生产和天然捕捞

根据性成熟前生长较快的特性，在生产上可以考虑人工控制条件以推迟性成熟，防止性早熟。根据鱼类生长的季节性，在快速生长的季节，应该增加投喂量，强化培育。利用雌雄相异性，可以控制性别，使养殖鱼类朝着生长快的性别转换。如罗非鱼，在仔鱼期，即投喂雄性激素，使雄个体数量较多，有利于提高产量。根据阶段性生长，尽量捕捞性成熟后和衰老期的个体，控制快速生长期个体的捕捞。

四、主要淡水养殖鱼类的生长特性

1. 草鱼的生长

草鱼是生长迅速的较大型鱼类。长江和汉江草鱼，1～3 龄为生长最快期，一般 4～5 龄达到性成熟，5 龄后长度生长明显减弱。我国黑龙江的草鱼生长比长江以南的群体显著缓慢。草鱼在 1～3 龄雌雄个体的生长速度相似，4 龄后雌鱼的体长生长和体重增长都比雄鱼大。

2. 青鱼的生长

青鱼生长迅速，体长生长最快为 1～2 龄，3～4 龄开始减缓，5 龄开始急剧下降。体重

增长在3～4龄最快，以后仍然持续增长。黑龙江青鱼的生长为长江青鱼的1/2。两性生长差别，一般是雌鱼生长比雄鱼快些，雌鱼的平均体长和体重也大些。池塘饲养的青鱼生长比长江青鱼慢，这是由于水域的环境条件、营养等差异造成的。

3. 鲢鱼的生长

鲢鱼是较大型的鱼类，性成熟年龄一般为3～4龄。体重每年都有增加，但以3～6龄为最快，6龄后减慢。体长生长以1～4龄较快，尤其是第2年，4龄后明显变慢。比较我国几大江河的鲢鱼，以长江的鲢鱼个体最大，生长最快，但珠江（广东）的鲢鱼早期生长速度（第1年）比长江水系鲢鱼略快，自第2年起，长江鲢鱼的生长速度明显快于珠江鲢鱼。同一水系不同水体的鲢鱼，其生长速度也不同。

4. 鳙鱼的生长

鳙鱼的生长通常比鲢鱼稍快些。4龄前雌雄生长没有明显差异，5龄后雌鱼体重的增长比雄鱼快。体长增长以1～3龄最快，4龄开始性成熟后，体长增长急剧下降。体重增长2～7龄都较快，其中以3龄增重最快。在不同水域，由于环境、营养、密度和生存空间不同，鳙鱼的生长表现出明显差异。

5. 鲤鱼的生长

鲤鱼是较大型的鱼类，普遍体重1～2.5kg，大的为10～15kg。其生长速度较草鱼、青鱼、鲢鱼、鳙鱼慢。体长和体重增长分别以1～2龄和5～6龄最快，以后出现逐年减缓的趋势。通常雌鱼比雄鱼生长快一些。不同水体中鲤鱼的生长速度差别很大，长江鲤鱼的生长比黑龙江鲤鱼明显加快，长江干流中的鲤鱼又比定居在湖泊中的鲤鱼生长快。

6. 鲫鱼的生长

鲫鱼是一种生长较慢的中小型鱼类。1冬龄鱼体长5cm，2冬龄体长10～14cm，3冬龄达18cm。雌雄鱼个体的生长速度不同，随着年龄增大，雌鱼的生长速度比雄鱼快。在不同水域中鲫鱼生长有明显差异。

7. 鳊鱼、鲂的生长

鳊鱼、鲂为中型鱼类。三角鲂在1～3龄时生长最快。团头鲂的生长与三角鲂相似。在水草较丰盛的条件下，1冬龄体长16～18cm，体重100～200g；2冬龄体长30cm左右，体重300～500g；3冬龄体长39cm左右，体重700～1000g。池塘养殖，一般是当年培育成大规格鱼种，次年养成体重400～500g的商品规格上市。

长春鳊的生长比团头鲂稍慢。各龄鱼的平均体长、体重为：1龄21.7cm，160g；2龄27.5cm，270g；3龄30cm，460g；4龄33cm，525g。

8. 鲮鱼的生长

鲮鱼是中型鱼类，生长比青鱼、草鱼、鲢鱼、鳙鱼慢。广西澄碧河水库的鲮鱼，当年体长8～9cm，体重3g左右；2龄鱼体长约20cm，体重187～250g；10冬龄雌鱼体长达59.5cm，体重4.1kg；常见个体0.5～1kg。鲮鱼在池塘中饲养，其生长速度比水库稍快。1冬龄鱼体长增长最快，体重增长较小；2冬龄鱼体长和体重增长都较快；3冬龄开始性成熟，体长和体重增长都较小；4冬龄起体重增长显著。

五、影响鱼类生长的环境因子及其生产应用

在“水、种、饵、密、混、轮、防、管”养鱼八字经中，水、种、饵是基础，密、混、轮是措施，防、管是关键。鱼类的生长及最终大小是由种的遗传性和生理特性决定的，但外界的环境因子如饵料（食物）、水温和水中的溶氧、水体的大小等对鱼类生长的影响也十分

重要。

1. 食物

食物是影响鱼类生长的主要因子。食物对鱼类生长的影响主要表现在食物的数量、质量和可得性上。在适宜的理化环境条件下，只要食物的数量充足，质量良好，鱼类可以达到最大的生长速度。如果营养水平仅能维持机体的生命活动，鱼体不会正常生长，当营养条件恶化时，鱼类生长受阻，生长速度减慢甚至停滞，而且种群内会出现生长离散，即在同一年龄组中鱼类个体大小差异很大，这就是有时在池塘养殖中出现放养同一批鱼苗而收获时大小差异很大的原因。

在混养密放的高产鱼塘中，鱼类能得到的天然饵料是很少的。要使养殖鱼类得到充足的食物，较快速地生长，就必须合理投喂饲料，并辅以适量施肥，这样才能确保达到一定的养殖产量。投喂饲料应遵循**“四定”**原则，**即定时、定位、定质、定量**，保证养殖鱼类吃到、吃好、吃饱，又不浪费。在实际生产中要根据具体情况决定投饲的次数和数量，可以归纳为**“四看”：看鱼吃食情况、看天气情况、看水质情况和看水温情况**。由于鲤科鱼类无胃，摄取饲料由食道直接进入肠道内消化，一次容纳的饲料量远不及肉食性有胃鱼类。因此，对鲤鱼、鲫鱼、草鱼、团头鲂等无胃鱼类采取少量多次投喂的方式，可以提高消化吸收率和饲料效率。从生产实际出发，单养鲤鱼，每天以投喂 7～8 次为宜，随水温下降可适当减少投喂次数；而对于虹鳟、鳗鲡等有胃的肉食性鱼类，每天投胃 1～3 次就可以达到最大增重率。我国池塘养殖普遍以鲤科鱼类为主，以连续投喂为佳，但由于养殖生产规模比较大，限于人力等因素，每天投喂次数以 3～4 次为宜。

2. 温度

温度是鱼类生长的控制因子。鱼类是变温动物，外界温度的变化对鱼类的生长有十分重要的影响，它通过改变机体的代谢速度影响鱼类的生长和活动。在适温范围内，随着温度的升高，鱼体的代谢强度增大，生长速度也加快。若水温过高或过低，超出一定的极限，就会抑制鱼体的生长，甚至引起死亡。各种鱼类都有其适温范围。温水性鱼类生长的最适温度为 20～30℃，低于 10～15℃基本不长；热带鱼类生长适温较高，一般在 30℃左右，如罗非鱼的生长适温为 25～33℃，水温在 10～12℃以下就会冻死；鲑鳟鱼类为冷水性鱼类，其适温范围为 13～18℃，水温在 20℃以上时通常不能正常生长，甚至死亡。

在鱼类养殖生产中，掌握每种饲养鱼类的适温范围具有重要意义。因为鱼类在适温范围内不仅摄食量大，生长速度快，而且对饲料的利用率也高；鱼类在适温条件下，产卵率、成活率都很高，幼体的体质也最健壮；适宜的水温，对鱼类天然饵料的充分繁衍同样具有促进作用，这又进一步推动了鱼类的生长。

在选择养殖对象时，鱼类对水温的要求也是需要考虑的先决条件，如罗非鱼、淡水白鲳、虹鳟和大菱鲆等都是良好的养殖对象，但由于罗非鱼、淡水白鲳属热带性鱼类，对水温的要求较高，水温在 12℃以下即不能生存，因此在北方养殖时要在入冬之前起捕销售或采取保温措施越冬；而虹鳟属冷水性鱼类，要求在 20℃以下的水温中生存和生长，且要求有较高的溶氧量，一般在我国北方地区养殖；大菱鲆为冷温性鱼类，生长适温为7～22℃，最适温度为 14～17℃，我国北方沿海冬季低温期较长，在工厂化条件下养殖仍能照常进行，而南方沿海低温期正是大菱鲆的适宜生长温度，可以实施“北鱼南养”“南北接力”，即在秋季从北方进苗开展网箱养殖或工厂化养殖，至第 2 年入夏前收获上市。

3. 溶氧

溶氧是鱼类生长的限制因子，它是鱼类新陈代谢重要的物质和能量来源。在其他条件适宜时，溶氧充足能加快鱼类的生长，溶氧不足则引起生长缓慢，甚至死亡。湖泊、水库、河流和粗养鱼池等水体，一般不存在缺氧问题。但对于池塘养鱼来说，由于投饲、施肥量很大，大量的有机肥料、鱼类的粪便和残饵等在水中氧化分解，消耗大量氧气，又因池塘水体小，补水量少，载鱼量高，所以池塘养鱼会出现溶氧匮乏现象，从而影响鱼类的生存和生长。

主要养殖鱼类对溶氧的忍耐能力很强，一般溶氧下降到1～2mg/L时，鱼类会游向溶氧丰富的水域（如进水口），或游向水面直接吞取空气，这种现象称为**“浮头”**，至0.5～1mg/L时鱼类则会窒息死亡。我国主要养殖鱼类在溶氧4～5mg/L以上时，才能正常生长。若水中溶氧低于此水平，鱼类的生长就会受到不同程度的抑制。虽然池塘内的饵料比湖泊、水库内的饵料丰富，但鱼类的生长却比在湖泊、水库等大型水体中慢得多，其主要原因就是池塘的溶氧条件差，特别是夜间的溶氧条件易恶化，鱼类生长受到了抑制。渔谚有“白天长肉，晚上掉膘”，这是十分形象的解说。

及时加注新水和开动增氧机是池塘养鱼中改善水质和增加水中溶氧的方法。加注新水可以直接增加水中溶氧，增氧机通过电动机或柴油机等动力源驱动使空气中的氧迅速渗透到养殖水体中。增氧机一定要在安全的情况下运行，并结合池塘中鱼类的放养密度、生长季节、池塘的水质条件和天气变化情况等因素确定运行时间，做到起作用而不浪费。正确掌握开机的时间，需要做到**“六开三不开”**。“六开”—— 晴天时午后开机；阴天时次日清晨开机；阴雨连绵时半夜开机；下暴雨时上半夜开机；温差大时及时开机；特殊情况下随时开机。“三不开”——早上日出后不开机；傍晚不开机；阴雨天白天不开机。在天气突变或由于水肥鱼多等原因引起鱼类浮头时，可灵活掌握开机时间，防止鱼类浮头或泛池现象发生。

4. 水体的大小

容纳鱼的总容积的大小，可以影响鱼的生长，许多实验和生产实践都证明，在同样的环境条件和饲养条件下，大水体里生活的鱼要比小水体里的长得快，渔民早有“宽水养大鱼”的经验。

此外，pH值、盐度、光照、水质等其他理化因子及群居对鱼类的生长有直接影响，或通过其他因素间接对鱼类的生长产生一定的影响。

第四节　鱼类的年龄

【鱼类鳞片年轮特征的观察与年龄的鉴定】

1. 观察若干种鱼类鳞片的年轮特征

用各种鱼类鳞片制片，在解剖镜或低倍显微镜下观察其年轮特征。

① 疏密型：以牙鲆、小黄鱼、刀鲚、大马哈鱼为代表。环片在一年中通常形成疏密两个轮带，当年秋冬季形成的窄带与翌年春夏季形成的宽带的交界处即为年轮。

② 普通切割型：以鲤鱼、鲫鱼、草鱼、赤眼鳟、细鳞斜颌鲴等为代表。其年轮标志在侧区与前区或后区的交界处最为明显。

③ 闭合切割型：以鲢鱼、鳙鱼为代表。在后侧区可见切割相，其他区域疏密带清晰可见。

④ 疏密切割型：以鳊鱼、蒙古鲌为代表。

2. 用鳞片鉴定年龄

① 测定所选取标本鱼的体长和体重。

② 鳞片的采集：采集鳞片的部位，应选择鳞片较大、鳞形正规、轮纹清晰、不易受伤或脱落的区域。一般选择在鱼体中段背鳍或第一背鳍起点下方，侧线上方之间的鳞片。大马哈鱼、鲈科鱼类采自胸鳍后上方的鳞片，裂腹鱼类则采臀鳞。再生鳞、侧线鳞和损伤的鳞片不能作为年龄鉴定的材料。一般每尾标本采集鳞片5～10枚。

③ 鳞片的处理：野外采集的鳞片放入鳞片袋压平，以防干燥过程中卷曲，并在袋上做好有关记录（鱼名、规格、采集地点、性别等）。将鳞片带回实验室，用清水或肥皂水清洗，如还未洗净可在淡氨水、4%的苛性碱溶液或硼酸水中浸洗数分钟或1～2天；为方便观察，可作染色处理。用硝酸银溶液浸泡鳞片，然后曝于日光下，再用清水洗涤。大型鳞片可用没食子酸染色，小型鳞片可用红墨水、印台用墨水、苦味酸及红色素染色。用淡氨水洗刷，阴干后平夹在玻璃片中待测。

④ 制片：将处理完的鳞片自然干燥后（最好不要完全干透，以免卷曲），夹在两个载玻片中，贴上标签，写上鱼名、编号、体长、体重，然后用胶带将两端封好。

⑤ 年龄的鉴定：用解剖镜、低倍显微镜、投影仪、幻灯机等设备观察鳞片上年轮的类型和数目，选择适当的放大倍数，最好能在一个视野中观察到整个环片群的大小和排列情况，以便能更清楚地辨别年轮与假年轮。要观察所取的所有鳞片，进行比较对照。记录观察结果。

3. 观察其他年龄鉴定的材料

用已制备好的耳石、脊椎骨、鳍棘或鳍条或鳃盖骨等材料，直接用肉眼或者用放大镜观察其年轮特征；如无制备好的材料，可以从新鲜鱼体上采集样本，按本节中介绍的方法进行加工，然后进行观察。

一、鱼类的年龄

鱼类的寿命因种类而不同，有些鱼类只能存活1年甚至不到1年；大多数鱼类的寿命在二三年以上乃至十几年；有的鱼类则寿命较长，能生存百年之久。一般小型鱼类、性成熟早的鱼类寿命短；大型鱼类、性成熟晚的鱼类寿命较长。

香鱼、前颌间银鱼、太湖新银鱼、青鳉等在1年内可生长到最大长度，并达到性成熟，产卵后死亡，寿命只有1年。青鱼、草鱼、鲢鱼、鳙鱼、鲂鱼、鳜鱼、翘嘴红鲌、鳡等鱼类的寿命一般为7～8年。鲤鱼、鲫鱼少数个体可以活20～30年。鲟科鱼类一般可以活20～30年，个别达到100年。

鱼类在自然界的寿命和它们一生的经历有密切的关系。很多种类，特别是洄游鱼类在第一次产卵后全部或大部死亡，它们的寿命与性成熟年龄有关。如香鱼的幼鱼在海中育肥，春季溯河，秋冬季生殖后，亲鱼体力不支，绝大部分死亡，因此香鱼大多数只能存活1年。洄游性的大马哈鱼，3～5龄的个体从海洋进入河流生殖，生殖后死亡，寿命3～5龄。鳗鲡一般活20多年，有的可达50年。

二、鉴定鱼类年龄的方法

由于水域环境的变化会对鱼类的生长产生一定的影响，这些影响在鳞片及骨骼组织上留下标志，可以利用这些标志来鉴定鱼类的年龄。

（一）年轮的形成

在季节等环境因素和性腺发育因素的影响下，鱼类生长不均衡，并具有年周期性，这种规律性的变化会在鳞片、鳍条、脊椎骨等硬组织上留下生长痕迹，形成年轮。一般春夏季水温高，饵料生物丰富，鱼类摄食强度大，代谢旺盛，生长迅速，在鳞片上形成的环片宽而疏，称为**宽带或夏轮**；而秋冬季水温低，鱼类代谢强度降低，生长减慢或停止，形成的环片窄而密，称为**窄带或冬轮**。一年之中形成的宽带和窄带合称为一个生长年带。鉴定年龄时，以秋冬季形成的窄带和翌年春夏季形成的宽带之间的分界线为年轮标志。同理，在耳石、脊椎骨、匙骨、鳃盖骨等其他骨骼上也存在宽窄、疏密相间的生长年带，当年的狭层与翌年的宽层之间的分界线即为年轮（年层）。除了温度以外，其他环境条件的变化也可导致年轮的形成。如洄游的鲑科鱼类，在江河中生长较慢，环片较窄，在海洋中生长较快，环片较宽。

可以**用作鱼类年龄鉴定的材料有鳞片、耳石、鳍条、鳍棘、支鳍骨、脊椎骨、鳃盖骨和匙骨**等，鱼类生长的周期性在这些材料上都留下了各种宽窄不同的轮纹。一般用鳞片鉴定鱼类的年龄最简易方便，但各种鱼类标志年龄最理想的材料是不同的。我国一些经济鱼类常采用的年龄鉴定材料是：鲤鱼、鲫鱼、草鱼、鲢鱼、鳙鱼等鲤科鱼类以鳞片为主，鳍条为辅；太平洋鲱、鳓以鳞片为主，耳石为辅；大、小黄鱼以耳石为主，鳞片为辅；鳜鱼用鳃盖骨；鲇鱼以脊椎骨为主，鳍棘为辅；中华鲟以匙骨为主，鳍棘为辅；长吻鮠以鳍棘为主，脊椎骨和尾舌骨为辅。

（二）用鳞片鉴定年龄

鉴定鱼类年龄最常用的材料是鳞片，且取材方便，不损坏鱼体，不需特殊加工，容易观察。但高龄鱼生长速度缓慢，相邻年轮之间的距离较近甚至接近重叠，因此其年龄鉴定不宜使用鳞片。

1. 鳞片的采集

鉴定年龄的鳞片一般取自鱼体中段近侧线上方到背鳍前半部下方的区域，如果有两个背鳍，则在第一背鳍下方取。没有侧线的鱼类，则取鱼体侧正中背鳍下方的鳞片。再生鳞不能作为年龄鉴定的材料，因其中心部位的大小就是脱落时的大小，只有纤维质的基片，无年轮标志，从再生后的部分才开始有环片。每尾标本通常采集鳞片 10～20 片。取下的鳞片用清水洗尽表皮和黏液，拭干后夹在两载玻片中间即可在解剖镜下观察。野外采集的鳞片放入鳞片袋压平，以防干燥过程中卷曲。

2. 鳞片上年轮的类型

不同鱼类有不同的年轮标志，即使是同一种类也因栖息环境、饵料条件和捕捞强度不同而引起生长变化，导致环片生长和排列差异。

(1) 疏密型［见图 6-6(a)］ 这是最常见的年轮类型。环片上宽而疏的“宽带”和窄而密的“窄带”相间排列，当年秋冬季形成的窄带与翌年春夏季形成的宽带的交界处即为年轮。多见于某些海水鱼类，如牙鲆、小黄鱼、刀鲚等，以及部分淡水鱼类，如鲑鳟类、青海湖裸鲤、泥鳅等。

(2) 切割型［见图 6-6(b)］ 这是由于环片群走向不同而形成的切割现象。生长旺盛时形成的环片比较完整，后端到达鳞片的后缘；生长缓慢时形成的环片不完整，后端不能到达鳞片的后缘。当第 2 年生长旺盛时新形成的环片走向与内侧不完整环片的走向不同，出现类似切割的现象。一个形成的切割线即为年轮。切割型又可分为普通切割型、闭合切割型和疏密切割型 3 种。

① 普通切割型：切割相在侧区明显，有时也伴随有环片断裂、稀疏、缺少等现象，如草鱼、鲤鱼、鲫鱼、赤眼鳟、细鳞斜颌鲴等。鲤鱼、鲫鱼鳞片的后区有颗粒状突起，年轮不清，切割型环片终止于后侧区。

② 闭合切割型：当年形成的“U”形环片与翌年形成的“O”形环片在鳞片的后侧区相切，同时环片也由密变疏。此型为鲢鱼、鳙鱼所特有。

③ 疏密切割型［见图 6-6(c)］ 疏密型与切割型同出现在一个年轮处，切割相内缘为密带，外缘为疏带，如蒙古鲌、拟尖头鲌等。

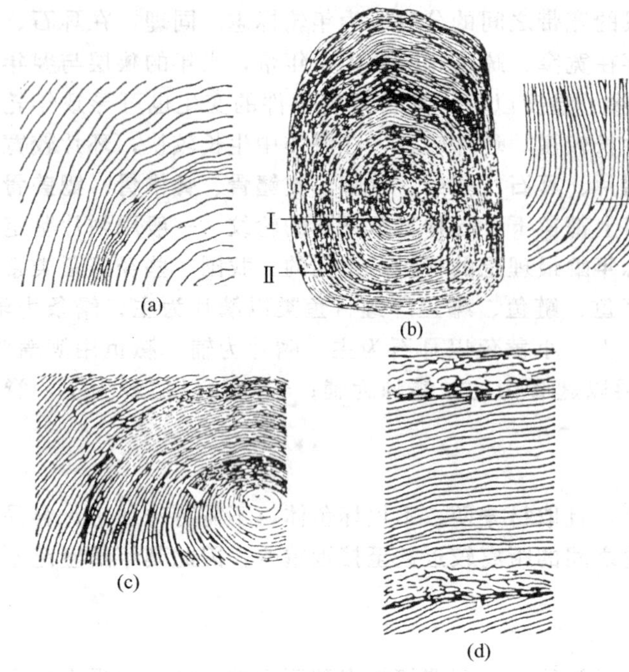

图 6-6 几种年轮的标志

(引自叶富良 1993 年)

(a) 疏密型（小黄鱼，局部放大示意图）；(b) 切割型（鲢鱼）；(c) 疏密切割型（鳊鱼）；(d) 疏密破碎型（吻鮈）

Ⅰ，Ⅱ—年轮

(3) 疏密破碎型［见图 6-6 (d)］ 在一个生长年带即将结束时，因生长缓慢常有 2～3 个环片变粗、断裂，并形成短棒状突出物，如吻鮈、圆筒吻鮈。

(4) 间隙型 在两个生长年带处因 1～2 个环片消失而形成间隙，因而形成年轮，如长春鳊。

(5) 其他类型 有些鱼类如石首鱼科和鲷科的一些鱼类年轮处环片有不规则分支，或环片中断、变细、变向、增厚变粗、合并等，均可以成为年轮标志。

一种鱼类的鳞片上往往同时有几种年轮出现，同一鳞片的不同区域年轮类型也有所不同。因此，鉴定某种鱼类的年龄、观察年轮标志时，不能一概而论，应尽量多地认真观察，摸索其规律性，再具体分析确定。

一般认为，典型的年轮具有清晰、完整和连续的特征。所谓清晰，是指年轮的界限清楚，在透射光下，出现透亮的年轮环；完整是指在鳞片表面的四个区（至少在基区和侧区）均有年轮标志；连续是指不论鳞片上有几种年轮类型，它们在各区应相互衔接成一个完整的年轮环，至少基区、上下侧区应连接成一个半圆形。通常侧区年轮较为清晰，后区由于被放射沟所截断或磨损或有突起而不易区分年轮。

3. 假年轮

鱼类鳞片或其他硬组织上除了年轮以外，还可能有一些其他轮纹，这些轮纹不是生长的年周期性所形成的，可干扰和妨碍年轮的正确鉴别，即假年轮。假年轮一般有以下几种。

(1) 副轮 副轮是鱼类在生活中由于发生饥饿、疾病、水温等环境因子非周期性的偶然变化，造成其生长速度减慢或停滞时在鳞片或其他组织上留下的痕迹。一般可以根据以下几点区别副轮与年轮：副轮仅在某些鳞片上出现，通常不会在全部鳞片上出现；副轮只出现于鳞片的某一区域，没有形成完整的轮圈；与前后年轮的距离较近，且疏密带的比例不协调，副轮的内缘为疏带，外缘为窄带，与年轮正好相反。

(2) 幼轮 是指在鳞片的中心区（鳞焦）附近出现的一个小轮纹，这是由于不满一年的幼鱼因食性转变、得食不均及幼鱼入河、降海或环境突变而致，在洄游鱼类中较常见，如大马哈鱼。幼轮不是在每一个体的鳞片上都出现，而且一般距鳞焦较近。幼轮的疏密排列或切割特征容易与第一年轮相混淆。判断幼轮的方法：用该轮推算出的体长，与 1 龄鱼的实际体长相比较，如推算体长明显小于实际体长，则该轮为幼轮，若两者相等或相近，则为年轮。

(3) 生殖轮 这是由于生殖原因而形成的轮纹。鱼类产卵前停止摄食，储存在鳞片及其他骨骼中的钙被重新吸收利用，并在鳞片上留下痕迹，因而鱼类生殖季节停食是生殖轮形成的一个重要因素；此外，鱼类因产卵活动而体力衰竭，或因生殖行为剧烈的机械摩擦，也可导致生殖轮的出现。这种鳞片的边缘常常变形或缺损，侧区较为明显，可见断裂、分支和不规则排列的环片。在溯河的鲑鳟鱼类中生殖轮特别明显，与年轮形态不同。

（三）用耳石鉴定年龄

耳石也是鱼类年龄鉴定的重要材料，用耳石鉴定的结果准确性较高，如石首鱼科的大、小黄鱼年龄的鉴定就以耳石为主。鉴定材料最好用新鲜的耳石标本，浸制耳石标本会因变脆而使年轮模糊。

1. 耳石的摘取

耳石位于头骨后部内耳的球囊内，剖开鱼头或横切鱼头后枕部，在脑后部两侧一般可以找到。也可以从鳃盖下方取出，较小的鱼可把鳃除掉，将颅骨底面两个球囊暴露出来，用镊子挑破球囊薄骨，即可取出耳石；较大的鱼，操作时将鳃盖翻向一边，用解剖刀剔去球囊处肌肉，然后切开球囊壁，取出耳石。

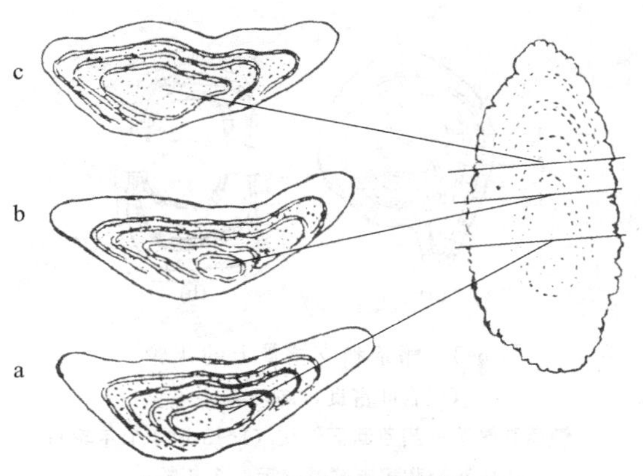

图 6-7　大西洋鳕耳石横切面，示不同切面显示出的不同年层
（引自李承林，2004 年）

2. 耳石的加工与观察

小而透明的耳石可以直接浸泡于二甲苯中观察，或置于酒精灯上灼烧后观察；大而不透明的耳石如石首鱼科鱼类的耳石，必须经过加工才可观察。加工的方法是：用沥青包裹耳石后沿中轴将其锯开，注意不要将中心核弄掉，而且一定要通过中心核，然后将其断面用细油石磨光，用二甲苯浸润后，再用放大镜观察；或将其磨成 0.3mm 的薄片，透明后用树胶固定在玻片上，润以甘油观察。耳石在入射光下，宽层（夏带）为淡色，狭层（冬带）为暗色；在透射光下，宽层暗黑，狭层亮白。内部窄层和外部宽层交界处即为年轮（见图 6-7）。

（四）用鳍条、鳍棘、支鳍骨鉴定年龄

此方法适用于鳍条、鳍棘、支鳍骨较粗大的鱼类，如鲢鱼、带鱼、鲇科、鮠科、鲟科等鱼类。背鳍、胸鳍和臀鳍的粗大不分支的鳍条、鳍棘和支鳍骨均可作为鉴定材料，而且以新鲜材料观察为好，浸制标本效果较差。运用此方法鉴定年龄，虽然操作上较麻烦，但比较准确，一般用来核对鳞片所测定年龄的正确程度，特别是研究高龄鱼的年龄时，鳍条切片成为一项必需的对照材料。

1. 鳍条或鳍棘

从关节处完整取下，在距鳍条基部 0.5mm 处截下厚 2～3mm 的片段，然后用砂纸粗磨、油石细磨，磨时为避免干裂可适当加水，最后制成厚 0.2～0.3mm 的透明薄片。或先浸于明胶的丙酮浓稠液中，取出晾干后切锯。处理后，较大的样本可直接用肉眼观察，较小的材料可加 1～2 滴苯或二甲苯透明液在解剖镜下观察。仍不清晰的样本，还可用烘箱加热数分钟或用酒精灯灼烧。在鳍条或鳍棘的切面上，宽、窄层相间排列，宽、窄层交界处即为年轮。

2. 支鳍骨

在支鳍骨最膨大处用钢锯横断，磨成 0.5～1.0mm 的薄片，用 5～10 倍放大镜观察，较大者可直接用肉眼观察。有时截断后用肉眼观察横截面即可。支鳍骨切面上宽、窄层相间，呈同心圆排列，以窄层为年轮标志（见图 6-8）。

（五）用脊椎骨、鳃盖骨、匙骨等骨片鉴定年龄

大多数鱼类的脊椎骨上存在年轮，脊椎骨是最早使用的年龄鉴定材料。一般脑颅后椎10余节较大，年轮较为清晰。将材料取出后，浸在0.5%～2%的KOH液中1～2天，再放入酒精或乙醚中脱脂，然后用肉眼或放大镜观察。或将其纵向剖开，观察其凹面上的年轮。脊椎骨前后凹面上显示出宽窄交替的同心圆，白色的宽纹与暗色的窄纹组成一个生长年带，内侧暗色的窄纹与外侧宽纹的交界处即为年轮（见图 6-9）。

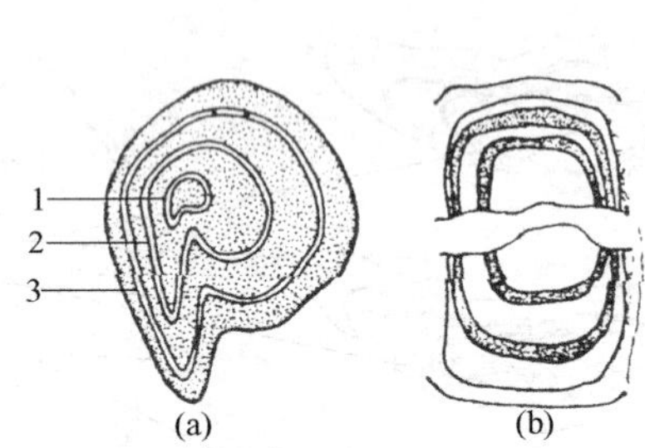

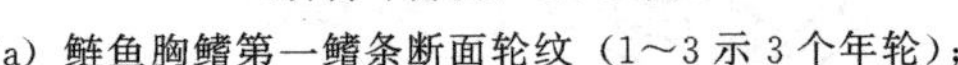

图 6-8 鳍条和支鳍骨上的年轮

（引自叶富良，1993 年）

（a）鲢鱼胸鳍第一鳍条断面轮纹（1～3 示 3 个年轮）；

（b）沙鳢胸鳍支鳍骨（示 2 个年轮）

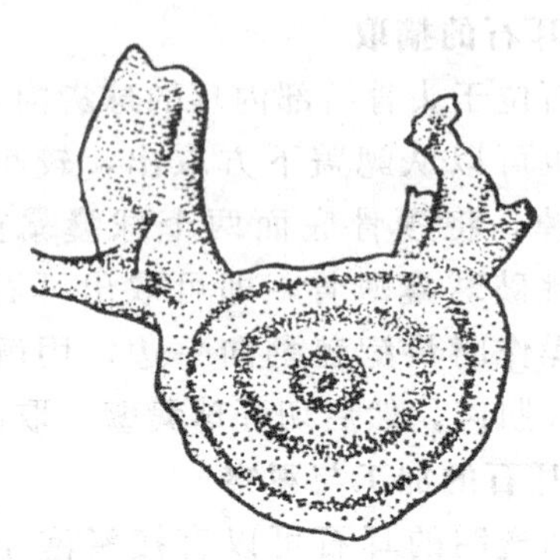

图 6-9 脊椎骨上的年轮（示 3 个年轮）

（引自叶富良，1993 年）

用鳃盖骨、匙骨等扁平骨片鉴定年龄适用于鳜鱼、鲈鱼、鲟鱼、狗鱼等鱼类，并以新鲜材料为好。小的骨片用开水烫1～2次或稍煮片刻，直接用肉眼在透光处观察即可。大的材料要将不透明部分用刀刮薄或用锉弄薄，再用乙醚、汽油脱脂，时间可达数周，其间要多次更换脱脂液。如仍不清楚可用稀释的墨水、苦味酸洋红等染色，或浸于甘油中10～15min，并加热到沸点，用肉眼观察即可（见图 6-10）。

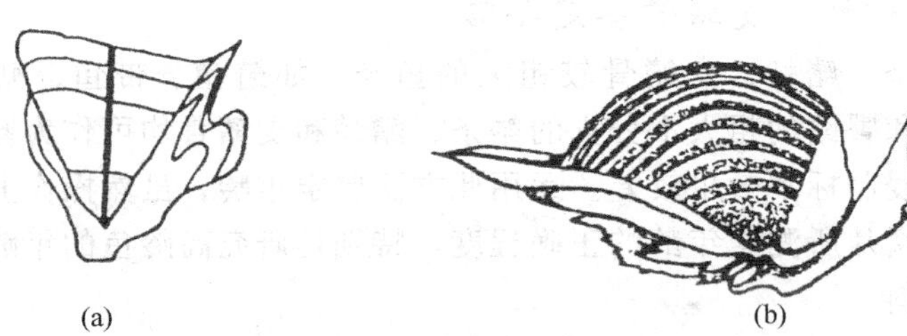

图 6-10 鳃盖骨和匙骨上的年轮

（引自叶富良，1993 年）

（a）鳜鳃盖骨（示 3 龄）；（b）中华鲟匙骨（示 9 龄）

三、鱼类年龄的表示方法与年龄组的划分

鱼类的年龄，在一般情况下可以根据鳞片上的年轮来确定。由于鱼类的繁殖季节、肥育和生长特点不同，或者捕捞起水的时间不同，鳞片上显示的生长状况也不一样。因此通常把生长状况比较接近的个体归为一个年龄组来表示鱼类的年龄，以便于统计分析。记载年龄时，一般将鳞片上观察到的年轮数用阿拉伯数字表示（也有的学者用罗马数字表示），如3

表示有 3 个年轮。年轮形成后，在轮纹外方新增生的部分，可在年轮数的右上角加上“+”号表示，如1^+、2^+、3^+……。常见的年龄组记载方法将鳞片上的年轮数和鱼类年龄的关系表示（见表 6-5）如下。

① 1 龄组（0^+～1）：指大致度过了 1 个生长周期，一般在鳞片上无年轮或经过第一个冬天，第一个年轮正在形成过程中。包括当年鱼和 1 冬龄的鱼。

② 2 龄组（1^+～2）：指大致度过了 2 个生长周期，鳞片上有 1 个年轮，或经过 2 个冬天，第 2 个年轮正在形成过程中。包括 2 夏龄鱼和 2 冬龄鱼。

③ 3 龄组（2^+～3）：指大致度过了 3 个生长周期，鳞片上有 2 个年轮，或经过 3 个冬天，第 3 个年轮正在形成过程中。包括 3 夏龄鱼和 3 冬龄鱼。

④ 4 龄组、5 龄组……依此类推。

表 6-5　鱼类年龄组的划分

年龄组		1	2	3	4
度过的生长季节		1	2	3	4
秋季	年轮数目	无	1 个，并有增生部分	2 个，并有增生部分	3 个，并有增生部分
	名称	当年鱼	2 夏龄鱼	3 夏龄鱼	4 夏龄鱼
	年龄符号	0^+	1^+	2^+	3^+
冬季	年轮数目	第 1 个年轮正在形成	第 2 个年轮正在形成	第 3 个年轮正在形成	第 4 个年轮正在形成
	名称	1 冬龄鱼	2 冬龄鱼	3 冬龄鱼	4 冬龄鱼
	年龄符号	1	2	3	4

另一种表示方法是完全按照鳞片等骨质组织上的年轮数目来记载鱼类的年龄。

① 0 龄组（0^+）：指鳞片（或其他骨质组织）上尚未出现年轮。

② Ⅰ龄组（1～1^+）：指鳞片（或其他骨质组织）上已经有 1 个年轮，但第 2 个年轮尚未形成，包括 1 冬龄鱼和 2 夏龄鱼。

③ Ⅱ龄组（2～2^+）：指鳞片（或其他骨质组织）上已经有 2 个年轮，但第 3 个年轮尚未形成，包括 2 冬龄鱼和 3 夏龄鱼。

④ Ⅲ龄组（3～3^+）：指鳞片（或其他骨质组织）上已经有 3 个年轮，但第 4 个年轮尚未形成，包括 3 冬龄鱼和 4 夏龄鱼。

⑤ Ⅳ龄组、Ⅴ龄组……依此类推。

此外，用鱼类的出生年代表示其年龄的方法也比较常见，如 2008 年出生的鲤鱼，可用 2008 世代称之。一般只要把捕捞时的年份减去年龄，即为其出生世代。

【思考题】

1. 名词解释

初级卵膜　次级卵膜　三级卵膜　排卵　产卵　受精　受精卵　不可逆点
临界期　夏花　秋花　冬花　春花　发塘　鱼种培育　浮头　年轮

2. 简述鱼类卵子在发育过程中 6 个时相的形态特征。

3. 举例说明鱼卵的生态类型。

4. 如何鉴别成熟卵、过熟卵和未成熟卵？

5. 影响鱼类精子寿命和活力的外界因素有哪些？如何保存精液？

6. 鱼类人工受精的方法有哪些？
7. 鱼类的胚胎发育可以分为哪几个时期？各期的主要特征是什么？
8. 试分析影响鱼类胚胎发育的环境因素及其在鱼类人工繁殖生产中的应用。
9. 如何鉴别鱼苗和夏花鱼种的质量？
10. 影响仔鱼存活的生态因子有哪些？
11. 简述鱼类的生命周期。
12. 试分析鱼类生长的特点及其在生产实践中的意义。
13. 试分析影响鱼类生长的因素及其在鱼类养殖生产中的应用。
14. 试述用鳞片等硬组织鉴定鱼类年龄的原理、方法和步骤。
15. 鱼类鳞片上年轮的类型有哪几种？各有何特征？

第七章　鱼类分类
（兼实验观察）

【技能目标】

1. 熟悉不同种的划分界限，知道鱼类的命名特点。

2. 能熟练利用检索表辨别鱼类，并会编制检索表。

3. 熟练掌握鱼类的分类系统，了解系统内不同分类单元之间的联系。

4. 能根据鱼类的外部形态，熟练区分常见的经济鱼类，并了解其在自然界中的分布情况。

5. 能根据形态特征识别主要养殖鱼类，熟知其重要的生物习性。

鱼类是最古老的脊椎动物。它们几乎栖居于地球上所有的水生环境——从淡水的湖泊、河流到咸水的大海和大洋。在脊椎动物中，鱼类在种的数量上占优势。尼尔逊（Nelson，1984 年）认为目前世界上现有鱼类有 21700 余种，其中圆口类约 73 种，软骨鱼类近 800 种，硬骨鱼类约 20850 余种。所有这些鱼类中，大约有 13300 余种生活在海洋中，有 8400 余种生活在淡水中。我国海淡水鱼类总共约有 3000 种左右，海水鱼占 2/3，约 2000 余种左右，淡水鱼占 1/3，约 1000 余种。鱼类分类就是要将如此繁多的种类进行分门别类，摸清它们的系统演化关系。鱼类分类学是进行生物学研究的一种必要的基础知识，在进行鱼类资源调查、开发新的渔业对象时，都必须首先对所研究的对象，予以分类上的认识；在进行鱼类生态学、生理学等基础理论研究时，也必须确定研究对象的分类地位；正确鉴定鱼的种类也是开展鱼类养殖的一个工作基础。

第一节　鱼类分类的基本概念

一、分类的基本单位和分类阶元

鱼类分类阶元和其他生物一样，在脊索动物门下分为纲、目、科、属、种 6 个基本分类阶元。

1. 种的定义

种又称物种，它是鱼类分类的基本单位，也是最重要的分类阶元。物种是客观存在的。在进行鱼类分类时，分类鉴定往往以形态结构为主要依据，要求特征明显、固定。但以形态结构分类是不够的，因为个体间的形态结构会有一些变化，且雌、雄个体可能有形态上的差异等。过去的分类是根据少数标本，认为种是一个不变的单位，即模式概念。实际上，物种在不同的地域是有差异的，所以，物种分类应有时、空关系的多型的种群概念。

林奈（Linnaeus，1707～1778 年）认为，物种是“在形态上、生理上非常相似和相近或者差异不大的一群个体，同物种间可以交配繁殖后代”。具体而言，同一物种在形态结构上彼此相似，在生理方面彼此相似。在自然状态下，同种间的个体能够自行交配，产生有繁殖力的后代。一个物种与别物的物种在生殖上是相互隔离的。

2. 种内分化

归属同一种鱼的所有个体，不可能完全相同，在自然界中可以看到由于性别、年龄和地域等的不同产生明显的种内差异。由于种内变异而发生种内分化，形成不同的亚种和品种等。

（1）亚种　是种以下的分类阶元，又是种类繁殖单位，同一种生物由于地理分布上的不同，形成了一些地方性种群，它们在形态结构上有一些差异，但它们相邻的亚种可以相互交配，产生有繁殖力的后代。

（2）品种　是具有一定的经济价值，遗传性比较一致的一种栽培植物或家养动物的群体。品种是经人类选择培育而能适应一定的自然、栽培或饲养条件，在产品和品质上符合人们的需求，如鲤鱼有镜鲤、荷包鲤等品种。

种群是生活在同一地点，同一物种所有个体的总和。不同地点的种群在形态、生理、生态特征方面都可能存在差异，特别是在产卵习性上有所差异。

3. 种以上的分类阶元

种以上的分类阶元——属、科、目、纲、门、界

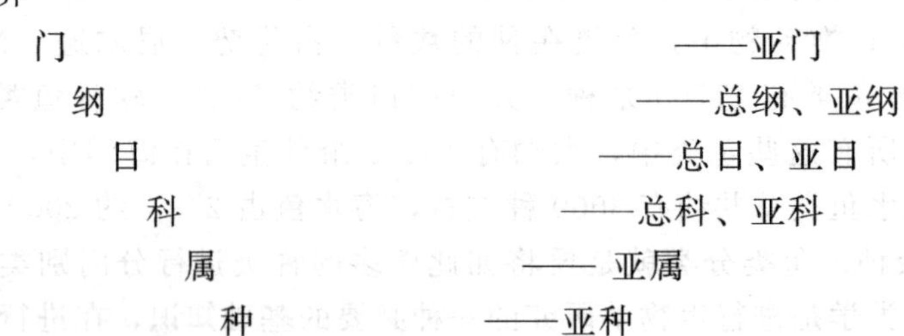

属是一个聚合的分类阶元，包括了一个种或一群在系统发育上来自于共同祖先的物种，它们具有共同的形态特征即属的特征。科由一个属或一群在系统发育上来自共同祖先的属组成。科有它的共同特征，科与科之间有明显的间断。目、纲、门是科以上的分类阶元，是分类系统中最稳定的分类阶元。相关的科归为一个目，相关的目归为一个纲，相关的纲归为一个门。

二、命名法

同一种鱼在不同的国家、地区有不同的叫法，如真鲷北方称“加吉鱼”，浙江称“铜盆鱼”，福建称“加拉鱼”。这不利于科学和生产的一致和交流，因而逐渐形成了国际上共同遵守的命名原则和方法。

国际上生物的命名法由瑞典科学家林奈在1758年提出后，被国际所公认。这种命名法规定每一种生物的名称都由拉丁文的一个属名和一个种名所组成。属名在前，第一个字母应大写，种名在后，全部小写，另外在学名后面加上定种人的姓名，第一个字母也是大写。如鲤鱼：*Cyprinus carpio* Linnaeus。在定种人的姓名加上括号，说明属名有误，加以更正，但原始的定种人不变。

有亚种或亚属的，就采用三名法，也就是在种或属名后加上亚种或亚属，如鲫鱼：*Carassius auratus auratus*（亚种）（bloch），刺鲃：*Barbodes*（*Spinibarbus*）（亚属）*caldwelli*（Nichols）。

分类学家在订名时，由于文献不够，往往给同一生物取不同的学名，法规规定了优先

律，即以最先发表的名称作为该物种的名称，其他为同物异名一个合法的名称，必须正式发表；必须合乎法规规定的文字形式；必须有记述和鉴别的特征。

科以上至目的学名，在代表属的名后加一定的字尾来表示。各阶元的字尾如下。

总目—morpha　　鲈形总目 Pereomorpha

目—formes　　鲈形目 Pereiformes

亚目—oidei 或 oidea　　鲈亚目 Percoidei

总科—oidae　　鲈总科 Pereoidae

科—idae　　鮨科 Serranidae

亚科—inae 或 ini　　鳜亚科 Sinipercinae

亚纲和纲主要根据特征命名。

三、鱼类分类的主要性状

较大的分类阶元主要依据重要的形态特征进行分类，如骨骼的性质与特化状况、鳃裂数目、鳔管有无等。一般进行分类的形态特征包括三方面。

① 鱼体上的可数性状：如鳃耙数、鳍条数、鳞片数等，各种鱼类的这些可数性状通常稳定在一定范围内。

② 可量性状：如体长、体高、头长、吻长、眼径长、尾柄长、尾柄高等长度，并计算相互间的比值，由此反映出各种鱼的形态特点。

③ 某些构造特征：如口的位置和形状、须的有无、齿的形状及排列状况、有无腹棱等。

四、分类鉴定的基本方法

1. 标本的采集和保存

从分类的角度，一般需要对每种鱼采集 5～10 尾，稀见的或个体较小的应该增加尾数。采集的标本要大小不同，♂♀都应兼顾，要注意标本完整性和发育正常。然后将标本洗净后编上号码。在采集本上登记编号和作一系列记录，如采集地点、时间、网具、网法，以及鱼类的生活习性、体色及主要特征。

最后将鱼体洗干净，除去体表黏液，然后用福尔马林固定标本，浓度一般为 6%～10%，鱼体固定时要平直，切忌弯曲。另外，鱼体较大时，要腹腔注射福尔马林溶液以固定内脏，再放入配置好的福尔马林溶液中浸泡。

2. 标本的鉴定

鉴定前应准备必要的分类书籍与参考资料。鉴定时应从大的分类阶元开始逐级确定，即首先确定是什么目和科，然后确定亚科和属。最常用的是检索表，它有如下特点。

① 检索表中所列的特征应该是有用和最明显的特征，对种的所有个体都适用，尤其首选择外部特征。

② 列举的特征必须严格双歧，对选的性状必须清楚明确，不能有模棱两可的情况。

③ 检索表中的文字要简洁，可用电报式的。

常用的检索表有三种类型：对选并靠检索表、逐项退格检索表、双歧括号检索表（本书采用的检索表类型）。

五、鱼类的分类系统

鱼类的分类方法有两种：一是按鱼的外部形态及习性等方面的一个或几个特征作为分类

标准，并不涉及亲缘关系，不考虑鱼的基本结构及演化关系，这是依靠人的主观见解来划分的；另一种是依靠鱼的形态、生态、生理、发生、化石演化关系等来分类，这是自然分类法。随着科学技术的发展，在分类学方面还出现了一些新的方法，如细胞分类法、化学分类法、分子分类法等。

1844 年穆勒第一次将鱼类列为脊椎动物的一个纲，以下分为 6 个亚纲、14 个目。此后，雷根、古德里奇、琼丹又先后用自己的方法对鱼类进行了分类。1955 年贝尔格在《现代和化石鱼形动物及鱼类分类学》一书中，将现生鱼类和古生鱼类分为 12 个纲，119 个目，每一个纲、目、科都有特征描述，1966 年格林伍德、罗逊等人依据胚胎发育、稚鱼是否变态、内部形态解剖，将真骨鱼分成 3 大类，8 个总目，30 个目和 82 个亚目。1971 年拉斯等将鱼类分为软骨鱼纲和硬骨鱼纲。1994 年纳尔逊又对鱼类进行了更为系统的分类，他在《世界鱼类》一书中，根据骨骼学、系统发育学、胚胎学、形态学、比较解剖学、古生物学及比较生物化学的原理，较为完整地对鱼类进行了分类。本书采用我国鱼类学家目前习惯使用的贝尔格、拉斯系统（见表 7-1）。

表 7-1 贝尔格、拉斯鱼类分类系统

纲 1:软骨鱼纲
　亚纲 1:板鳃亚纲
　　总目 1:侧孔总目(鲨形总目)
　　　目 1～8:(1)绉(须)鲨目
　　　　(2)六鳃鲨目
　　　　(3)虎鲨目
　　　　(4)鼠鲨目
　　　　(5)真鲨目
　　　　(6)角鲨目
　　　　(7)锯鲨目
　　　　(8)扁鲨目
　　总目 2:下孔总目(鳐形总目)
　　　目 9～13:(9)锯鳐目
　　　　(10)犁头鳐目
　　　　(11)鳐目
　　　　(12)鲼目
　　　　(13)电鳐目
　亚纲 2:全头亚纲
　　目 14:(14)银鲛目
纲 2:硬骨鱼纲
　亚纲 1:内鼻孔亚纲(肉鳍亚纲)
　　总目 1:总鳍总目
　　　目 1:(1)腔棘鱼目
　　总目 2:肺鱼总目
　　　目 2～3:(2)单鳔肺鱼目
　　　　(3)双鳔肺鱼目
　亚纲 2:辐鳍亚纲
　　总目 1:硬鳞总目
　　　目 1～4:(1)鲟形目
　　　　(2)多鳍鱼目
　　　　(3)弓鳍鱼目
　　　　(4)雀鳝目
　　总目 2:鲱形总目
　　　目 5～10:(5)海鲢目

续表

(6)鼠鳝目
(7)鲱形目
(8)鲑形目
(9)笼鱼目
(10)拟鲸鱼目
总目 3:骨舌总目（我国没有分布此总目的鱼类）
目 11～12:(11)骨舌鱼目
(12)长吻鱼目
总目 4:鳗鲡总目
目 13～15:(13)鳗鲡目
(14)囊鳃鱼目
(15)背棘鱼目
总目 5:鲤形总目
目 16～17:(16)鲤形目
(17)鲶形目
总目 6:银汉鱼总目
目 18～20:(18)鳉形目
(19)银汉鱼目
(20)颌针鱼目
总目 7:鲑鲈总目
目 21～22:(21)鲑鲈目
(22)鳕形目
总目 8:鲈形总目
目 23～32:(23)金眼鲷目
(24)海鲂目
(25)月鱼目
(26)刺鱼目
(27)鲻形目
(28)合鳃鱼目
(29)鲈形目
(30)鲉形目
(31)鲽形目
(32)鲀形目
总目 9:蟾鱼总目
目 33～35:(33)海蛾鱼目
(34)蟾鱼目
(35)喉盘鱼目
(36)鮟鱇目

第二节 圆 口 纲

圆口纲是现存脊椎动物中最原始的一纲。这类动物因形状似鱼，故称为鱼形动物。它们的体裸露无鳞，细长呈鳗形。只有奇鳍，没有偶鳍。骨骼完全为软骨，头骨不完整，没有顶

图 7-1 蒲氏粘盲鳗（*Eptatretus burgeri*）

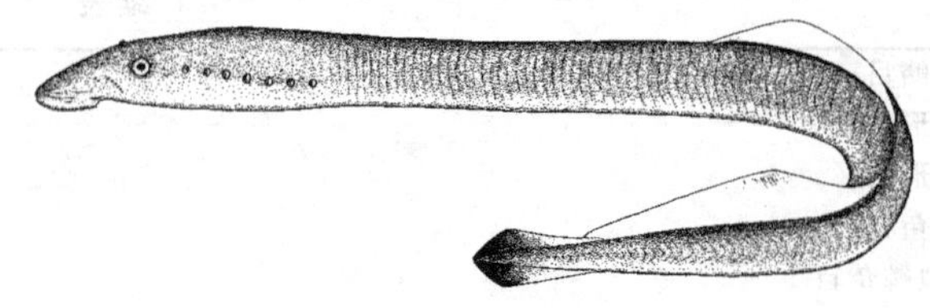
图 7-2 日本七鳃鳗（*Lampetra japonica*）

部，脊索终生存在，无椎体。无上下颌。口为吸着式，舌成为舐刮器。无真正的齿，只有表皮形成的角质齿。鼻孔只有1个，开口于头顶中线上。内耳中只有1或2个半规管。鳃位于特殊的鳃囊中。肌肉分化少，无水平肌隔。栖居于海水或淡水中，营半寄生或寄生生活。现存的圆口纲鱼类约有60种（见图7-1、图7-2）。分为盲鳗目和七鳃鳗目，其检索如下：

1（2）口不呈漏斗状吸盘；具口须；无背鳍；眼埋于皮下……盲鳗目（Myxiniformes）

2（1）口呈漏斗状吸盘；无口须；背鳍2个；眼在成体发达……七鳃鳗目（Petromyzoniformes）

第三节　软骨鱼纲

本纲特征为：内骨骼全为软骨，但软骨中常有大量的钙质沉淀，无任何真骨组织。外骨骼表现为盾鳞或棘刺或退化消失（体表光滑）。脑颅无接缝。鳍条为角质软条。头部每侧具有5～7个鳃裂，各自开口于体外；或具4个鳃裂，外被一膜状鳃盖，其后具一总鳃孔。雄性具有由腹鳍内侧特化而成的交配器，亦称之为鳍脚。肠短，具螺旋瓣；无鳔；无大型耳石；泄殖腔或有或无。卵大，体内受精，卵生、卵胎生或胎生。尾为歪型尾。

软骨鱼类的经济价值很高，是渔业的主要对象之一，其肉可供食用，皮可制革，肝脏富含脂肪和维生素A、维生素D，可用来制药，著名的“鱼翅”是鲨类的鳍经过加工后制成的高级食品，富含蛋白质，营养丰富。我国软骨鱼类种类繁多，产量亦高，沿海到处均有分布，终年可进行捕捞生产。

软骨鱼类呈世界性分布，但以低纬度的海洋为主要栖息场所。我国沿海所产软骨鱼类种类很多，现知130余种。从分类角度上看，我国软骨鱼类的代表性比较全面，几乎应有尽有。而其中绝大多数种类是属于热带和亚热带区系。我国南方的软骨鱼类以种类繁多见称，北方则以产量高而闻名，南北沿海到处都有，全年均可进行捕捞。这对于发展我国海洋渔业、发展海水增养殖提供了丰富的物质基础。

软骨鱼纲有两个亚纲：**板鳃亚纲**（Elasmobranchii）和**全头亚纲**（Holocephali）；板鳃亚纳有2个总目、**侧孔总目（鲨形总目）**（含8目）和**下孔总目（鳐形总目）**（含4目）；全头亚纲无总目，只有一个银鲛目。

一、侧孔总目（鲨形总目）

1. 六鳃鲨目（Hexanchiformes）

特征：眼侧位，无瞬膜。鼻孔近吻端，不与口相连，口大，下位，喷水孔细小，鳃裂6～7个。背鳍1个，后位，无硬棘，位于腹鳍后方，具臀鳍；尾鳍延长；尾椎轴稍上翘，卵胎生。椎体钙化或不钙化。

我国仅产六鳃科（Hexanchidae）一科，三属：六鳃鲨属（*Hexanchus*），鳃裂6个；哈那鲨属（*Notorynchus*），鳃裂7个，头宽扁，吻部广阔；七鳃鲨属（*Heptranchias*）鳃裂7个，头狭长，吻部尖而突出。

扁头哈那鲨（*Notorynchus platycephalus*）（见图 7-3）较为常见，广泛分布在地中海、印度洋及太平洋西北部各海区。我国黄海、渤海及东海亦捕获不少，其中以黄海产量较大，捕捞时均用钓钩捕获。其为近海底栖鱼类，游泳迟缓，但性颇凶猛，以小型鱼类及甲壳类为食。卵胎生，每胎产子 10 余尾，体长可达 3m，重达数百斤。经济价值甚大，其肉可食用，或与内脏制成鱼粉，皮可制革，鳍可制作鱼翅，肝的含脂量为 65%～70%，可制鱼肝油。

图 7-3　扁头哈那鲨（*Notorynchus platycephalus*）

图 7-4　狭纹虎鲨（*Heterodontus zebra*）

2. 虎鲨目（Heterodontiformes）

特征：背鳍 2 个，前各具一短而粗的硬棘，具臀鳍，鳃裂 5 个。体前部粗壮，几乎呈三菱形。头厚且高，有眶上嵴，口半下位，唇褶肥厚。近口角之牙平扁，呈臼齿状，中央部之牙在幼鱼期间有 3～5 牙尖。

本目我国仅有虎鲨科（Heterodontidae）虎鲨属中的两种：宽纹虎鲨（*Heterodontus japonicus*）和狭纹虎鲨（*Heterodontus zebra*）（见图 7-4）。前者多分布于山东沿海（青岛、石岛）及东海沿岸一带。后者主要见于南海和东海南部，分布于我国南海和东海南部一带。

3. 鲭鲨目（Isuriformes）

特征：眼无瞬膜或瞬褶；椎体具辐射状钙化区域；有 4 个不钙化区域，无钙化辐条侵入。肠的螺旋瓣呈环状。背鳍 2 个，无硬棘；具臀鳍。鳃裂 5 个。胸鳍中鳍软骨不伸达鳍前缘，前鳍软骨具一至数个辐状鳍条。

本目包括 4 科：锥齿鲨科（Carchariidae）、鲭鲨科（Lamnidae）、姥鲨科（Cetorhinidae）、长尾鲨科（Alopiidae）。我国有 4 科 5 属 8 种。本目多数为大型凶猛的鱼类，噬人鲨（*Carcharodon carebarias*）（见图 7-5）就是鲭鲨科其中一员。

4. 须鲨目（Orectolobiformes）

特征：眼小，无瞬膜或瞬褶。具鼻口沟，或鼻孔开口于口内。前鼻瓣常具一鼻须或喉部具 1 对皮须。最后 2～4 鳃裂位于胸鳍基底上方。椎体的 4 个不钙化区无钙化辐条侵入。背鳍 2 个，第 1 背鳍与腹鳍相对或位于腹鳍之后，第 2 背鳍位于臀鳍前方或后方。

图 7-5　噬人鲨（*Carcharodon carebarias*）

全世界共 3 科 12 属 29 种，为须鲨科、橙黄鲨科、鲸鲨科。我国 3 科 8 属 12 种。

目前在我国较为常见的、经济价值较高的是条纹斑竹鲨（*Chiloscyllium plagiosuin*）（见图 7-6），福建沿海俗称犬鲨。

5. 真鲨目（Carcharhinifoumes）

特征：眼有瞬膜或瞬褶。椎体具辐射状钙化区域，4 个不钙化区域有钙化辐射条侵入。肠的螺旋瓣呈螺旋形或画卷形。背鳍 2 个，无硬棘；具臀鳍。鳃裂 5 个。中鳍软骨不伸达胸

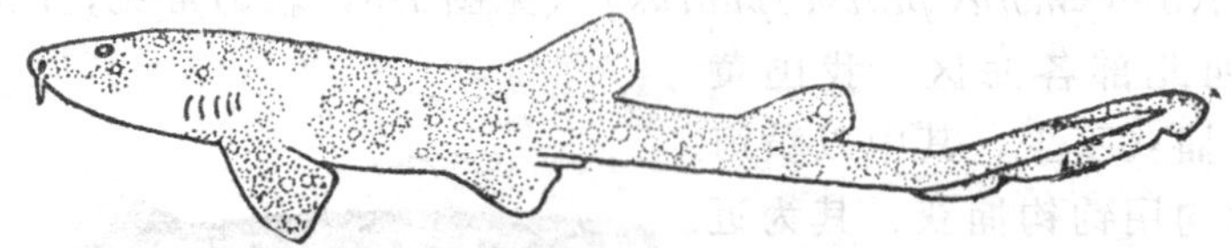

图 7-6 条纹斑竹鲨（*Chiloscyllium plagiosum*）

鳍前缘，前鳍软骨具一至数个辐状鳍条。椎体星形，吻软骨 3 个。鳍脚的中辐软骨平扁。

本目包括 8 科 200 余种，我国产 5 科 24 属 60 种，包括猫鲨科（Seyliouhinidae）、皱唇鲨科（Triakidae）、拟皱唇鲨科（Pseudotuiakidae）、真鲨科（Carcharhinidae）、双髻鲨科（Sphyrnidae）。

① 猫鲨科：常见的有阴影绒毛鲨（*Cephalocyllium umbratile*），分布于我国及朝鲜西南沿海和日本南部。

② 皱唇鲨科：常见的有皱唇鲨和灰星鲨［*Mustelus griseus*（Pietschmann）］。分布于日本、朝鲜和我国黄海、东海沿岸。

③ 真鲨科：我国有 9 属 25 种，是现代鲨类中最多的一类。常见的有：真鲨属的沙拉真鲨（*Carcharhininus sorrah*）、黑印真鲨（*Carcharhinus menisorrah*）（见图 7-7）和斜齿鲨属（*Scoliodon*）的尖头斜齿鲨（*Scoliodon Carcharhinus*）、瓦氏斜齿鲨（*Scoliodon walbeehimi*）。

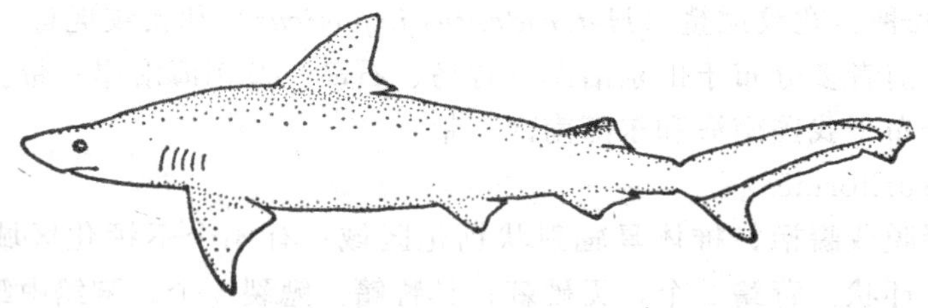

图 7-7 黑印真鲨（*Carcharhinus menisorrah*）

6. 角鲨目（Pristiophoriformes）

特征：体呈纺锤形或卵圆形，背鳍 2 个，多数各具 1 棘。鳃裂 5 对。无臀鳍。为小型与中小型底栖近岸鲨类。

本目有 3 科 22 属约 90 种，为角鲨科、铠鲨科、棘鲨科。我国产 3 科 7 属 9 种。较为常见的有长吻角鲨（*Squalus mitsukurii*）（见图 7-8）、短吻角鲨（*Squalus brevirostris*）和白斑角鲨（*Squalus acanthias*）。

图 7-8 长吻角鲨（*Squalus mitsukurii* Jordan）

7. 锯鲨目（Pristiophoriformes）

特征：体呈纺锤形，头显著平扁；吻极为延长，呈剑状，两侧有齿形结构。腹面在鼻孔前方具一对皮须。背鳍 2 个，无棘，第一背鳍略在腹鳍之前，无臀鳍。

本目我国只产锯鲨科（Pristiophoridae）的一种日本锯鲨（*Pristiophorus japonicus*）（见图7-9），我国沿海均有分布。

8. 扁鲨目（Squatiniformes）

特征：体平扁，吻短宽，口亚前位，眼位于背侧。胸鳍前缘显著向前伸出。鳃裂宽大，其下半部转入于腹面。背鳍二，无棘，无臀鳍。

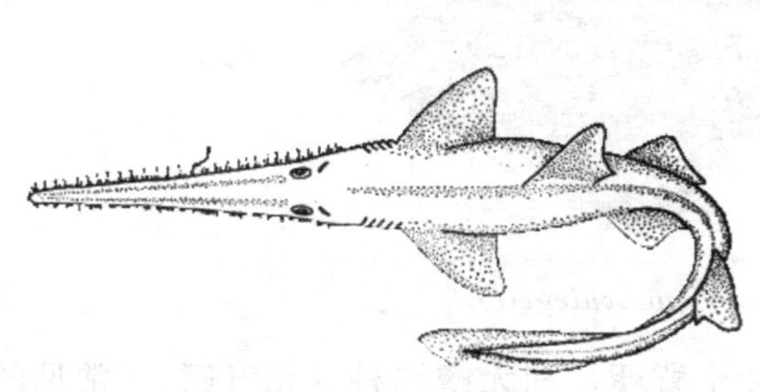

图 7-9　日本锯鲨（*Pristiophorus japonicus*）

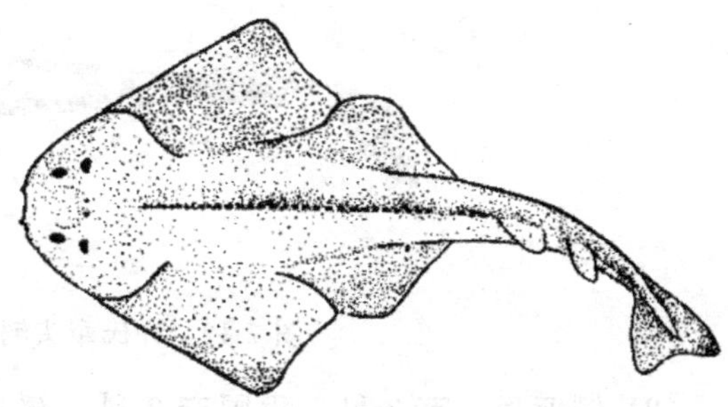

图 7-10　日本扁鲨（*Squatina japonica* Bleeker）

本目只有扁鲨科（Squatinidae）一科，扁鲨属（*Squatina*）一属，我国产有2种，即日本扁鲨（*Squatina japonica*）（见图7-10）和星云扁鲨（*Squatina nebulosa*）。日本扁鲨为北方种类，黄海、渤海及东海均产，以黄海最多，终年可捕，唯东海产量较少。其肉可食。

二、板鳃亚纲之下孔总目（鳐形总目）

1. 锯鳐目（Pristiformes）

特征：体呈纺锤形，头与躯干很平扁；吻窄，平扁，两侧缀以强齿形附属物，使吻呈锯状。背鳍2个，无棘，尾鳍发达。

本目只有一个锯鳐科（Pristidae）。主要种类有尖齿锯鳐（*Pristis cuspidatus*）（见图7-11），为我国东海和南海次要的经济鱼类，是其他渔业兼捕性鱼类，一般用拖网捕获，因其肉味鲜美，可供鲜食或腌制，其鳍可加工制成“鱼翅”，皮可制革，肝可制油，有一定的经济意义。

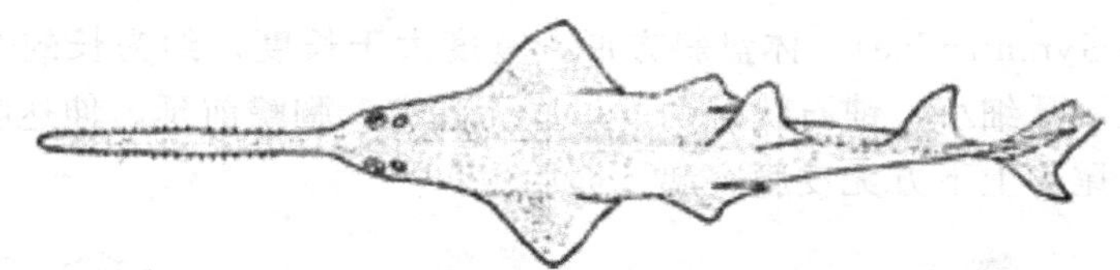

图 7-11　尖齿锯鳐（*Pristis cuspidatus*）

2. 鳐目（Rajiformes）

特征：体平扁，体盘呈犁形或宽菱形或圆形，吻三角形突出或尖突或钝圆。背鳍2个，无硬棘。尾鳍发达或不甚发达或缺如。胸鳍扩大，向前延伸至头侧中部或吻端，形成中大或宽大的体盘。

我国有2个亚目：犁头鳐亚目和鳐亚目。犁头鳐亚目，腹鳍正常，前部不分化为足趾状构造；鳐亚目，腹鳍前部分化为足趾状构造。

（1）犁头鳐亚目　分4科，常见的有犁头鳐科、团扇鳐科、圆犁头鳐科、尖犁头鳐科。常见的种类有犁头鳐科犁头鳐属的许氏犁头鳐和团扇鳐科中中国团扇鳐、林氏团扇鳐等。

许氏犁头鳐（*Rhinobatos schlegeli*）（见图 7-12）口前吻长比口宽大 3 倍以上，体背褐色无斑点，为中小型温水性底栖鱼类，肉质熏制后风味极佳，经济价值较高，多见于东海和南海。

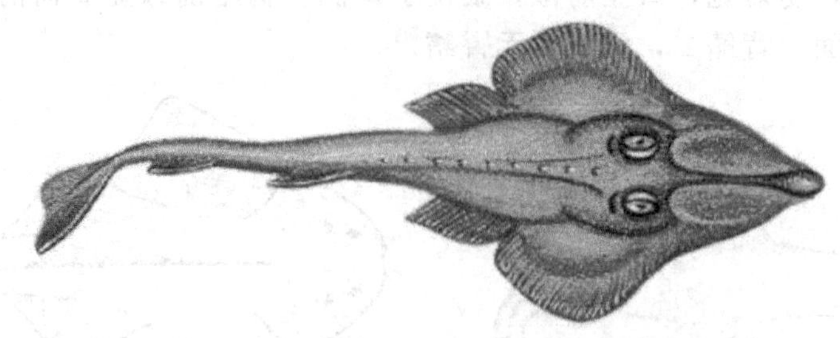

图 7-12 许氏犁头鳐（*Rhinobatos schlegeli*）

（2）鳐亚目 有 3 科，我国产 2 科：鳐科（2 个背鳍）和无鳍鳐科（无背鳍）。常见的有鳐科中的孔鳐（*Raja porosa*）（见图 7-13）。其为黄海和东海的经济鱼类之一。

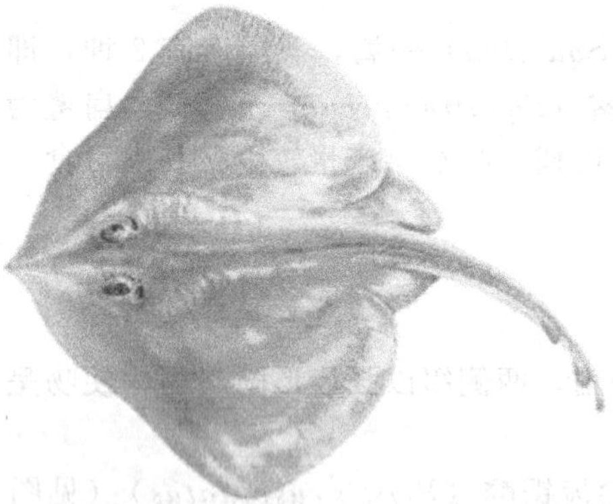

图 7-13 孔鳐（*Raja porosa*）

3. 鲼目（Myliobatiformes）

特征：体平扁，盘状或菱形；头不突出，或在菱形体的前角明显分出。背鳍无或仅有 1 个，腹部前部不分化为足趾状结构。

本目我国有 4 亚目 8 科。

（1）魟科（Dasyatidae）—体盘圆形、卵圆形或斜方形，尾一般细长如鞭，常具尾刺。背鳍消失，胸鳍伸至吻端。

本科我国产有 3 属，即沙粒魟属（*Urogymnus*）、条尾魟属（*Taeniura*）及魟属（*Dasyatis*）。其中以魟属中的赤魟（*Dasyatis akajei*）（见图 7-14）最为常见。其肉味鲜美，肝脏富有营养，为人民群众所喜爱。

（2）燕魟科（Gymnuridae） 体盘斜方形，宽度大于长度，约为长的 2 倍余。尾细小而短，尾刺或有或无。牙细小，铺石状排列。口底无乳突。胸鳍前延，伸达吻端，背鳍 1 个或消失。尾鳍消失，尾部上下方无皮膜突起，卵胎生。

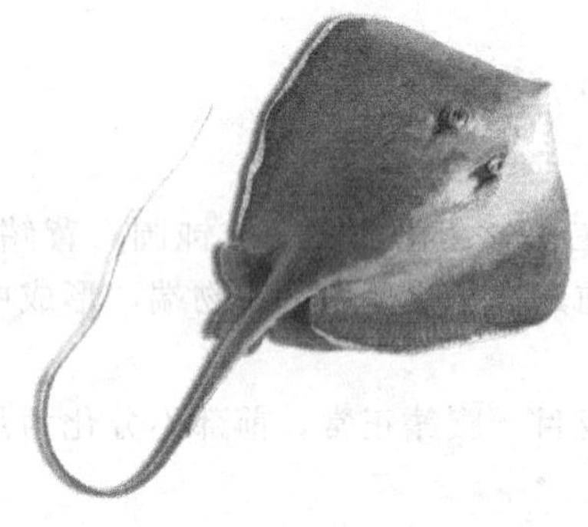

图 7-14 赤魟（*Dasyatis akajei*）

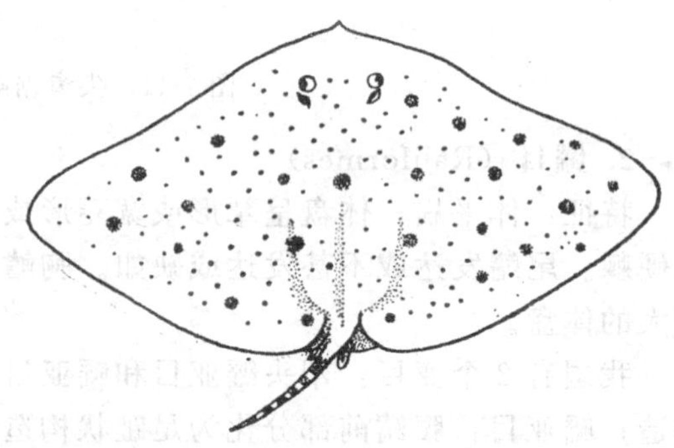

图 7-15 日本燕魟（*Gymnura japonica*）

本科有 2 个属，即燕魟属（*Gymnura*）（背鳍消失）和鸢魟属（*Aetoplatea*）（背鳍 1

个）。燕魟属我国产有 3 种，分布较广的是日本燕魟（*Gymnura japonica*）（见图 7-15）。

（3）鲼科（Myliobatidae）—体盘菱形，胸鳍前部分分化为吻鳍，吻鳍与胸鳍在头侧相连或分离，尾细长如鞭，具一小型背鳍，尾刺或有或无，卵胎生。

本科产于我国者有 2 属，即鲼属（*Myliobatis*）和无刺鲼属（*Aetomylaeus*）。

（4）鹞鲼科（Aebotatidae）—体盘菱形，吻鳍与胸鳍在头侧分离。尾细长如鞭。具一小型背鳍。具尾刺。牙宽扁，上下颌牙各一行。口底乳突粗大或细小，口上乳突显著，列成 2～3 横行。卵胎生。

本科只有鹞鲼（*Aetobatus*）一属，产于我国的有 2 种，即斑点鹞鲼［*Aetobarus guttatus*（Shaw）］和无斑鹞鲼［*Aetobatus flagellum*（Bloch et Bchneider）］。

（5）牛鼻鲼科（Rhinopteridae）—体盘菱形，吻鳍前部分化为两叶，尾细长如鞭，有尾刺，尾鳍消失。具一背鳍。牙宽扁，上下颌具牙5～10 余纵行。口底及口上无乳突，脑颅高而突出。卵胎生。本科我国只产牛鼻鲼属海南牛鼻鲼（*Rhinoptera hainanica* Chu）一种，为近海底层鱼类，食底栖贝类。产于我国南海。

（6）蝠鲼科（Mobulidae）—体盘菱形，头宽大而扁平，胸鳍前部分化为头鳍，位于头之两侧，尾细长如鞭，尾刺或有或无，有一小背鳍，口宽大前位或下位，牙细小而多，上下颌具牙带或上颌无牙。胎生。本科产于我国者有 2 属，即蝠鲼属（*Mobula*）和前口蝠鲼属（*Manta*）。前者口下位，上下颌各具一牙带；后者口前位，只下颌具一牙带。常见种类为双吻前口蝠鲼（*Mobula birostris*）（见图 7-16）。

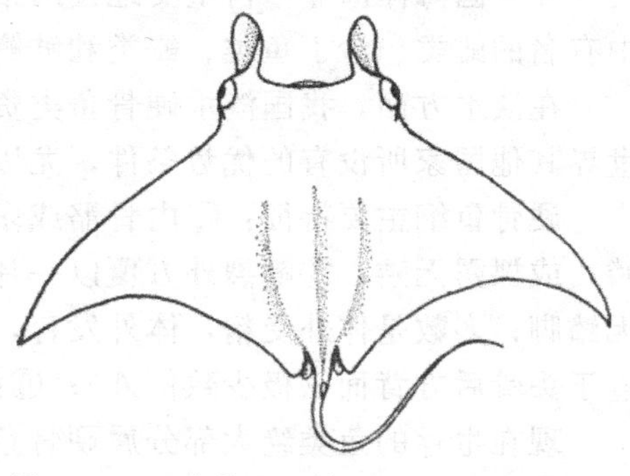
图 7-16　双吻前口蝠鲼（*Mobula birostris*）

4. 电鳐目（Torpedinifoumes）

特征：体平扁，体盘圆形或卵圆形，前部不尖。头与胸鳍之间每侧有一发电器官。体之尾部短，基部宽，向后渐窄。背鳍 2 条或 1 条或全无，尾鳍存在。

本目我国只产有 2 科，即电鳐科（Torpedinidae）和单鳍电鳐科（Narkidae）。前者背鳍 2 个，体盘厚、亚圆形，尾短，前部宽大，侧面有皮褶，牙细小，铺石状排列，齿面常翻出口外。后者背鳍 1 个，牙细小，齿面不翻出口外。常见的如丁氏双鳍电鳐（*Narcine timlei*），为沿海常见的底层鱼。

三、全头亚纲

现存者仅银鲛目。其特征：头侧扁，体延长，向后渐细小，口腹位，上颌与头颅愈合，背鳍 2 个，第 1 背鳍具一坚强的硬棘，可自由竖立起来。第 2 背鳍低而延长；歪形尾，体光滑。雄体除鳍脚外，还具腹前鳍脚和额上鳍脚。

本目我国有 2 科 3 属 3 种，即银鲛科（Chimaeridae）和长吻银鲛科（Rhionochimaeri-

图 7-17　黑线银鲛（*Chimaera phantasma*）

dae)。其中最常见的是黑线银鲛（*Chimaera phantasma*）（见图 7-17），以贝类、甲壳类和小鱼为食。其肉可食，卵味鲜美，肝可制鱼肝油，具有治病药效。沿海皆产。

第四节 硬骨鱼纲

硬骨鱼纲（Osteichthyes）是脊椎动物中种类最多的一个类群，现存 42 目 428 科 3678 属约 21485 种和亚种，我国记录有 30 目 256 科 1120 属 2955 种和亚种。广泛分布于地球各水域，从海拔 6000m 以上的水体到 10000m 大洋深处都有硬骨鱼类的存在。

硬骨鱼类是一群经济价值极为重要的种类，其中鲱形目鱼类的产量占世界渔业产量的 1/3～1/4，为第 1 位；鳕形目鱼类产量占第 2 位，占世界渔业产量的 1/4～1/5。

在我国海洋渔业中占重要地位的带鱼、大黄鱼、小黄鱼等都是鲈形目鱼类。而世界渔业中有名的鲱类、沙丁鱼类、鳀类和鲑鳟鱼类在我国不占主要地位。

在淡水方面，我国淡水硬骨鱼类资源丰富，在世界淡水渔业产量中占的比重颇大，这是世界其他国家所没有的优势条件，尤以鲤形目鱼类为生产主要对象。

硬骨鱼纲主要特征：①内骨骼或多或少为硬骨性的，并有膜骨加入；②体外被骨鳞或硬鳞，或裸露无鳞；③鳃裂外方覆以一片内有骨片支持的鳃盖，鳃间隔退化；④雄性腹鳍里侧无鳍脚；多数是体外受精，体外发育，卵生，少数变态为卵胎生；⑤尾鳍多为正形尾，肩带连于头骨后方背面（极少数例外）；⑥鳔通常存在，大多数种类肠内无螺旋瓣。

现在生存的鱼类绝大部分属硬骨鱼纲，本纲又可分为两个亚纲。

① 内鼻孔亚纲（Choanichthyes）：有内鼻孔；偶鳍中有一多节的中轴骨，偶鳍基部呈被鳞之肉质浆叶状。

② 辐鳍亚纲（Actinopterygii）：无内鼻孔；偶鳍中不存在多节的中轴骨，偶鳍一般在基部不呈肉质浆叶状（多鳍鱼例外）。

一、第一亚纲——内鼻孔亚纲

内鼻孔亚纲（Choanichthyes）是一类原始、结构较特化的种类。内骨骼部分骨化，具内鼻孔，有肉质浆叶状的偶鳍，故又称肉鳍亚纲（Sarcopterygii）。包括 2 个总目：总鳍总目和肺鱼总目。

1. 第一总目——总鳍总目（Crossopterygiomorpha）

这是一群古老原始的鱼类，早在泥盆纪（距今三亿六千万年）即开始出现，其分布遍及全世界，是当时数量最大的硬骨鱼类，繁盛于古生代和中生代的原始硬骨鱼。到上石炭纪（距今二亿五千万年）基本上绝迹。现存的仅有腔棘鱼目，仅 1 种，腔棘鱼目（Coelacanthiformes）矛尾鱼科（Latimeriidae）矛尾鱼（*Latimeria chalumnae*）（见图 7-18）。体背圆鳞，

图 7-18 矛尾鱼（*Latimeria chalumnae*）

带金属蓝色。尾鳍呈三叶矛形。齿颗粒状在口缘形成齿板，鳔已骨化，失去肺的功能，肉食性，卵胎生。分布于非洲东南沿海，生活在水深 50～550m 的海洋中。

图 7-19 澳洲肺鱼（*Neoceratodus forsteri*）

2. 第二总目——肺鱼总目（Dipneustomorpha）

为淡水鱼类，最早见于下泥盆纪，化石分布很广，我国四川的地层中亦有发现。现存的肺鱼类分作 2 目 3 科 5 种，分布于南美洲、非洲及澳洲的热带水域，有澳洲肺鱼（*Neoceratodus forsteri*）（见图 7-19）、非洲肺鱼（*Protopterus annectens*）（见图 7-20）等。我国四川省境内也出土过肺鱼化石。

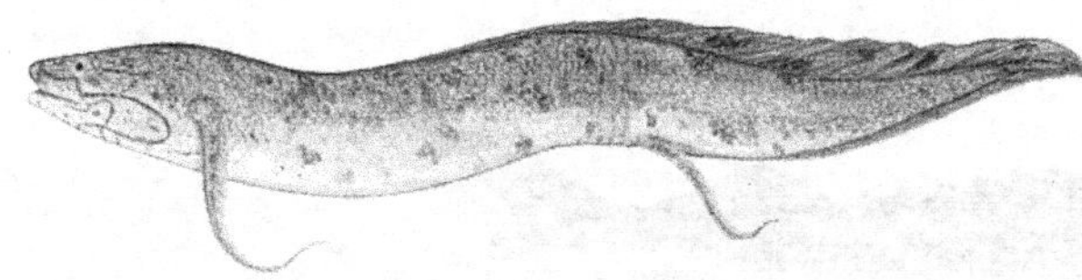

图 7-20 非洲肺鱼（*Protopterus annectens*）

二、第二亚纲——辐鳍亚纲（Actinopterygii）

辐鳍亚纲［真口亚纲（Teleostomi）真骨鱼类］鱼类种类多，占现生鱼类总数的 90%以上，共包括 9 总目 36 目，产于我国的有 8 总目 26 目。其主要特征：①体背硬鳞或骨鳞（园鳞，栉鳞）；②内骨骼骨化程度高；③无内鼻孔；④各鳍内有真皮性辐射鳍条支持，故称“辐鳍”；⑤肛门与泄殖孔分开，无泄殖腔；⑥生殖导管由生殖腺壁延伸而成。表 7-2 为常见总目的检索表。

表 7-2 常见总目的检索表

1（2）体被硬鳞或裸露，尾为歪尾形 ………… 硬鳞总目（Ganoidomorpha）
2（1）体被骨鳞或裸露，尾一般为正尾形
3（4）体鳗形，具胸鳍，腹鳍腹位或消失 ………… 鳗鲡总目（Anguillomorpha）
4（3）体非鳗形
5（6）有韦伯氏器， ………… 鲤形总目（Cyprinomorpha）
6（5）无韦伯氏器
7（10）腹鳍腹位
8（9）腹鳍鳍条 5～9 枚，背鳍与臀鳍相对 ………… 银汉鱼总目（Atherinomorpha）
9（8）腹鳍鳍条 6 枚以上，胸鳍位低，近腹缘 ………… 鲱形总目（Clupeomorphe）
10（7）腹鳍胸位或喉位
11（12）被圆鳞或裸露，颐部有小须 ………… 鲑鲈总目（Parapercomorpha）
12（11）被栉鳞或骨板或裸露，颐部无小须，鳍通常有棘 ………… 鲈形总目（Percomorpha）

（一）第一总目——硬鳞总目（Ganoidomorpha）

硬鳞总目乃古老类群的残余，保留着一系列原始性状。本总目共分 4 个目：即鲟形目、多鳍鱼目为软骨硬鳞鱼类（Chondrostei），软骨性脑颅很少骨化，许多特征都接近软骨鱼类；弓鳍鱼目和雀鳝目为硬骨硬鳞类（Holostei）。我国仅产鲟形目。多鳍鱼产于非洲。弓鳍鱼产于中美及北美南部。雀鳝产于中美、北美及古巴。这里重点介绍鲟形目（Acipenseriformes）。

① 特征：内骨骼为软骨，头部有膜骨，中轴骨骼之基础为非骨化之弹性脊索，椎体不存在。肛门与泄殖孔位于腹鳍基底附近。尾鳍为歪形尾。背鳍与臀鳍的鳍条数目多于支鳍骨。无喉板。鲟形目分布于北半球，以俄罗斯、美国及伊朗等国的产量较高。

② 有 2 科：鲟科（Acipenseridae）体具 5 行骨板，吻中长，胸鳍第 1 鳍条已演变为棘。

我国有2属7种。匙吻鲟科（Polyodontidae）体无成行的骨板，吻很长，如汤匙状，胸鳍无棘。有2属2种，我国只产1种。

1. 鲟科（Acipenseridae）

我国有鳇属和鲟属。体具5列骨板，口前2对须排成一横列与口裂并行，口内无齿。口小［鲟属（Acipenser）］；口大，非常突出［鳇属（Huso）］。

（1）施氏鲟（*Acipenser schrenckii*）（见图7-21） 俗称七粒浮子。为黑龙江水系名贵鱼。体长，呈梭形，头略呈三角形。吻下面须的基部前方中线上有数个突起，故称七粒浮子。体侧骨板32～47。

图7-21 施氏鲟（*Acipenser schrenckii*）

分布于我国黑龙江、松花江、嫩江、乌苏里江、兴凯湖。一般体重5kg左右，最大可达3m长，重80kg。生活于河流中下层，为淡水定居性鱼类。以底栖动物及小型鱼类为食，人工养殖经驯食后可摄食配合饲料。性成熟年龄雄鱼一般9～10龄，雌鱼较晚。5～7月份产卵于水深2～3m的沙砾底处。生长快，2龄可达2.5kg。因适温范围广（1～30℃），可在全国各地养殖。为东北贵重经济鱼类。

（2）长江鲟（达氏鲟）（*Acipenser dabryanus*）（见图7-22） 俗称沙腊子，外观与中华鲟极相似，但鳃耙较多，17cm以下的幼鱼，鳃耙18～30，17cm以上的个体鳃耙多于28，骨板间皮肤遍布颗粒状的细小突起，触摸粗糙，在幼小个体更为明显。吻部腹面光滑。体侧骨板26～38。

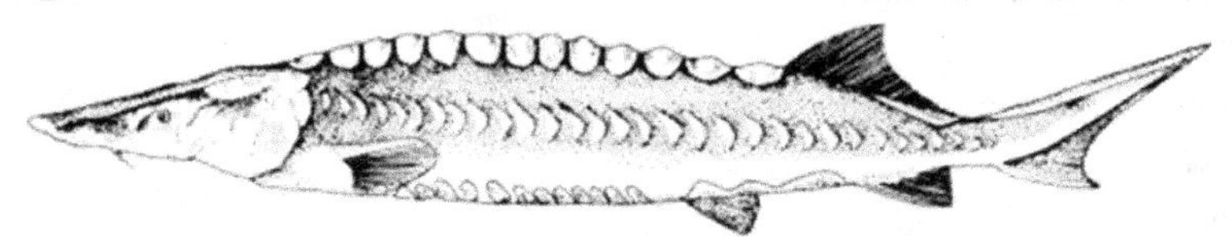

图7-22 长江鲟（*Acipenser dabryanus*）

长江鲟为纯淡水鱼类，主要在长江中上游之中下层生活。生殖季节为春季3～4月份和秋冬11～12月份，以春季为主。主要以底栖无脊椎动物、小型鱼类（如鰕虎鱼）、植物的碎屑、藻类和泥沙中的有机物为食。为中型鱼类，生长快，2龄体重达1.8kg，平均体重10～20kg。目前已开始人工养殖，为长江经济鱼类之一。

（3）中华鲟（*Acipenser sinensis*）（见图7-23） 俗称腊子，为长江、珠江及其近海的洄游性鱼类。体长，呈梭形，口下位，口能够向外伸缩，鳃耙13～25，骨板间皮肤在幼体时光滑，随个体长大，则有不同程度的粗糙状态。吻部、腹部无突起。体侧骨板26～42。

中华鲟为大型鱼类，可达数百千克。春季在河口一带生活，翌年秋季则到宜昌江段产卵。属底层温和性鱼类，天然水体摄食各种动物性食物，人工养殖驯食后则摄食配合饲料。中华鲟是生长最快的鱼类之一，12月龄平均可达3.5～4kg，很有养殖前景。

中华鲟是我国特有的水生动物，为我国一类保护动物。在全世界27种鲟鱼中，中华鲟生存年代最古老，它与恐龙同年代，迄今已繁衍一亿四千多万年。

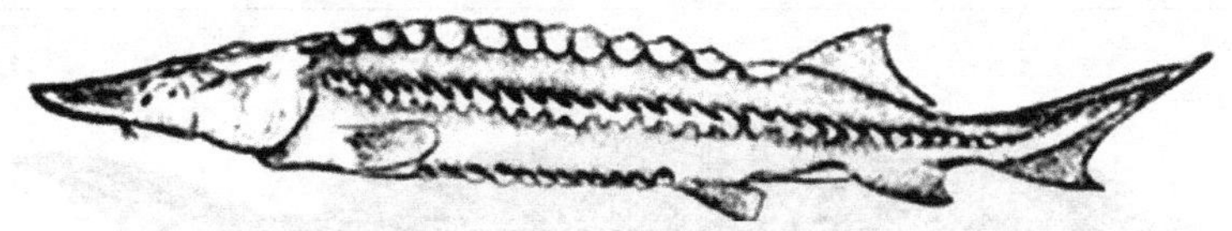

图 7-23 中华鲟（*Acipenser sinensis*）

（4）俄罗斯鲟（*Acipenser gueldenstaedti*）（见图 7-24） 体呈纺锤形。在骨板行之间体表分布有许多小骨板，常称小星。侧骨板 24～50。口小，下唇中央中断。

俄罗斯鲟为从俄罗斯引进养殖的一种淡水定居性鲟。以底栖软体动物、鱼类或配合饲料为食。在养殖条件下，一般 2 龄可达 2.5kg。春季产卵。适温范围小，为 18～25℃，低于 10℃停止生长，超过 32℃则有危险。

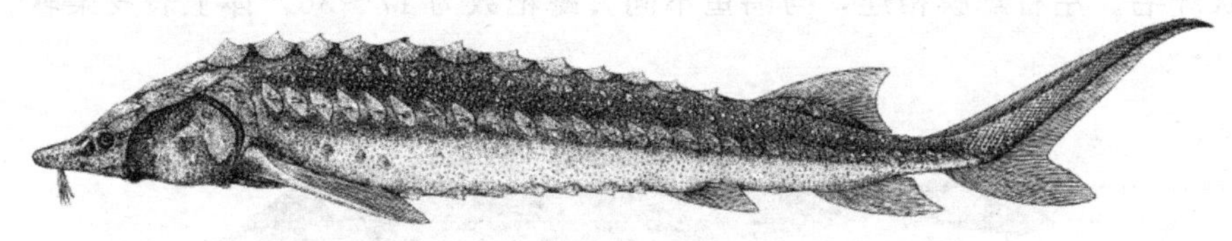

图 7-24 俄罗斯鲟（*Acipenser gueldenstaedti*）

（5）小体鲟（*Acipenser ruthenus*）（见图 7-25） 体长，体表骨板行之间有大量小骨板分布，侧骨板 56～71。个体小，生长慢，2 龄仅 0.25kg。在我国分布在额尔齐斯河。

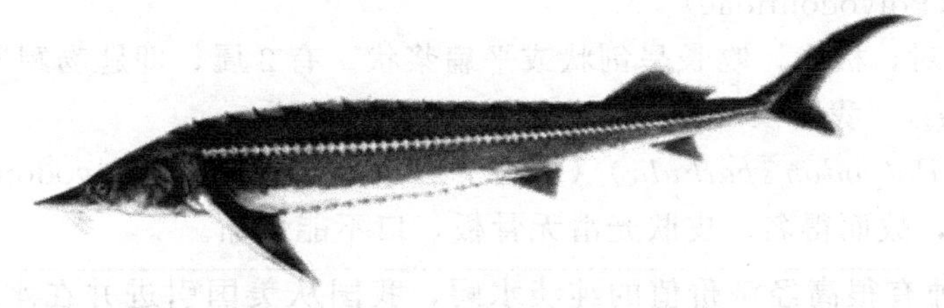

图 7-25 小体鲟（*Acipenser ruthenus*）

（6）裸腹鲟（*Acipenser nudiventris*）（见图 7-26） 长体型，体表骨板行之间无小骨板分布，侧骨板 51～74。生长较慢，2 龄约 0.35kg。在我国分布于新疆。

图 7-26 裸腹鲟（*Acipenser nudiventris*）

（7）鳇（*Huso dauricus*）（见图 7-27） 口下位，宽阔。左右鳃膜向腹面伸展彼此愈合（见图 7-27）。

鳇为黑龙江水系的大型鲟，为纯淡水鱼类。体重 50～150kg，其最大个体可长达 6m 以上，重 1000kg 以上。栖息于江河中下层，喜生活在砾粒质和沙质水底，常分散活动。每年 5～7 月份，17 龄以上的个体产卵于河道的沙砾底上。幼鱼以枝角类、摇蚊幼虫为食。

1冬龄鱼开始以小鱼为食，也吞食底栖动物。成鱼时食鱼，尤其在鲑鱼类生殖时期，常侵入鱼群中捕食。

图 7-27 鳇（*Huso dauricus*）

（8）欧洲鳇（*Huso huso*）（见图 7-28） 个体巨大，体呈纺锤形，向尾部延伸渐细。尾为歪形尾，上叶长，下叶短。外形与达氏鳇相似。口大，突出，呈半月形。口位于头部的腹面，下唇居中而断。吻柔软，吻突短而尖，呈锥形，为软骨。吻须4根，较长，侧扁状，其上附生叶状纤毛。左右鳃膜相连，与鲟鱼不同。鳃耙数为17～36，体上表皮柔软。

图 7-28 欧洲鳇（*Huso huso*）

2. **匙吻鲟科**（Polyodontidae）

体无鳞，须1对，极小，吻长呈剑状或平扁桨状。有2属，即匙吻鲟属（*Polyodon*）和白鲟属（*Psephurus*）。我国仅产白鲟（*Psephurus gladius*）。

（1）匙吻鲟（*Polyodon spathula*）（见图 7-29） 匙吻鲟属（Polyodon），因长吻形如匙柄，约占体长1/3，故而得名。皮肤光滑无骨板，口不能伸缩。

匙吻鲟是一种有很高经济价值的纯淡水鲟，我国从美国引进并在水库中放养。体长10～15cm的幼鲟，吻似鸭嘴，鳃盖如“象耳”，全身晶润，游态特异，俗称“太空鲟”，可作为名贵观赏鱼。适温范围广。在天然水体中终生以浮游动物为食，人工养殖也摄食配合饲料，但饵料不足时，会捕食小鱼或同类相残。人工投喂时，喜肚皮朝天，仰游索饵。生长快，1龄可达1～1.5kg，2龄达2～3kg。3～6月份产卵。匙吻鲟是一种有前途的放养对象。

图 7-29 匙吻鲟（*Polyodon spathula*）

（2）白鲟（*Psephurus gladius*）（见图 7-30） 白鲟属（*Psephurus*），俗称象鱼，为我国长江中的特有种类。体光滑无骨板，仅尾鳍上叶有棘状硬鳞。吻很长，如汤匙状。口前吻须2条，甚小。胸鳍无棘。口可伸缩。

分布于黄海、东海及长江干支流，偶尔也能进入钱塘江，栖息于河流中下层，生长快，个体大，性凶猛，以鱼、虾、蟹等为食。个体大，一般可达50～100kg。雌鱼最小性成熟年龄为7～8龄，雄性较雌性稍早。春季在长江上游产卵，属沉性卵。但种的繁殖力很小，渔业价值并不高。其为我国特有的大型珍稀鱼类，属国家一类保护动物，对研究鱼类起源、演化与地理分布有重要意义。其为国家一级保护动物。

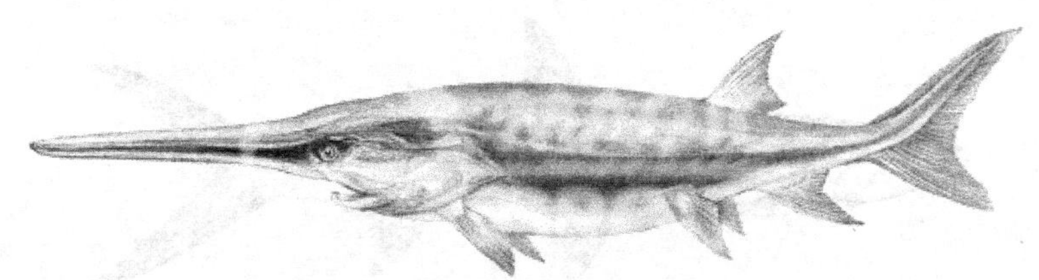

图7-30 白鲟（*Psephurus gladius*）

鲟类的主要养殖生物学特性及养殖意义如下。

广温性：一般生存温度为1～34℃，产卵水温为10～19℃；生长适宜水温不同。

广盐性：对盐度的适应能力较强，在淡水和海水中栖息的种类，都在淡水中繁殖。洄游种类经历适应过程后，能适应淡水、半咸水和海水环境。

寿命长、个体大、性成熟迟：鱼类中寿命最长、个体最大、性成熟最迟的类群。雌鲟一般在12～35龄成熟，雄鲟比雌鲟早3～5年成熟。

生殖力较高：通常怀卵量为数十万粒至数百万粒。一般间隔几年繁殖一次。

多数种类为温和肉食性：子鲟、稚鲟阶段以浮游动物、底栖无脊椎动物（摇蚊幼虫、蜉蝣幼虫、糠虾等）为食；幼鲟以甲壳动物、小型鱼类、沙蚕类为食；成鱼以鱼类、虾类、蟹类、贝类为主要食物；经过驯食可转食配合饲料。

对溶氧要求高：河流性鱼类，对溶氧等生态条件要求高，最适生长的溶氧>6mg/L，<4mg/L左右摄食明显减少，3mg/L左右产生昏迷、窒息和死亡。苗种培育和成鱼饲养时可用水库水、河水、地下井水、泉水，要求水质清新、无污染。

养殖意义：鲟类是一群古老的鱼类，全世界现有种类不足30种，其中我国有8种，主要分布在黑龙江、长江和珠江水系。鲟类是大型鱼类，具有个体大、生长快、性成熟迟、病害少、经济和营养价值高等特点。肉和卵是珍贵食品，皮可制革，鳔和脊索可制胶，具滋补强壮功能。国际市场上鲟鱼售价约60美元/kg，鲟卵约300美元/kg，由鲟卵制成鱼子酱可达500～700美元/kg，是俄罗斯、美国和欧洲一些国家的重要养殖对象。

我国以饲养施氏鲟、匙吻鲟、中华鲟、高首鲟、俄罗斯鲟、达氏鲟、小体鲟、西北利亚鲟和杂交鲟为主的鲟类养殖业已迅速发展起来。中华鲟是我国一类保护动物，施氏鲟是我国二类保护动物，必须办理相关手续后才能进行人工饲养、运输和销售。

（二）第二总目——鲱形总目（Clupeomorpha）

腹鳍腹位，鳍条常不少于6条。胸鳍基位低，接近腹缘。鳍无棘。鳞常为圆鳞。上颌常由前颌骨与上颌骨组成。椎骨一般单型，无附加结构，故又称等椎类（Isospondyli）。分6个目。

1. 海鲢目（Elopiformes）

海鲢目是硬骨鱼类中的低等类群，有些还保留动脉圆锥和喉板等原始特征。稚鱼为“柳叶体”形，在个体发育中有变态。我国产3种，主要分布于南海和东海。

特征：颐下中央多有喉板（或称颈片），有侧线；背鳍1个，偶鳍基有腋鳞。有些种类有动脉圆锥。

海鲢目分海鲢亚目（Elopoidei）和北梭鱼亚目（Albuloidei）2个亚目，前者有喉板，后者无喉板。

（1）海鲢亚目：有2个科。

① 海鲢科（Elopidae）：我国仅产1种。海鲢（*Elops saurus*）（见图7-31），产于我国东海南部及南海，一般体长280mm左右，可进入河口生活。主食浮游生物，肉味美。

图7-31 海鲢（*Elops saurus*）

② 大海鲢科：我国仅产1种。大海鲢（*Megalops cyprinoides*）（见图7-32）分布于东海、南海及太平洋、印度洋。为暖水性近海中、小型鱼类，生活于海湾及海峡，有时进入河口。以小鱼、小虾等为食。

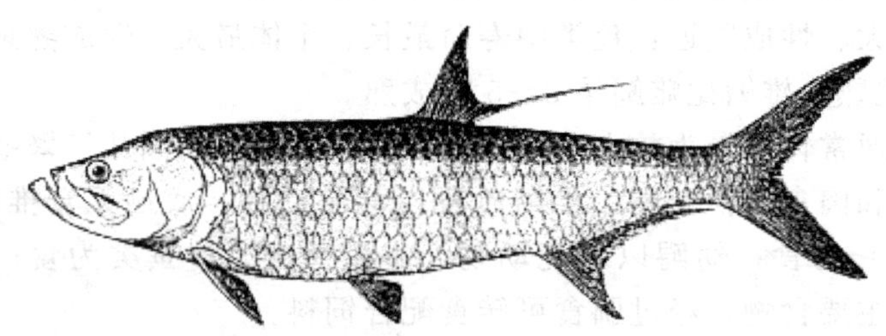

图7-32 大海鲢［*Megalops cyprinoides*（Broussonet）］

（2）北梭鱼亚目：有2个科，我国仅产北梭鱼科（Albulidae）。我国只有1种。

北梭鱼（*Albula vulpes*）（见图7-33）分布于南海及印度尼西亚、朝鲜、日本。为中、小型鱼类，一般体长220～500mm，长者可达900mm，生活于近海沿岸。通常鲜销。

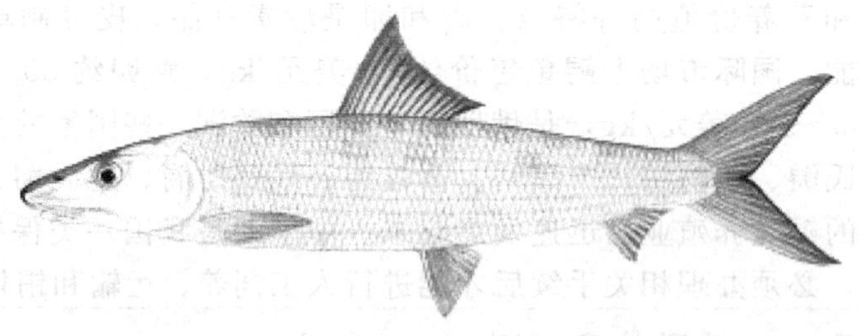

图7-33 北梭鱼（*Albula vulpes*）

2. 鼠鱚目（*Elopiformes*）

特征：背鳍1个，偶鳍基有腋鳞，腹鳍9～12，口小，无齿或几近无齿。鳃条骨3～4对，许多具鳃上器官，有侧线，圆鳞或栉鳞。

鼠鱚目分2亚目：鼠鱚亚目（Gonorhynchoidei），头体被小的栉鳞；遮目鱼亚目（Chanoidei），头体被圆鳞。

（1）鼠鳝亚目　只有鼠鳝科（Gonorhychidae），我国产 1 种。鼠鳝（*Gonorhynchus abbreviatus*），分布于南海和日本，不常见。

（2）遮目鱼亚目　只有遮目鱼科（Chanidae），仅产 1 种。遮目鱼（*Chanos chanos*）（见图 7-34）分布于我国台湾、福建、广东和海南、南海诸岛，为海水养鱼的重要对象，台湾渔民有养殖遮目鱼的悠久历史，生长迅速，一般体重 3kg，最重可达 13kg。

图 7-34　遮目鱼（*Chanos chanos*）

3. 鲱形目（Clupeiformes）

特征：背鳍 1 个，偶鳍基有腋鳞，腹鳍腹位，各鳍均无鳍棘。口裂上部边缘由前颌骨和上颌骨组成。通常圆鳞。无侧线。鳔有管，通食道。

鲱形目为真骨鱼类中较为原始的类群，分布广泛，渔业意义重要，产量约为世界产量的 30%，海、淡水均有，也有溯河种类鲱形目，世界有 2 亚目 4 科约 330 种。我国有 1 亚目 3 科 18 属 40 余种。目前世界上主要的鲱形目经济鱼类有 14 种左右，其中鲱科 10 种，鳀科 4 种。产量最高的是秘鲁鳀，年产量 540.75 万吨。

我国海洋四大经济鱼类之一的鳓鱼也属于本目，此外还有经济价值甚高的鲥鱼、凤尾鱼（凤鲚）等。因此，无论是世界渔业还是我国渔业鲱形目都占有非常重要的地位。

（1）鲱科（Clupeidae）　主要特征：背鳍位于臀鳍的前方。口裂不超过眼的后缘。

本科鱼类主要栖息于热带水域中，印度洋、太平洋地区鲱科鱼类区系最盛。鲱科鱼类生活在海洋中的约有 25 属 90 种，生活在淡水中的约 15 属 30 种。我国产 5 亚科。鲱科鱼类多为集群性的上层鱼类，以浮游性的无脊椎动物为食。

① 圆腹鲱亚科（Dussumieriinse）：本亚科我国产 2 属 2 种，即圆腹鲱和脂眼鲱。圆腹鲱（*Dussumieria hasseltii*）（见图 7-35），背鳍位于腹鳍上方，与腹鳍相对，犁骨无牙，脂眼睑不完全盖着眼。分布于我国东海、南海。为小型习见鱼类。有较强的趋光性，为夏季灯光围网次要渔获物之一。

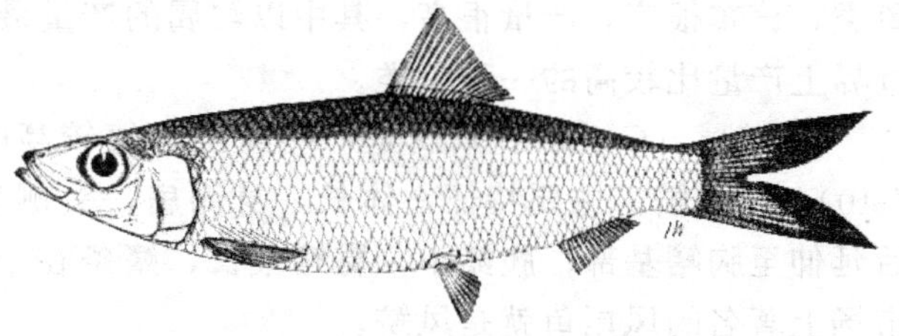

图 7-35　圆腹鲱（*Dussumieria hasseltii*）

② 鲱亚科（Clupeinae）：如太平洋鲱（*Clupea pallasi*）（见图 7-36），为冷水性中上层鱼类，我国仅见于黄海、渤海，广泛分布于北太平洋西部，为重要经济鱼类。青鳞鱼分布于南海。金色小沙丁鱼是粤东、闽南近海重要的经济鱼类之一。

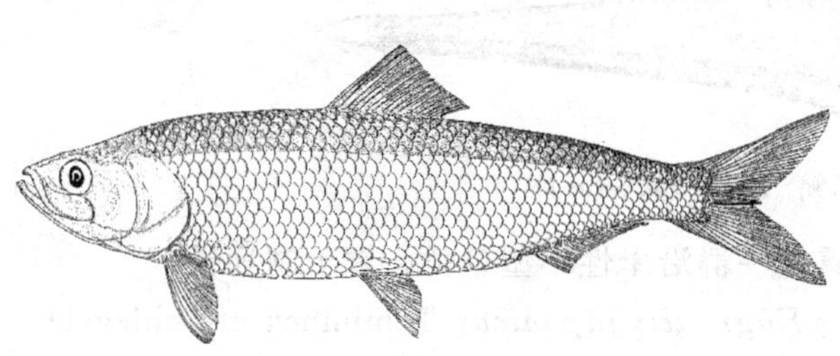

图 7-36　太平洋鲱（*Clupea pallasi*）

③ 鲥亚科（Alosinae）：我国仅产鲥鱼属（*Macrura*）鲥鱼（*Macrura reevesii*）（见图 7-37）是著名的经济鱼

类，目前已经开展人工规模化养殖。分布于黄海、东海、南海和长江、钱塘江、珠江等水系。

④ 鰶亚科（Dorosomatinae）：我国产 3 属 4 种，斑鰶（见图 7-38）产量最多，为小型食用鱼类，属暖水性浅海鱼类，分布于中国南海，生活于浅海，每年冬季海南岛莺歌海渔港捕捞较多，通常鲜销市场。

图 7-37 鲥鱼（*Macrura reevesii*）

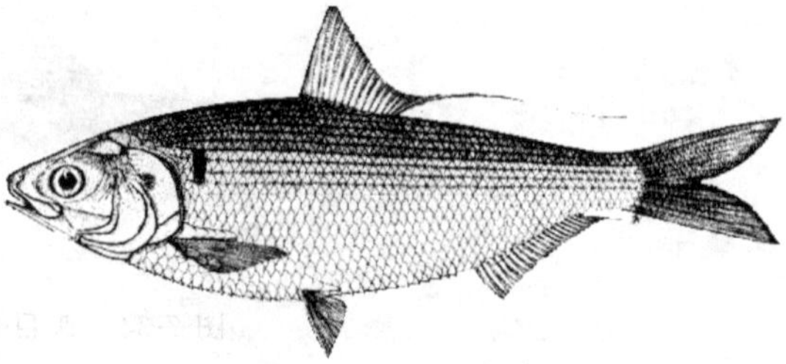

图 7-38 斑鰶（*Clupanodon punctatus*）

⑤ 鳓亚科（Pristigasterinae）：最重要的是鳓鱼（*Ilisha elongata*）（见图 7-39），以浙江产量最高，主要渔期在 4～7 月份。其肉味鲜美，鲜食或制成盐干品。

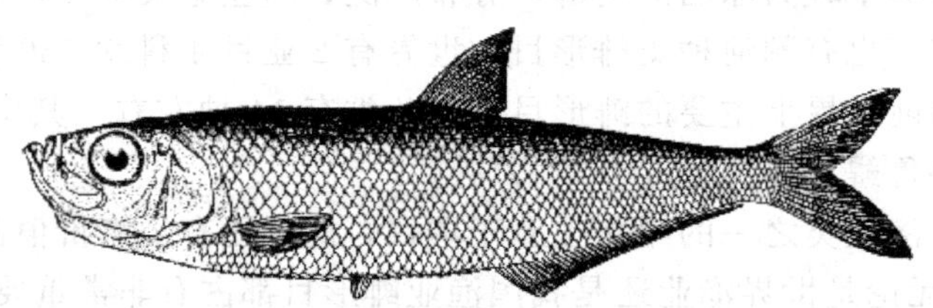

图 7-39 鳓鱼（*Ilisha elongata*）

（2）鳀科（Engraulidae） 主要特征：背鳍位于臀鳍的前方。口裂超过眼的后缘。

本科鱼类为热带、亚热带及温带海洋鱼类，亦有少数种类可进入淡水。本科多为中小型鱼类，分布很广，产量很高，其中以鳀属的产量最高，分布于太平洋东南海区的秘鲁鳀，是世界上产量比较高的一种鱼类。

① 鲚属（Coilia）：鲚属是一些经济价值较高的鱼类，包括刀鲚、短颌鲚、凤鲚（见图 7-40）、七丝鲚。主要特征：体长，身侧扁，头侧扁，口大而斜，半下位。上颌骨游离，向后延伸至胸鳍基部；腹鳍小，臀鳍很长，鳍条在 90 根以上，基部后方与尾鳍基相连。水产市场上著名的凤尾鱼就是凤鲚。

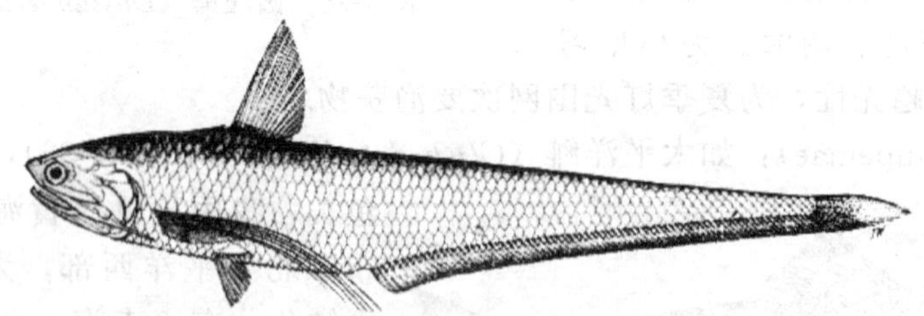

图 7-40 凤鲚（*Coilia mystus*）

② 小公鱼属（*Anchoviella*）：小公鱼属是一群沿岸性小型鱼类，常干制远销。

③ 鳀属（*Engraulis*）：我国只有鳀鱼（*Engraulis japonicus* Temminck et Schlegel）一种，生活于浅海中上层，为小型经济鱼类。

④ 黄鲫属（*Setipinna*）：黄鲫属只有黄鲫（*Setipinna taty*）（见图 7-41）一种，分布于沿海各地，为近海中下层鱼类。以浮游生物为食。体小肉薄，但产量不少。

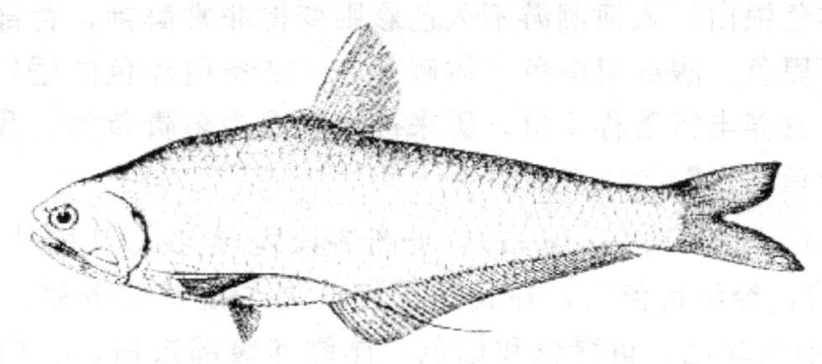

图 7-41　黄鲫（*Setipinna taty*）

（3）宝刀鱼科（Chirocentridae）　体非常侧扁，状似军刀。背鳍 1 个，位于体后部。我国现知有 1 属 2 种，即宝刀鱼（*Chirocentrus dorab*）（见图 7-42）和长颌宝刀鱼（*Chirocentrus nudus*）。

图 7-42　宝刀鱼（*Chirocentrus dorab*）

4. 鲑形目（Salmoniformes）

特征：许多种类在背鳍之后有脂鳍，腹鳍 1，（6）7-12（14），偶鳍基在部分种类中有腋鳞。侧线存在。中轴骨骼与头骨常骨化不全。

鲑形目鱼类主要分布在北半球高纬度地区，包括了在世界渔业中占有重要地位的鲑鳟鱼类，经济价值很高。目前，日本、美国、加拿大等国家，都进行了大量的苗种培育和放流工作。鲑形目可以分为 9 个亚目，现知我国有 7 个亚目。

（1）鲑亚目（Salmonoidei）　有脂鳍，鳃条骨 10～20，侧线完全。有 2 科：鲑科（Salmonidae），背鳍基底短，背鳍条 17 以下；茴鱼科（Thymallidae），背鳍基底颇长，背鳍条 17 以上。

① 鲑科（Salmonidae）：背鳍基底短，鳍条数在 16 以下，口裂大，齿锥形。是北半球的淡水和溯河鱼类，主要有大马哈鱼属构成。我国产 2 个亚科，即鲑亚科和白鲑亚科。

a. 大马哈鱼属（Oncorhynchus）：包括 3 种鱼类，即大马哈鱼、驼背大马哈鱼（见图 7-43）、马苏大马哈鱼。我国仅产大马哈鱼，俗称大发哈鱼、罗锅鱼、花斑鳟、花鳟等。其一

图 7-43　驼背大马哈鱼（*Oncorhynchus gorbuscha*）

般体长 60cm 左右而侧扁，略似纺锤形；头侧扁，吻端突出，微弯。口裂大，形似鸟喙，生殖期雄鱼尤为显著，相向弯曲如钳状，使上下颌不相吻合。

生活在海洋时体色银白，入河洄游不久色彩则变得非常鲜艳，背部和体侧先变为黄绿色，逐渐变暗，呈青黑色，腹部银白色。体侧有 8～12 条橙赤色的婚姻色横斑条纹。大马哈鱼素以肉质鲜美、营养丰富著称于世，历来被人们视为名贵鱼类。我国黑龙江畔盛产大马哈鱼，是“大马哈鱼之乡”。

b. 虹鳟（三文鱼）(*Salmo gairdneri*)（见图 7-44）：是我国从国外引进的，其隶属于鲑属（*Salmon*），生长快，经济价值高，在我国已经开展了规模化养殖。体型侧扁，口较大，鳞小而圆。背部和头顶蓝绿色、黄绿色和棕色，体侧和腹部银白色、白色和灰白色。头部、体侧、体背和鳍部不规则分布着黑色小斑点，有一脂鳍。性成熟个体沿侧线有 1 条呈紫红色或桃红色、宽而鲜红的彩虹带，直至尾鳍基部，在繁殖期尤为艳丽，似彩虹，故名。

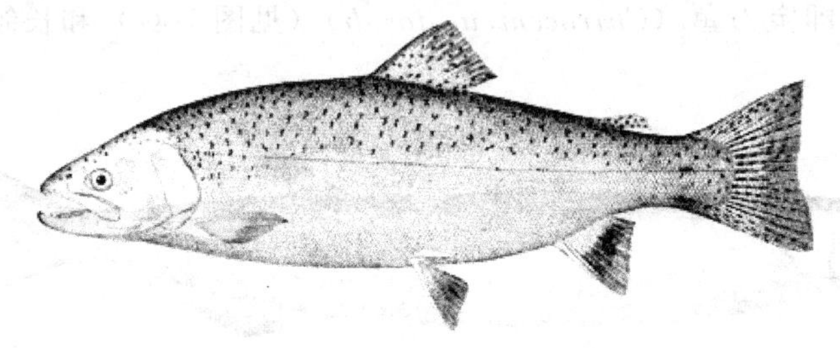

图 7-44 虹鳟（*Salmo gairdneri*）

② 茴鱼科（Thymallidae）：只有茴鱼属，分布于北半球各处，产于我国东北的是黑龙江茴鱼（*Thymallus arcticus*）（见图 7-45），是一种典型的小溪栖居的鱼类，最高分布地区达海拔 1180m 左右，为名贵的食用鱼类。

图 7-45 黑龙江茴鱼（*Thymallus arcticus*）

(2) 胡瓜鱼亚目（Osmeroidei） 共分 5 科，我国有 3 科。

① 银鱼科（Salangidae）：体细长透明，前圆后扁，体无鳞或局部被鳞，头长，有一尖而平扁的吻部，口裂大，两颌、犁骨及舌上有牙，无幽门盲囊。本科包括 7 个属，只分布在东亚各地，以我国所产最多。常见的有太湖新银鱼和大银鱼。

a. 太湖新银鱼（*Neosalanx taihuensis*）（见图 7-46）：最为常见，个体小，细长近圆筒

图 7-46 太湖新银鱼（*Neosalanx taihuensis*）

状，体裸透明。头甚平扁，吻短，眼小，侧线平直。有一极小脂鳍。尾鳍叉形。

太湖新银鱼为纯淡水种类，多生活在湖泊的中上层。主食浮游动物，也食少量的小虾和鱼苗。4 月份开始产卵。分布于长江中下游及附属湖泊。个体较小，最大 80mm，一般为 50mm 左右，但其数量太湖产量较高。云南滇池等移植成功，形成优势种群。

b. 大银鱼（*Protosalanx hyalocranius*）：在银鱼科中体型较粗大，成体体长在 9cm 以上。鱼体属细长形，前部略呈圆筒形，后部呈侧扁状。吻略尖细。头部较平扁，口裂大，下颌长于上颌。上、下颌内均有细齿，背鳍后有一小脂鳍。

大银鱼为生活于河口及近海的洄游性鱼类，进入淡水产卵，也可定居于淡水湖泊中。为肉食性鱼类，以虾和小鱼等为食。3 月产卵。大银鱼系银鱼科中最大的一种，可达 210mm，分布于黄海、渤海、东海及入海的江河中，长江中下游及其附属湖泊中均有分布。大银鱼往往与太湖新银鱼同时移植入水库中，太湖新银鱼作为大银鱼的饵料鱼移植。大银鱼在我国某些水库移植成功，并取得了很好的经济效益。

② 香鱼科（Plecoglossidae）：只有香鱼（*Plecoglossus altivelis*）（见图 7-47）一种。体细长，头小。吻尖，前端向下弯成钩形突起。口大，下颌两侧前端各有一突起，突起之间呈凹形，口关闭时，吻钩与此凹陷正相吻合。上下颌生有宽扁的细齿。除头部外，全身密被极细小圆鳞。背鳍后方有一个小脂鳍。

图 7-47　香鱼（*Plecoglossus altivelis*）

香鱼为小型经济鱼类，寿命很短，仅有 1 年，故又称为“年鱼”。秋末在河川出生的幼鱼下海过冬，到春天开始溯上河川，夏天成长发育，秋天产卵后终其一生。因其肉味鲜美且具有特殊风味而驰名中外。我国从辽宁一直到福建沿海都产此鱼，浙江的南北雁荡、福建的龙溪、台湾等地都有出产。在日本，人工养殖香鱼的事业十分发达，并有在海水网箱中试养香鱼的，在我国则以捕捞天然鱼为主。香鱼是一条有发展前途的养殖品种。

③ 胡瓜鱼科（Osmeridae）：是一群小型鱼类，我国现知 2 属 3 种，即胡瓜鱼（*Osmerus dentex*）、公鱼（*Hypomesus japonicus*）、池沼公鱼（*Hypomesus olidus*）（见图7-48）。

图 7-48　池沼公鱼（*Hypomesus olidus*）

池沼公鱼地方名为黄瓜鱼，为小型鱼，体长稍侧扁，头长大于体高，吻尖。吻端位口裂较大，上下颌具有绒毛状齿。眼较大。背鳍与尾鳍间有脂鳍。尾柄很细，尾鳍呈深叉形。

池沼公鱼在世界上分布较广，在我国自然分布不广，仅限于东北的黑龙江中下游、乌苏里江和图们江中下游。我国自1984年开展池沼公鱼开发利用以来，池沼公鱼已被引种到我国北方众多省、市的湖泊和水库中，部分南方省份也开始引种并取得了成功。

(3) 狗鱼亚目（Esocoidei） 本亚目有3科，分布于北半球寒冷地区，产于我国的是狗鱼科（Esocidae）。我国产2种，即黑斑狗鱼（*Esox reicherti*）（见图7-49）和白斑狗鱼（*Esox lucius*）。

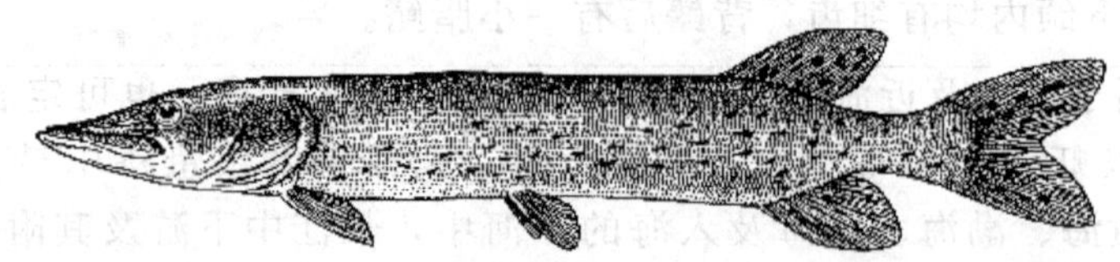

图7-49 黑斑狗鱼（*Esox reicherti*）

黑斑狗鱼吻似鸭嘴，牙锋利，鳞小。性凶猛，很贪食，以鲫鱼、雅罗鱼及水禽的幼体等为食。最重达5kg以上，年产量大，有经济价值。

5. 灯笼鱼目（Myctophifoumes）

本目似鲱形目，但口裂上缘仅由前颌骨组成。特征：腹鳍腹位或亚胸位，鳍条6～13，鳍无棘。脂鳍存在。无中乌喙骨。很多种类有发光器官。鳔如存在必有管。大多为深海鱼类。

本目可分2亚目，我国产灯笼鱼亚目（Myctophiformes），分5科。

(1) 狗母鱼科（Synodontidae） 体修长或方长，被圆鳞，有侧线，头部亦被鳞。口大，两颌、腭骨及舌上均具齿。鳃腹与峡部分离。背鳍中等长，完全为软条；腹鳍颇大，腹位；胸鳍位高而小；脂鳍存在。我国产3属10余种，均为海滨鱼类，为沿海常见的渔获物，具有一定的经济价值。

① 长蛇鲻（*Saurida elongata*）（见图7-50)：胸鳍不伸到腹鳍基底，背鳍条不延长。

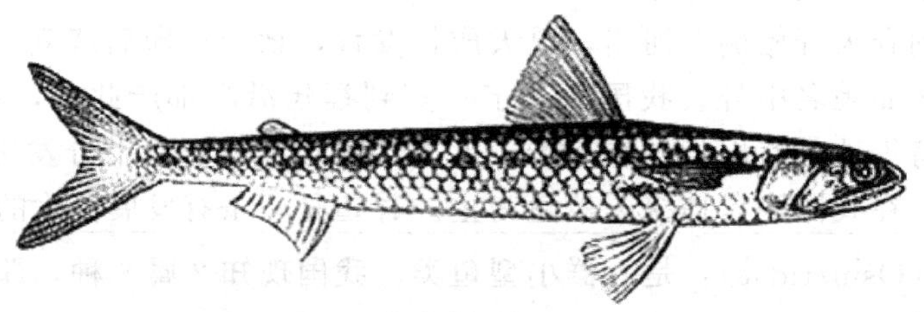

图7-50 长蛇鲻（*Saurida elongata*）

沿海各地均有分布，常栖息于水深20～100m底质为泥或泥沙的海区，性凶猛，游泳迅速，以小型鱼类及乌贼等为食。一般不作远距离洄游，生殖季节时由外海向沿岸移动，产卵后逐渐游向外海。

② 长条蛇鲻（*Saurida filamentosa*）（见图7-51)：胸鳍伸到腹鳍基底上方，背鳍条延长为丝状。

长条蛇鲻为南海经济鱼类之一，属底栖凶猛鱼类，喜栖息于底质为泥沙的海区。生殖季节从11月份至翌年4月份。个体比长蛇鲻大，大者可达500mm，体重1600g。以鱼类为食。

(2) 龙头鱼科（Harpodontidae） 仅1种，即龙头鱼（*Harpodon nehereus*）（见图7-52)，其两颌牙密生、细尖，能倒伏，体柔软，大部分光滑无鳞，唯侧线上有一行较大的鳞直抵尾

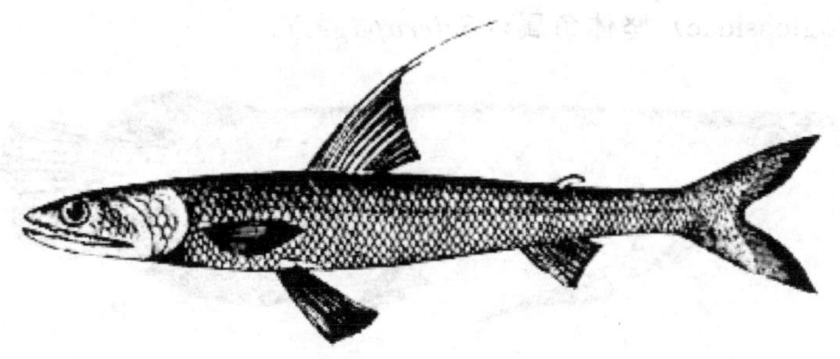

图 7-51　长条蛇鲻（*Saurida filamentosa*）

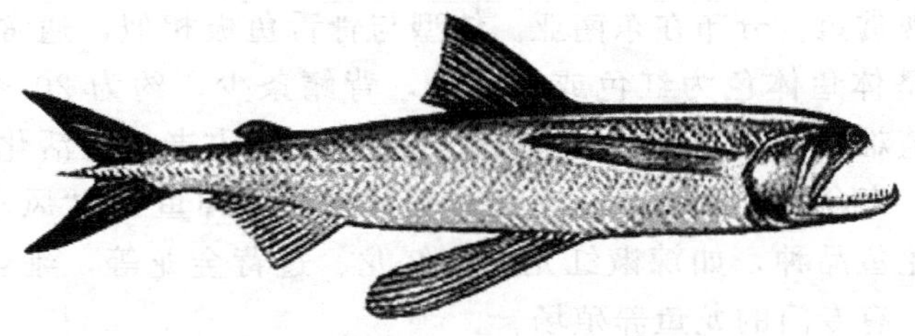

图 7-52　龙头鱼（*Harpodon nehereus*）

叉，鱼骨细软如胡须。

龙头鱼分布于东海南海及印度洋、太平洋的热带海区沿岸，一般体长约 190mm，长者达 400mm。鱼体水分多，不易保存，多干制成龙头烤，产量不少。

（三）第三总目——骨舌鱼总目（Ostoglossomorpha）

包括骨舌鱼目（Osteogiossiformes）［骨舌鱼亚目（Osteoglossoidei）、背鳍鱼亚目（Notopteroidei）］和长吻鱼目（Mormyriformes）两目。

骨舌鱼目（Osteoglossiformes）是分布在热带淡水中的古老鱼类。在亚马逊河的巨骨舌鱼，可以说是世界上最大的淡水鱼之一，长达 4m。这类鱼由于有美丽而大型的鳞片，加之优美的体型，常被当作观赏鱼。我国不产。从国外引进的几种均作为观赏鱼。

（1）骨舌鱼（双须骨舌鱼）（*Osteoglossum bicirrhosum*）（见图 7-53）　属骨舌鱼科（Osteoglossidae）骨舌鱼属（*Osteoglossum*），俗称银龙鱼，是著名观赏鱼。体延长，侧扁，背缘平直，腹圆。被圆鳞，鳞大，体侧排列 5 行大鳞片。侧线鳞 37～38。口上位，口裂大，上颌有齿。吻尖突，呈棱角状。下颌有须 1 对。腹鳍腹位。背鳍条 43～48，背鳍显著后位，与臀鳍相对。尾鳍圆扇形。体色银白。

图 7-53　骨舌鱼（*Osteoglossum bicirrhosum*）

骨舌鱼（*Osteoglossum bicirrhosum*）分布在亚马逊河，又叫做亚马逊腰带鱼，是当地的著名食用鱼。其为古老的鱼类，有活化石之称。其生长快，食量大，易饲养。性凶，以小鱼等动物性饵料为食。适宜水温在 22℃以上，繁殖较难，卵在雄鱼的口内孵化。

（2）坚体鱼（*Scleropages formosus*）（见图 7-54）　俗称亚洲龙鱼、金龙鱼、红骨舌鱼。

属骨舌鱼科（Osteoglossidae）坚体鱼属（*Scleropages*）。

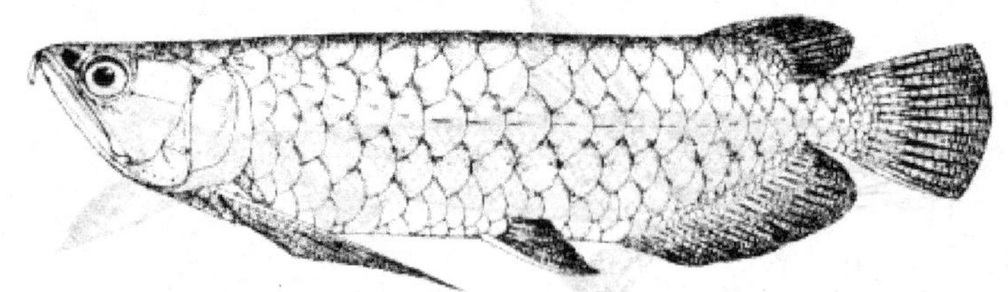

图 7-54 坚体鱼（*Scleropages formosus*）

坚体鱼为著名观赏鱼。分布在东南亚。体型与骨舌鱼极相似，通常被当成骨舌鱼。这两种鱼的区别在于坚体鱼体色为红色或金黄色，背鳍条少，约为 20 条。该鱼易于饲养，以小鱼为食，但繁殖难，卵在雄鱼的口内孵化。数量少，古老，有活化石之称。该鱼在产地为一类保护动物。寿命长，香港及东南亚人把其当作“神鱼”、“风水鱼”。目前已人工培育出不同色泽的龙鱼品种，如辣椒红龙、血红龙、过背金龙等，雍容闲雅，价格昂贵。在东南亚如新加坡，有专门的龙鱼养殖场。

（四）第四总目——鳗鲡总目（Anguilliformes）

体延长，多少呈鳗形。腹鳍腹位或无，背鳍与臀鳍通常很长，且与尾鳍相连，各鳍无棘。仔鱼体似柳叶，个体发育中经过明显变态。若有鳔则具鳔管。

本总目分 3 个目：鳗鲡目（Anguilliformes）、囊咽鱼目（Saccopharyngiformes）及背棘鱼目（Notacanthiformes）。我国现知仅产鳗鲡目。

鳗鲡目（Anguilliformes）特征：体呈鳗形。腹鳍若有则为（化石）腹位。鳔若有则具鳔管。各鳍均无鳍棘。体裸露，有时有圆鳞。无中乌喙骨。无后颞颥骨。前颌骨不分离，多与中筛骨愈合，形成上颌的前缘。上颌通常具牙。脊椎数多，可多达 260 个。

鳗鲡目鱼大部分营沿岸性生活，成鱼几乎都是凶猛鱼类，一般的食饵为小鱼，而深水型种类，以食甲壳类为主。生殖时游离海岸，把卵产在很深的水层。

本目种类很多，现存种类分两个亚目，即鳗鲡亚目（Anguilloidei）和线鳗亚目（Nemichthyoidei），我国产鳗鲡亚目。我国多为海产鱼类，有些种类进入淡水生活，一般均可食用，具有经济价值。我国产 13 科 115 种。

1. 鳗鲡科（Anguillidae）

体延长，呈圆筒形，牙针状，舌明显。小鳞片埋于皮下呈席纹状。奇鳍彼此相连。本科种类虽不多，但分布极广，除南北极外，全世界各洲均有分布，主要生活在温热带。

我国只产 1 属，常见的为鳗鲡（*Anguilla japonica*）（见图 7-55）和花鳗（*Anguilla mauritiana*）。

图 7-55 鳗鲡（*Anguilla japonica*）

鳗鲡是重要的水产养殖种类，头尖长。吻钝圆，稍扁平；口大，端位；上下颌及犁骨均具尖细的齿；鳃孔小，位于胸鳍基部下方，左右分离。侧线发达而完全，鳞细而长，隐蔽于表皮内。无腹鳍，臀鳍低长，与尾鳍相连，尾鳍短，呈圆形。

鳗鲡是一种降河性洄游鱼类，原产于海中，溯河到淡水内长大，后回到海中产卵。每年春季，大批幼鳗（也称白仔、鳗线）成群自大海进入江河口。

花鳗鲡上常有斑点，体型粗壮，最大个体达35kg，有鳝王之称。自长江以南到海南岛均有分布。常栖息于山涧、溪谷和水库的石隙洞穴中。以鱼类和无脊椎动物如虾、蟹等动物性食料为食。白天潜伏于石缝或土穴中，夜间出来活动。含有丰富的蛋白质和脂肪。肉味美，为珍贵的食用鱼类，为滋补食品。

2. 康吉鳗科（Congridae）

舌游离，不附于口底，无犬牙，体无鳞，鳃孔分离，侧线明显。本科我国现知有6属，以星鳗（*Astroconger myriaster*）（见图7-56）较常见，经济价值较高，分布于黄海、渤海、东海及朝鲜、日本，为普通的食用鱼类。

3. 海鳗科（Muraenesocidae）

头长，吻突出，上颌较长，牙尖锐，两颌或犁骨部中间具有大形犬牙。鳃孔宽大。舌较窄小，附于口底。背鳍、臀鳍、尾鳍发达，并相连接。胸鳍发达。本科现知产2属：海鳗属（Muraenesox）和细颌鳗属（Oxyconger）。

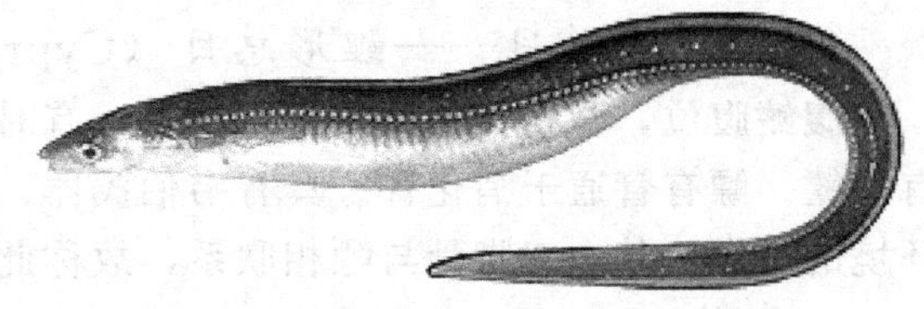

图7-56 星鳗（*Astroconger myriaster*）

海鳗（*Muraenesox cinereus*）（见图7-57）在中国沿海均有分布。为暖水性的底层鱼类，一般喜栖息于水深50～80m的泥沙底海区，有季节性洄游。主要以鱼类和无脊椎动物等为食。性凶猛，贪食。晴天，风平浪静，海水透明度大时，多栖居于泥质洞穴内而减少取食活动。每当风浪大，水质浑浊时，多四处觅食，尤以日落黄昏至凌晨时更加活跃，游动迅速。该鱼是重要的食用经济鱼类，肉质细嫩，脂肪含量高；鳔可作鱼肚，为名贵食品。除鲜销外，还可制成各种罐头或加工成鳗鱼鲞，是畅销食品。

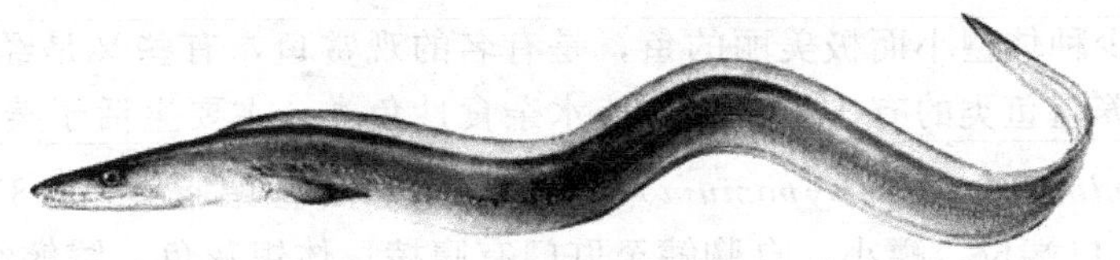

图7-57 海鳗[*Muraenesox cinereus*（Forskal）]

4. 海鳝科（Muraenidae）

体延长，无鳞，常具颜色美丽的斑带或网纹。头小，口裂较大，达眼的后方。前鼻孔具短管。无胸鳍。本科产于我国者有3属，其中以裸胸鳝属较常见，种类也多，南海产有10种左右，网纹裸胸鳝（*Gymnothorax reticularis*）（见图7-58）为热带和亚热带的底层鱼类，生活于沿岸岩礁间，体色奇异夺目如海蛇，性凶猛，以幼鱼、小蟹、虾等为食。

图7-58 网纹裸胸鳝（*Gymnothorax reticularis*）

5. 蛇鳗科（Ophichthyidae）

体细长，尾部稍侧扁。吻尖，突出，口裂大，眼小。前鼻孔具短管或缘瓣，位于上唇的边缘。牙尖锐。无尾鳍，尾端尖秃。

本科种类也较多，产于我国者约有10属，较常见的有4属：须鳗属（Cirrhimuraena）、短体鳗属（Branchysomophis）、豆齿鳗属（Pisoodonophis）、蛇鳗属（Ophichthys）。

中华须鳗（*Cirrhimuraena chinensis*）喜穴居于底质为淤泥、贝壳丰富的低潮区，大量吞食蛏蛤，为蛏蛤养殖的重要敌害。养殖工人常在退潮时以茶麸水或鱼藤精撒于海滩，迫使它由穴中钻出地面然后捕捉。

食蟹豆齿鳗（*Pissoodonophis boro*）和尖吻蛇鳗（*Ophichthys apicalis*）的习性与须鳗类似，对蛏蛤养殖危害也很大。食蟹豆齿鳗在福建闽南一带被视为名贵的滋补鱼类。

（五）第五总目——鲤形总目（Cyprinomorph）［骨鳔类（Ostariophysi）］

腹鳍腹位，背鳍1个。通常鳍无棘，有时背鳍、臀鳍及胸鳍有1～3枚假棘。某些种类有脂鳍。鳔有管通于消化管。具有韦伯氏器，这是联系内耳和鳔的四对小骨，用以感受周围环境的压力，其中三脚骨与鳔相联系，故称此类为骨鳔类。

1. 鲤形目（Cypriniformes）

特征：体被鳞或裸出，无骨板。上颌骨发达，有顶骨、续骨、下鳃盖骨及肌间骨。许多种类上下颌无齿，下咽骨有咽齿。第三与第四椎骨不愈合。

本目分3个亚目：脂鲤亚目（Characinoidei）、电鳗亚目（Gymnotoidei）、鲤亚目（Cyprinoidei），产于我国的仅有鲤亚目。

（1）脂鲤亚目（Characinoidei） 在Nelson的分类系统中已将该亚目升为目即脂鲤目（Characiformes）。

特征：鱼体被鳞，大多有脂鳍，上下颌一般有发达牙齿，有咽齿，但不如鲤形目那样特化。有韦伯氏器，无须，口不突出。

该亚目有不少种体型小而极美丽的鱼，是有名的观赏鱼，有些又是经济鱼类。我国引入作为观赏鱼和养殖鱼类的有5个科。为淡水杂食性鱼类，主要生活于美洲。

淡水白鲳（*Colossorna brachypomum*）（见图7-59）即似鲳脂鲤，1985年引入广东。体侧扁而高，头小，口端位，鳞小，自胸鳍至肛门有腹棱。体银灰色，臀鳍红色。

淡水白鲳为中下层杂食性鱼。群聚性，易捕捞，耐低氧，易饲养，生长快，肉味美，是优良养殖鱼类。

图7-59 淡水白鲳（*Colossorna brachypomum*）

（2）电鳗亚目（Gymnotoidei） 分布于中、南美洲的淡水水域中，大多生活在亚马逊河和圭亚那河的下游，有4科30余种，电鳗科的鱼类具有发达的发电器官，电鳗（*Elec-*

trophorus electricus）（见图 7-60）体长最大可达 2m，是现生鱼类中发电能力最强的一种。

图 7-60　电鳗（*Electrophorus electricus*）

（3）鲤亚目　分布极广，全世界都有分布。大多数栖息于热带亚热带，越靠近高纬度地区则越少。本亚目有 6 科 250 余属，为淡水鱼的主要类群，绝大多数可食用，产于我国的有 6 科 163 属 651 种。

① 胭脂鱼科（Catostomidae）：本科鱼类主要分布于北美洲河流中，少数见于中美洲。我国只有 1 属 1 种。

胭脂鱼（*Myxocyprinus asiaticus*）（见图 7-61），地方名称为黄排、火烧鳊、红鱼、紫鳊鱼、木叶鱼、燕雀鱼等，体高而侧扁，呈斜方形，头尖而短小，口小，下位；咽齿一行，数目多而排列成栉状。唇肥厚向外翻，呈吸盘状，背鳍高而长，成鱼体侧中轴有 1 条胭脂红色的宽纵纹，雄鱼的颜色鲜艳，雌鱼颜色暗淡。

胭脂鱼分布于长江、闽江等江河中，以长江上游数量较多。生长较快，最大个体达 30kg。以底栖无脊椎动物为主食。该鱼为长江上游重要鱼类之一，胭脂鱼的人工繁殖及移养比较成功。该鱼是我国珍贵鱼类之一，被列为国家二类重点保护动物。

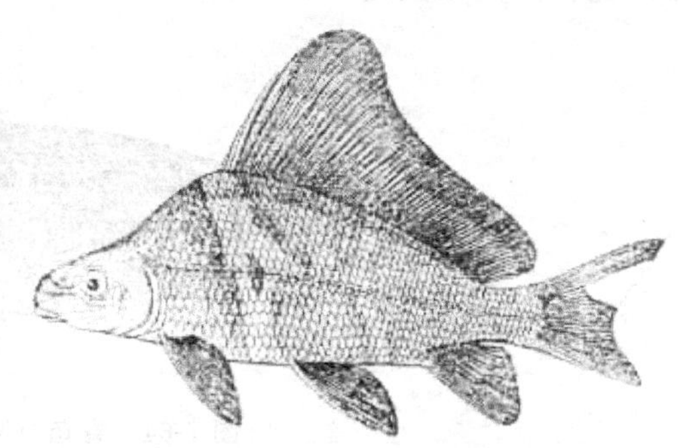

图 7-61　胭脂鱼（*Myxocyprinus asiaticus*）

② 鲤科（*Cyprinidae*）：这是鱼类中种类最多的一个科。全世界有 196 余属 2086 余种，以分布在我国的种类为多，计有 12 亚科 122 属 451 余种。其主要特征是上颌口缘由前颌组成，咽齿 1～3 行，鳔的前部大多没有膜囊或骨囊包围，无脂鳍。

鲤科鱼类是北半球温带和热带淡水地区最重要的捕捞对象。在我国内陆水域中，鲤科鱼类占有十分重要的地位。

a.（鱼丹）亚科（Danioninae）：本亚科我国约产 13 属 28 种，许多种类分布于西南地区，常见的有 3 属。

Ⅰ. 马口鱼（*Opsariichthys bidens*）（见图 7-62）：体有垂直条纹，上、下颌边缘波状，呈马蹄形。

马口鱼分布在东部各江河，摄食小型鱼类和昆虫，是目前湖泊、水库养殖的主要敌害之一。在日本为上品食用鱼。

Ⅱ. 斑马鲋（*Brachydanio rerio*）（见图 7-63）：全身布满多条彩色纵纹，各鳍或具纵纹，体呈红色、黄色或绿色，体态飘逸。因纵纹类似斑马条纹，故得名斑马鱼。常见的有斑马鱼、闪电斑马鱼（又名虹光鱼）、大斑马鱼。

斑马鱼原产于南亚，是一种常见的热带鱼，是十分重要的实验室研究材料。

b. 雅罗鱼亚科（Leuciscinae）：是一群种类繁多、形状变异较大的淡水鱼类，我国现知有 22 属 45 种，包括青鱼、草鱼、鳡鱼、赤眼鳟和雅罗鱼等重要经济鱼类。

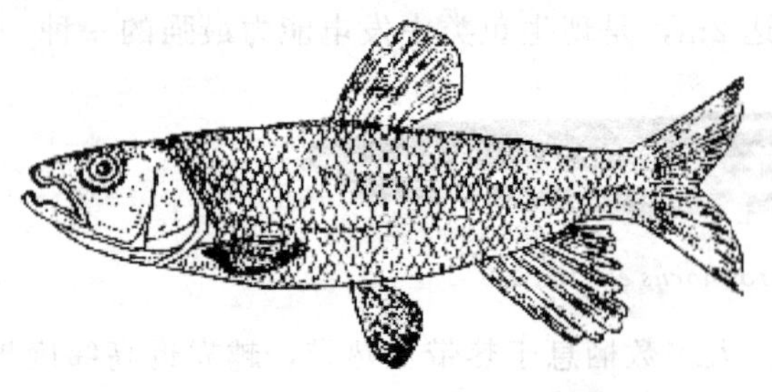
图 7-62　马口鱼（*Opsariichthys bidens*）

图 7-63　斑马鲋（*Brachydanio rerio*）

Ⅰ. 青鱼（*Mylopharyngodon piceus*）（见图 7-64）：又称“乌青”，口端位，吻较尖，下咽齿 1 行，5/4，臼齿状；体背栉鳞，侧线鳞 39～46，背鳍无硬棘。腹鳍、臀鳍黑色，体青黑色，背部更深，主食软体动物，最大可达 70kg。该鱼为我国特有的重要经济鱼类，分布广泛，四大家鱼之一。

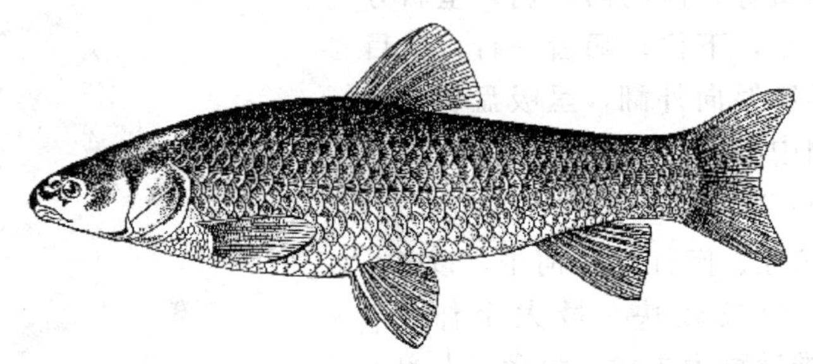
图 7-64　青鱼（*Mylopharyngodon piceus*）

Ⅱ. 草鱼（*Ctenopharyngodon idellus*）（见图 7-65）：又称“草青”，下咽齿 2 行，5 2-3/2 4，栉状；体背圆鳞，侧线鳞 36～48，背鳍无硬棘，体呈浅茶黄色，背部青灰，腹部灰白，腹鳍、臀鳍灰白色，鳞片斜格状，草食性，有“拓荒者之称”，最大可达 35kg。该鱼为我国特有的重要经济鱼类，四大家鱼之一，分布广泛，华南至东北均产。

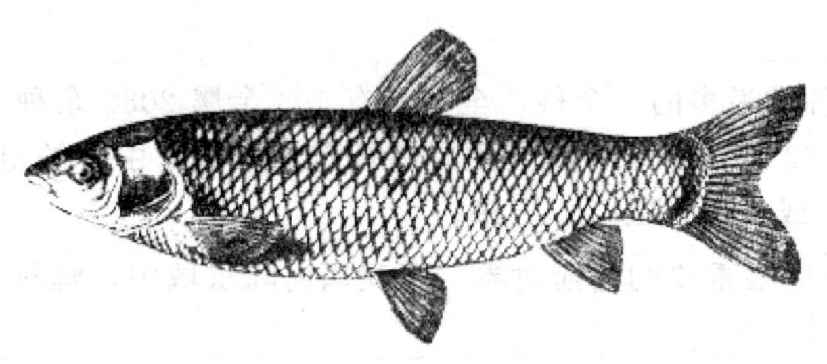
图 7-65　草鱼（*Ctenopharyngodon idellus*）

Ⅲ. 丁鱥（*Tinca tinca*）（见图 7-66）：1 种。背鳍 3，8-9；臀鳍 3，7-8。鳞细小，排列紧密，侧线鳞 86～106。口前位，有短的口角须 1 对。咽齿 1 行，4/5、5/5 或 5/4，顶端略钩状。体青黑色，各鳍灰黑色。尾鳍后缘平截或微凹。

丁鱥为底栖鱼类，喜在静水泥底区生活，对水质要求一般。杂食性，既食底栖无脊椎动物，也食腐败的植物残渣。其生长较鲤鱼慢些，为额尔齐斯河和乌伦古河的主要经济鱼类之一。在欧洲的养殖业中，往往在养鲤池塘中兼放少量丁鱥，以清理塘底鲤鱼的遗食。近年我国已有养殖。

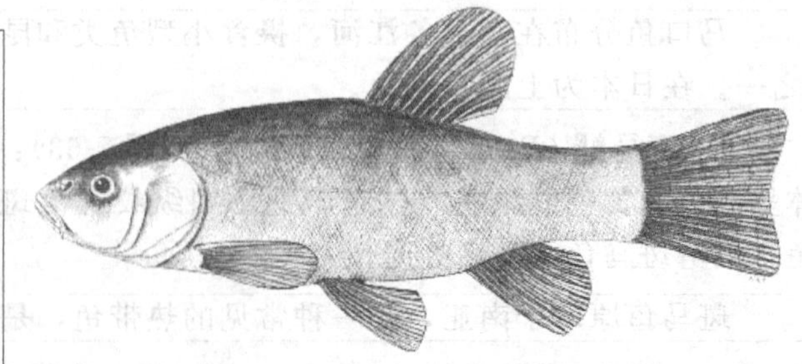
图 7-66　丁鱥（*Tinca tinca*）

Ⅳ. 赤眼鳟（*Squaliobarbus curriculus*）（见图 7-67）：1 种，体长，略呈圆筒形，腹圆，后段稍侧扁；头呈圆锥形，吻钝，外形似草鱼；体侧及背部每个鳞片后缘均有黑斑，眼上半部具红斑。有 2 对极细小的须，其中有 1 对短小的颌须和 1 对微小的吻须。咽齿 3 行，顶端稍呈钩状。

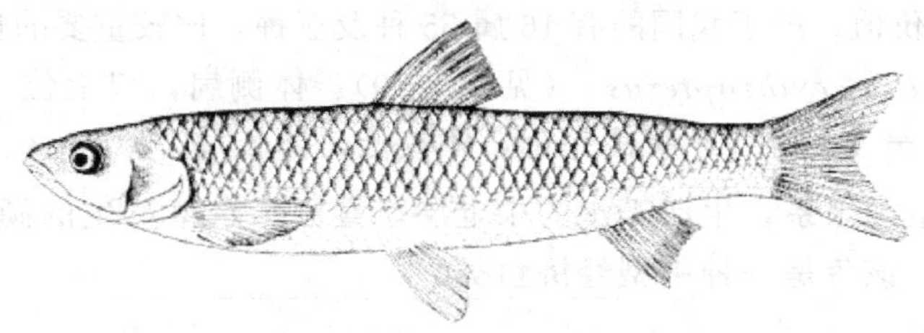

图 7-67　赤眼鳟（*Squaliobarbus curriculus*）

赤眼鳟为中下层鱼类，流水和静水水体中都能生活。杂食性，以硅藻、水绵、水生高等植物等为主，也捕食小鱼、小虾和水生昆虫。我国分布广泛，除西部高原地区外，从南到北各大小江河、湖泊中都产此鱼。可作为池塘混养对象。

Ⅴ. 鳡鱼（*Elopichthys bambusa*）（见图 7-68）：1 种，大型凶猛性鱼类。体长，其形如梭。头锥形。吻尖长，口端位，口裂大，吻长远超过吻宽。下咽齿 3 行。下颌前顶端有一尖硬的骨质突起，与上颌前端的凹陷相嵌合。无须。鳞小。尾鳍深叉形。

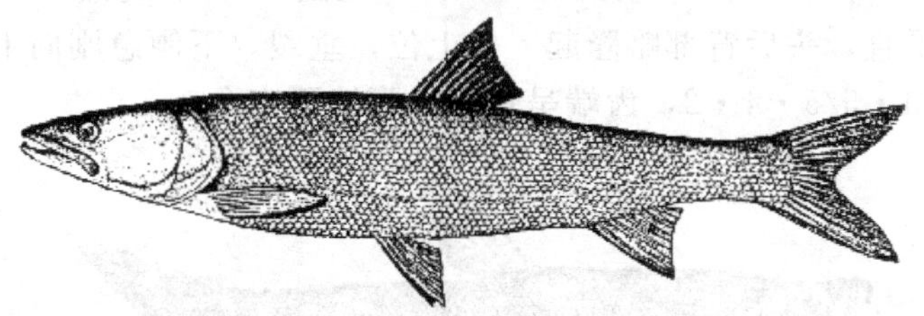

图 7-68　鳡鱼（*Elopichthys bambusa*）

鳡鱼为生活在江河、湖泊、水库中的大型中上层鱼类。我国除西北和西南地区之外，自北至南平原地区各水系均有分布。天然产量很高，为上等经济鱼类。性凶猛，常袭击和追捕其他鱼类。体长约 1.5cm 的仔鱼，即开始追捕其他种类的仔鱼为食。体重 15kg 的鳡鱼能吞食 4～4.5kg 的鲤鱼和鲢鱼，为我国养鱼业中的一大“害鱼”，列为清除对象。

Ⅵ. 东北雅罗鱼（*Leuciscus waleckii*）（见图 7-69）：又称瓦氏雅罗鱼，体长而侧扁，腹部圆。口端位，口裂倾斜。唇薄，无角质缘。鳞中等大，腹部鳞片较体侧鳞小。

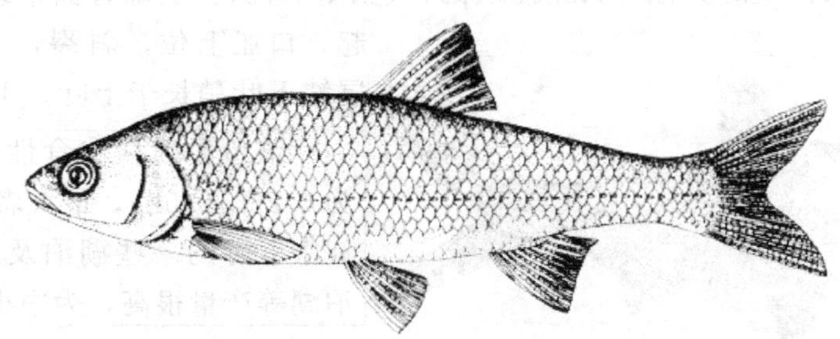

图 7-69　东北雅罗鱼（*Leuciscus waleckii*）

东北雅罗鱼为中上层鱼类，喜静水环境。可生活在 pH 值 9 以上的碱性水体中。杂食性，大的个体也摄食小型鱼类。该鱼为东北和黄河中游地区一种重要的经济鱼类。一些地区已经进行人工繁殖、移植和增殖，并获得良好效果。

c. 鲌亚科（Culterinae）：本亚科鱼类是我国鲤科鱼类中较大类群之一，中等体型，产量大，具有重要的经济价值。产于我国的有 16 属 55 种及亚种，比较重要的鱼类有以下几种。

Ⅰ. 红鳍鲌（*Culter erythropterus*）（见图 7-70）：体侧扁，口上位，口裂几乎和身体纵轴垂直，背鳍具棘，分支鳍条 7，腹棱完全，体较低，体长/体高＝3.3～5.0。下咽齿 3 行。

红鳍鲌分布于全国水系，生活于水的中上层，喜栖于水草丛生的湖泊中。成鱼主食小鱼、小虾。卵黏性。该鱼是一种中型经济鱼类。

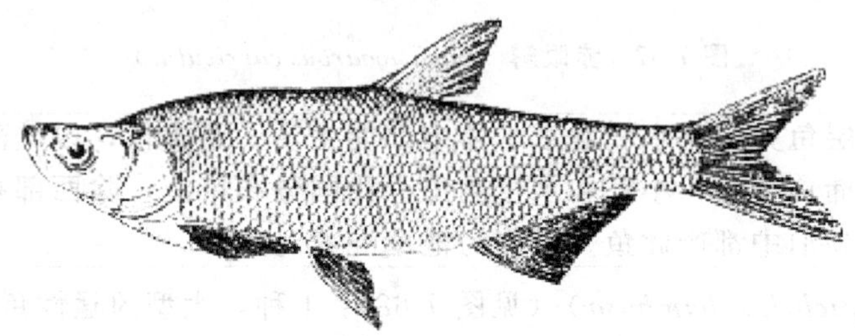

图 7-70 红鳍鲌（*Culter erythropterus*）

Ⅱ. 翘嘴红鲌（*Erythroculter ilishaeformis*）（见图 7-71）：背鳍 3，7；具强大而光滑的硬棘。头背面几乎平直，头后背部略隆起。口上位，垂裂，下颌急剧向上翘，突出于上颌前缘。咽齿 3 行，2·4·5/5·4·2，齿端呈钩状。腹棱不完全。

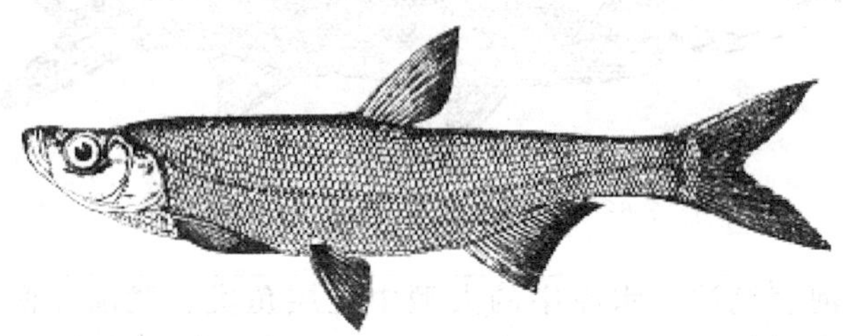

图 7-71 翘嘴红鲌（*Erythroculter ilishaeformis*）

该鱼为生活在流水及大型水体的中、上层凶猛肉食性鱼类，幼鱼体长达 150mm 时开始捕食小鱼，体长 240mm 以上的则以鱼类作为主要食物。为我国东部平原地区天然水域大型经济鱼类之一。

Ⅲ. 蒙古红鲌（*Erythroculter mongolicus*）（见图 7-72）：头部背面平坦，头后背部略隆起。口亚上位，斜裂，下颌略长于上颌。尾鳍下叶稍长于上叶，下叶鲜红色。

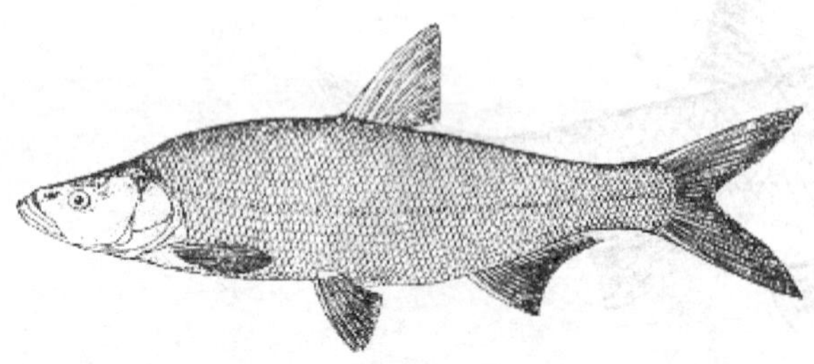

图 7-72 蒙古红鲌（*Erythroculter mongolicus*）

该鱼为凶猛肉食性鱼类，一般个体为 0.25～0.5kg，最大者可重达 3kg。长江中下游的一些湖泊及黑龙江流域的镜泊湖等产量很高，为中小型经济鱼类。

Ⅳ. 鳊（*Parabramis pekinensis*）（见图 7-73）：体侧扁，略呈菱形，自胸基部

下方至肛门间有一明显的皮质腹棱；头很小，口小，上颌比下颌稍长；背鳍具硬棘；臀鳍长；尾鳍深分叉。

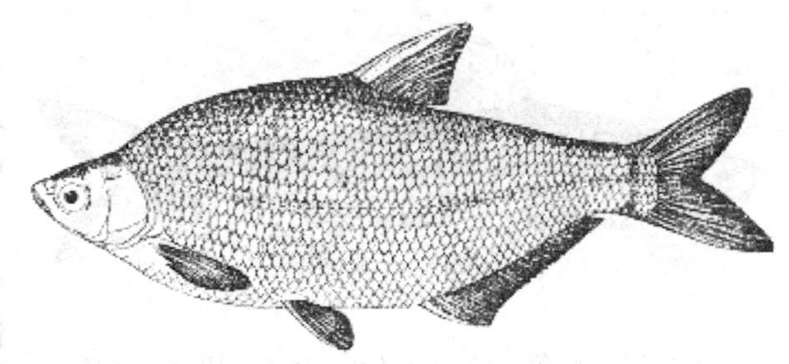
图 7-73 鳊（*Parabramis pekinensis*）

> 该鱼在静水或流水中都能生长，一般在中、下层游动和摄食，主要摄食藻类和浮游动物。分布于我国平原区，图们江、鸭绿江及黄河龙门以上皆无。

Ⅴ. 团头鲂（又称武昌鱼）（*Megalobrama amblycephala*）（见图 7-74）：腹棱自 V 基部至肛门，口前位，体较高，体长/体高＝1.9～2.8。背鳍棘长度短于头长。侧线至 V 起点的鳞片 7～9。体侧鳞片边缘灰黑，沿各纵行鳞出现数条灰白色条纹。

> 该鱼栖息于江河、水库、湖泊的中下水层，喜好淤泥底质且水草茂盛的静止区域。其生长快，杂食性，幼鱼以甲壳类为食，成鱼以水生植物为食。产黏性卵于水草上。

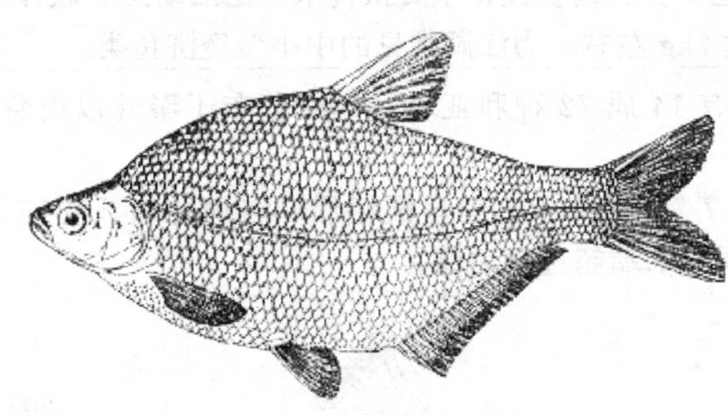
图 7-74 团头鲂（*Megalobrama amblycephala*）

d. 鲴亚科（Xenocyprinae）：本亚科国产 3 属。

Ⅰ. 细鳞斜颌鲴（*Plagiognathops microlepis*）：地方名沙姑子、黄尾刁、板黄鱼等。口下位，略呈弧形，自腹鳍基部至肛门间有明显的腹棱，下颌有较发达的角质边缘。

> 该鱼在江河、湖泊和水库等不同环境均能生活。以着生藻类及水生高等植物碎屑为食。一般 2 龄性成熟，繁殖力强，集群溯河至水流湍急的砾石滩产卵。

Ⅱ. 银鲴（*Xenocypris argentea*）（见图 7-75）：体延长，侧扁。头短，吻钝。口小，下位，横裂。上下颌具角质边缘。无腹棱或在肛门前方有极不发达的腹棱。体青白色，后部银白色。鳃盖膜上有一明显的橘黄色斑块。背鳍有硬棘。体侧银白色，背部青灰色，偶鳍均呈杏黄色。

图 7-75 银鲴（*Xenocypris argentea*）

> 该鱼为底层鱼类，常以下颌的角质边缘在石面上或其他物体上刮取食物，主要是藻类和植物碎屑，以及浮游动物和腐殖质等。通常 2 龄开始性成熟，产卵期 4～6 月份。为中小型食用鱼类。可作为混养对象。

e. 鳑鲏亚科（Acheilognathinae）：我国 3 属 21 种，鳑鲏是广泛分布在亚洲和欧洲温带地区的淡水鱼，与鲤鱼及鲫鱼为同类，但比鲫鱼的体型更扁平而小。到繁殖期时，产卵管伸长，将卵产于乌蚌或泥蚌等蚌贝的鳃中，这是一种相当独特的习性。

图 7-76 铜鱼［*Coreius heterodon*（Bleeker)］

f. 鮈亚科（Gobioninue）：本亚科国产22个属80余种和亚种，除青藏高原地区未发现外，全国各水系均有分布。为一群中小型鱼类，种类颇多，形态变异较大。

铜鱼（*Coreius heterodon*）（见图 7-76)：口角须1对，末端可达前鳃盖骨的后缘。体背部古铜色，腹部淡黄色，体上侧有多数浅灰色的小斑点。

铜鱼为江河湖中的底层鱼类。杂食性，主食底栖软体动物，也食高等植物碎片、藻类等。一般3龄性成熟，漂流性卵。常见个体0.5kg左右，大者4kg。为长江上游重要经济鱼类。

花䱻（*Hemibarbus maculatus*）（见图 7-77）为底层鱼类，生活于江河缓流浅水区域，也有相当大的数量进入湖泊，有些水库数量也不少。肉食性，主要摄食水生昆虫幼虫、软体动物、蚯蚓和小鱼。生长较快，最大个体可达2kg左右。为江湖常见的中小型经济鱼类。

g. 鲃亚科（Barbinae）：本亚科我国现知有14属72种和亚种，广泛分布于秦岭以南各水系。主要鱼类有以下几种。

Ⅰ. 刺鲃（*Spinibarbus hollandi*）（见图 7-78)：体长，稍呈圆筒形，尾柄侧扁。吻钝，口稍下位，呈马蹄形。须2对，吻须较短，颌须末端超过眼后缘。

图 7-77 花䱻（*Hemibarbus maculatus*）

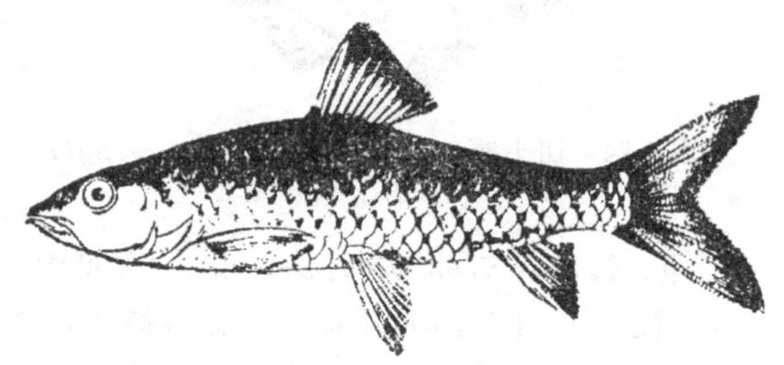
图 7-78 刺鲃（*Spinibarbus hollandi*）

一般栖息于底质多乱石而水流较湍急的江河中的中下层，尤喜在水色清澈的水域中生活，它属于杂食性鱼类，以水生植物为主，兼食水生昆虫及其幼虫，分布于长江、钱塘江、闽江、九龙江、珠江、元江、台湾岛及海南岛等诸水系。

Ⅱ. 中华倒刺鲃（*Spinibarbus sinensis*）（见图 7-79)：体长而侧扁，头锥形，吻钝，口亚下位，呈马蹄形。须2对，颌须末端可达眼径后缘。背鳍具一后缘有锯齿的硬棘。

该鱼为一种底栖性鱼类，性活泼，喜欢成群栖息于底层多为乱石的流水中，以水生高等植物为主要食物；丝状藻类、昆虫幼虫、淡水壳菜等均为其摄食对象，分布于长江上游的干、支流，中游也偶尔见之，为四川、贵州等地的重要经济鱼类。

图 7-79 中华倒刺鲃（*Spinibarbus sinensis*）

Ⅲ. 倒刺鲃（*Spinibarbus denticulatus*）（见图 7-80）：侧线鳞 26～30，背鳍前鳞 10～12。口亚下位。唇薄，光滑。须 2 对，吻须比口角须稍短，口角须长于眼径。背鳍起点在腹鳍起点之后上方，距吻端比距尾鳍基为远。

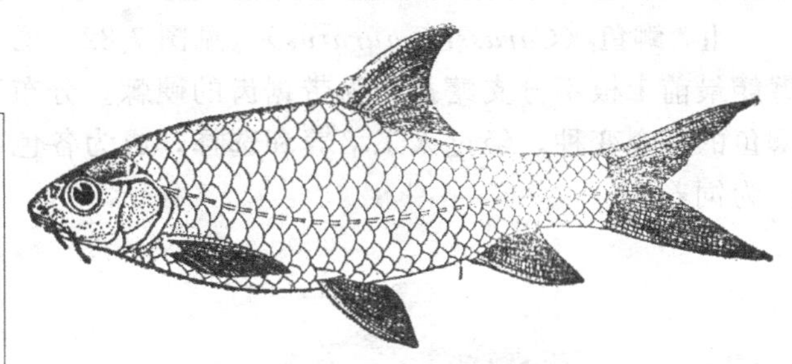

图 7-80 倒刺鲃（*Spinibarbus denticulatus*）

> 该鱼生活于江河上游，草食性，常见的食物有腐败的植物碎片和江底各种附生藻类。3 龄性成熟，产卵期约在 4 月份。产卵场水深流急。卵黄色，浮性。生长较快，体重一般 1kg 左右，最大15～20kg。为分布区食用鱼类。

h. 鲤亚科（Cyprininae）：本亚科国产 5 属约 25 种和亚种。在鲤科鱼类中，种类虽不多，但有些种类如鲤鱼和鲫鱼，适应性强，分布广，产量大，为我国重要的经济种类。

Ⅰ. 鲤鱼（*Cyprinus carpio*）（见图 7-81）：须 2 对，吻须长约为颌须的一半。咽齿 3 行，1·1·3/3·1·1；呈臼齿状，齿面上有 2～5 条沟纹。背、臀鳍均具有带锯齿的硬棘。

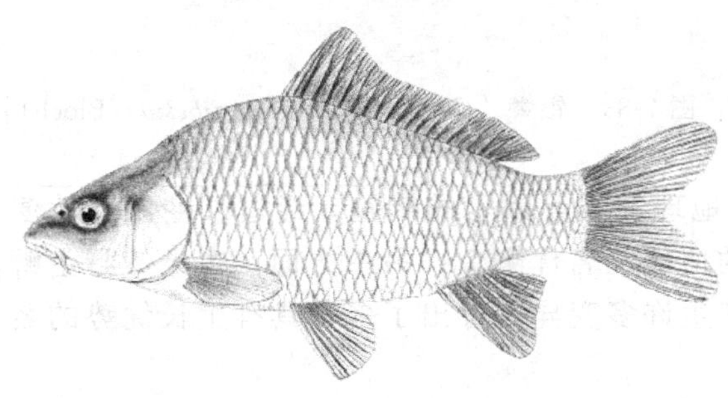

图 7-81 鲤鱼（*Cyprinus carpio*）

> 该鱼分布于全国各地，多栖息于江河、湖泊、水库的松软底层和水草丛生处所。适应性强。春季生殖后，转入肥育期，杂食性，2 龄性成熟，肉味鲜美，黄河鲤尤为著名。

鲤鱼的种（品种）：鲤鱼的品种很多，约有 2000 多种。由于长期的自然和人工选育，产生许多变异，形成了不同的亚种品种，如鳞鲤、镜鲤、红鲤、丰鲤、岳鲤、建鲤、华南鲤、元江鲤和荷包鲤等。

散鳞镜鲤：被鳞不完全，体侧有三排大鳞，体高，头小，含肉率高。我国于 20 世纪 60～80 年代从前苏联、日本、德国引进。

兴国红鲤：体型略长，具有育种价值，原产于江西省兴国县的红鲤鱼。

荷包红鲤：体短而高，体重比同体长的野鲤重 23%～48%，原产于江西婺源县，常用作杂交鲤的母本。

元江鲤：华南鲤，鳃耙 18～24 个，尾鳍下叶红色，产于珠江、元江和海南。

鳞鲤：黑龙江野鲤（♂）×镜鲤（♀）杂交而成的优良品种，头小，体高，鳃耙多，生长快。

建鲤：元江鲤（♂）×荷包红鲤（♀）杂交，建立家系，进行家系选育、系间杂交、生物工程技术及雌核发育（横交固定）等一系列育种技术和方法培育出的优良品种。

丰鲤：散鳞镜鲤（♂）×兴国红鲤（♀）杂交的 F1 代。

岳鲤：湘江野鲤（♂）×荷包红鲤（♀）杂交的 F1 代，体青灰色，全鳞，体粗壮。鱼种阶段生长速度比父本快 50%～100%，比母本快 25%～50%。

荷元鲤：元江鲤（♂）×荷包红鲤（♀）杂交的 F1 代，体型似母本，头小，背高，体厚。头后背部显著隆起，而到背鳍末端近尾柄处呈弧形下降，尾柄长小于尾柄高，体青灰色。

芙蓉鲤：兴国红鲤（♂）×散鳞镜鲤（♀）杂交的F1代，体呈金黄色，尾鳍下叶与臀鳍为橙红色，腹部乳白，尾柄短于丰鲤。

Ⅱ. 鲫鱼（*Carassius auratus*）（见图7-82、图7-83）：口端位，无须。下咽齿1行。背、臀鳍最前1根不分支鳍条均为带锯齿的硬棘。分布于全国各地。鲫鱼品种很多，金色鲫鱼是鲫鱼的一个变种，经过人工培养和选择，成为各色各样名贵的观赏鱼，现在已经在世界各地广为饲养。

图7-82 鲫鱼（*Carassius auratus*）

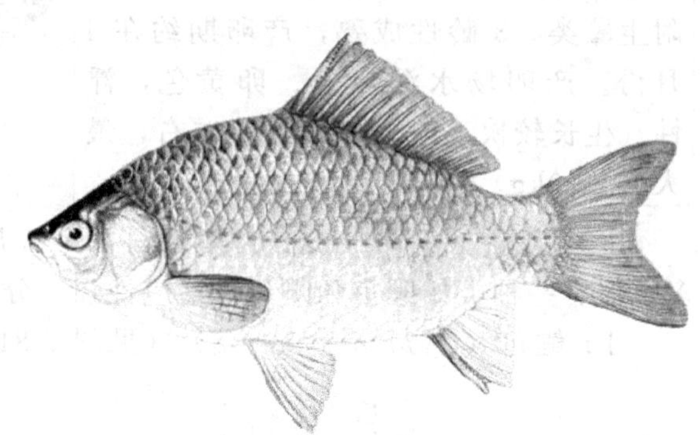

图7-83 银鲫［*Carassius auratus gibelio*（Bloch）］

鲫鱼的种（品种）：一方面，受不同地区地理气候等因素的影响，经过长期的自然演化，在我国形成了多种具有不同生物学特征的地域性名优鲫鱼；另一方面，在天然野生鲫鱼的基础上，通过长期的自然和人工选育，产生许多变异，育出了多种具有生长优势的名优鲫鱼，形成了不同的亚种品种。

方正银鲫：产于黑龙江省方正县的一种名优鲫鱼。其生长速度比普通白鲫鱼快，最大个体可长到1.2kg。

异育银鲫：方正银鲫为母本，兴国红鲤为父本，经人工受精所产生的异精雌核发育子代。

高背鲫（高体鲫）：选择高体型银鲫作为母本、兴国红鲤作为父本产生的异精雌核发育的子代，即获得高体型异育银鲫的优良品系。

彭泽鲫：地方名芦花鲫或彭泽大鲫，直接从二倍体野生彭泽鲫中选育出的优良品种。原产于九江市彭泽县的自然水体中，因其个体大、肉质鲜美在当地久负盛名、畅销不衰。彭泽鲫具有适应性强、生长速度快、易繁殖、抗病害能力强等优点，适合在池塘、湖泊、水库等水体中养殖。

百花鲫：是中科院水生所20世纪90年代初采用生物工程技术由芦花鲫经杂合生殖人工培育而成的鲫鱼新品种。

松浦银鲫：利用人工诱导雌核发育和性别控制技术，将方正银鲫母本与雄性鳞鲤杂交所得到的全雌后代，经性别转化获得生理雄鱼，再与方正银鲫雌鱼交配，从中选出与方正银鲫形态明显不同的个体，由这些个体再与生理雄鱼回交，而获得遗传性状稳定的银鲫群体。

湘云鲫：地方名工程鲫，该鲫鱼是应用细胞工程和有性杂交相结合的生物工程技术手段培育而成的，以二倍体的红鲫为母本，湘江野鲤为父本，杂交形成的一种远缘杂交3倍体鱼。其具有生长快、自身不育、食性广、抗逆性强、耐低氧及低温等优点。

白鲫：从日本引进。原名源五郎鲫、大孤鲫，产于日本琵琶湖，经多年的驯化和精心选育所得的纯系优良品种。其体色银白，故名白鲫。白鲫体型大，高而侧扁，其背部隆起较明显，似驼背，头稍小，尾柄较细长，体色银白。白鲫主要食浮游植物和底栖动物等。由于白鲫生活于水体中上层，因而易捕捞。

i. 鲢亚科（Hypophthalmichthyinae）：分布于黑龙江至珠江各水系，为我国特有的经济鱼类，有 2 属 3 种。

Ⅰ. 鲢鱼（*Hypophthal michthys molitrix*）（见图 7-84）：头较大，其长约为体长的 1/4，腹部正中角质棱自胸鳍下方直延达肛门。胸鳍不超过腹鳍基部。体银白色，各鳍色灰白。

鲢鱼性急躁，善跳跃，以浮游植物为主食，生长快、疾病少、产量高，为我国主要的淡水养殖鱼类，四大家鱼之一，分布在全国各大水系。

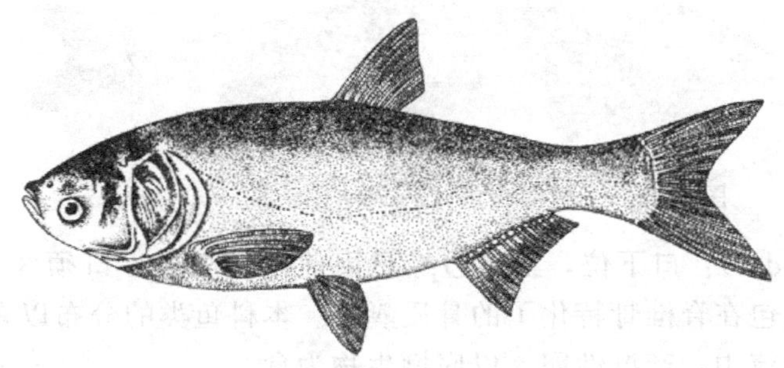

图 7-84　鲢鱼（*Hypophthal michthys molitrix*）

Ⅱ. 鳙鱼（*Aristichthys mobilis*）（见图 7-85）：头大，其长约为体长的 1/3，故亦称胖头鱼，腹面仅腹鳍甚至肛门具皮质腹棱。胸鳍长，末端远超过腹鳍基部。外形酷似鲢鱼，但因背侧体色较暗，呈灰黑色，并有不规则黑点而俗称花鲢；腹部灰白，两侧杂有许多浅黄色及黑色的不规则小斑点。

图 7-85　鳙鱼（*Aristichthys mobilis*）

该鱼喜欢生活于静水的中上层，动作较迟缓，不喜跳跃，以浮游动物为主食，亦食一些藻类，为我国主要的淡水养殖鱼类，四大家鱼之一。我国各大水系均有此鱼，但以长江流域中、下游地区为主要产地。

③ 双孔鱼科（Gyrinocheilidae）：无咽齿，头侧有 2 对鳃孔，在主鳃孔上角具一入水孔，通入鳃腔。无须。鳃耙细小，排列紧密。分布于东南亚一带的淡水中。我国仅产 1 种，即双孔鱼（*Gyrinocheilus aymonieri*）（见图 7-86），一般在 20cm 以下，喜栖于清水石底段的激流处，吸附在石块等表面，铲食藻类等，仅分布于西双版纳，属珍稀鱼类。

④ 裸吻鱼科（Psilorhynchidae）：偶鳍前部具 2 根以上不分支鳍条。我国仅产 1 种，即平鳍裸吻鱼（*Psilorhynchus homaloptera*）（见图 7-87），仅见于雅鲁藏布江下游。

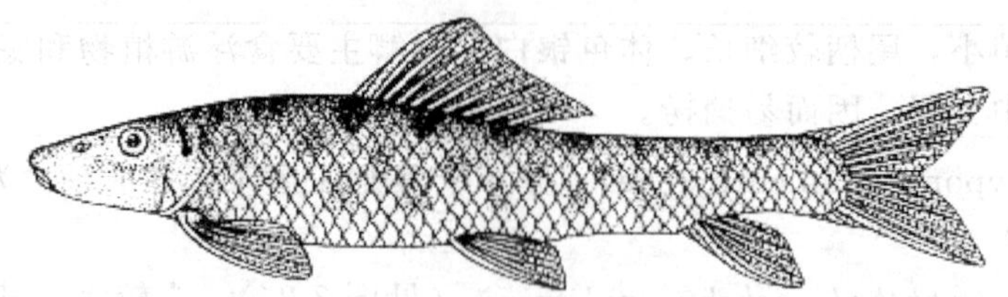

图 7-86 双孔鱼（*Gyrinocheilus aymonieri*）

图 7-87 平鳍裸吻鱼（*Psilorhynchus homaloptera*）

⑤ 鳅科（Cobitidae）：口下位，上颌边缘只由前颌骨组成。口须 3 对以上。咽齿 1 行，数较多。鳔的前端被包在脊椎骨特化了的骨质囊中。本科鱼类的分布以东南亚最多，大都分居于石底或沙底的激流中，产沉性卵，以底栖生物为食。

常见的有长薄鳅（*Leptobotia elongata*）（见图 7-88）、花鳅（*Cobitis taenia* Linnaeus）、黄沙鳅［*Botia xanthi*（Gunther）］、泥鳅（*Misgurnus anguillicaudatus*）（见图 7-89）等。其中长薄鳅是鳅科中最大的一种，一般体重 1～1.5kg，为长江上游经济鱼类；以泥鳅最为常见，其体细长，前端稍圆，后端侧扁，口小，下位，呈马蹄形，无眼下刺，头部无细鳞；体鳞极细小，侧线鳞 150 左右，须 5 对。

图 7-88 长薄鳅（*Leptobotia elongata*）

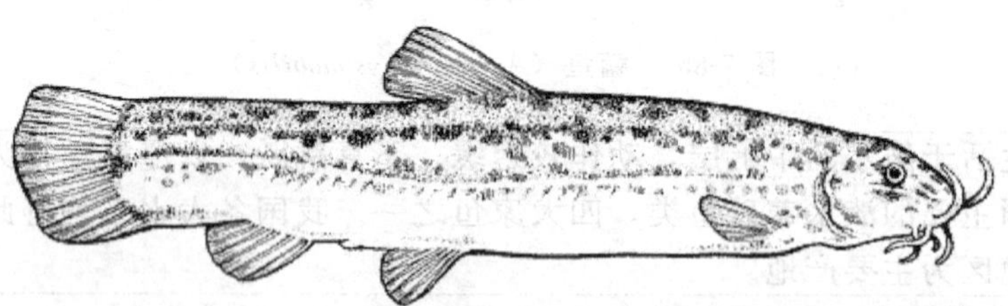

图 7-89 泥鳅（*Misgurnus anguillicaudatus*）

其栖息在各地的小河和沟溪中，有钻泥习性，肠壁薄，密布血管，可营肠呼吸，对水中缺氧有很强的适应能力。

2. 鲶形目（Siluriformes）

特征：体裸出或被骨板。上颌骨退化，仅余痕迹，用以支持口须，口须 1～4 对。两颌有齿，咽骨正常具细齿。无续骨、下鳃盖骨及顶骨。第2、第3、第4（有时第5）椎骨彼此固结。无肌间骨。常具脂鳍，胸鳍位低，常和背鳍一样具一强大的骨质棘。鳔大，分三室，鳔中隔的构造较复杂，少数种类鳔包在椎骨变异的骨质囊中。无幽门盲囊。本目全世界有31科1000余种，我国约产10科。

鲶形目鱼类的生活习性多样，有些种类生活在山区河川的急流中，有的具特殊的吸附器官，如爬岩鳅（*Glyptothorax*）有复杂的吸盘。胡子鲶有鳃上器官，可以直接呼吸空气。也有些鲶鱼生活在不见天日的地下，在岩窑中及自流井中都曾发现过鲶鱼，这些鱼的视觉器官已退化，为盲鱼，但其他器官却相当发达，皮肤通常失去色素。

（1）海鲶科（Ariidae） 背鳍2个，第1背鳍前有棘，第2背鳍为脂鳍，臀鳍短，胸鳍具棘。口须6枚，无鼻须。本科系海产鱼类，我国南方较多，现知有1属3种，其区别如下。

① 海鲶（*Arius thalassinus*）（见图7-90）：腭骨齿每侧3群，绒毛状。

图7-90 海鲇（*Arius thalassinus*）

② 中华海鲶（*Arius sinensis*）：腭骨齿每侧1群，粒状。

③ 硬头海鲶（*Arius leiotetocephalus*）：腭骨齿每侧2群，粒状。

（2）鳗鲶科（Plotosidae） 尾形如鳗，背鳍、臀鳍与尾鳍相连。见于我国南海和东海。常见的是鳗鲶（*Plotosis anguillaris* Forkal），背鳍及胸鳍棘能自由起伏，棘的基部有毒腺，一被刺伤即疼痛不堪。其肉味较差，为沿海常见的中下层鱼类。

（3）鲶科（Siluridae） 背鳍短或无，无脂鳍。臀鳍长。胸鳍通常有硬棘。腹鳍腹位。尾鳍圆形、内凹或叉形。头平扁。口大。须1～3对。上下颌及犁骨均具绒毛状细齿。鳃盖膜不与峡部相连。

我国产4属12种。最常见的鲶属，我国有8种。

① 鲶（*Silurus asotus*）（见图7-91）：须2对，背鳍无硬棘，无脂鳍，臀鳍基部很长，后端与尾鳍相连。

图7-91 鲶（*Silurus asotus*）

鲶为肉食性中下层鱼类。白天潜伏在洞穴或杂草丛中，夜出觅食。5～7月份产绿色黏性卵。生长较快，为一种中型鱼类，是湖泊、水库渔业的主要捕捞对象之一。其肉质佳，少刺，冬季时肉味尤美，为优良养殖种类。

② 南方大口鲇（*Silurus meridionalis*）（见图 7-92）：下颌突出于上颌。最大个体 35～40kg。分布于长江、珠江和闽江等流域，为重要的经济鱼类。

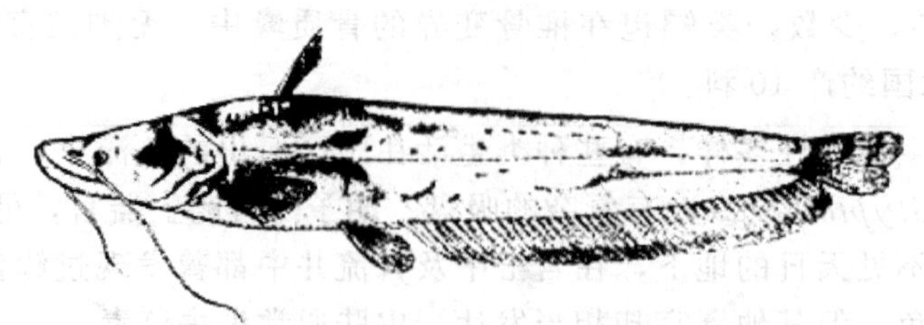

图 7-92 大口鲶（*Silurus meridionalis*）

大口鲶为南方大型底层鱼，性凶猛，生长快，8～9 月份产卵，现已大量养殖。

(4) 胡子鲶科（Clariidae） 背鳍、臀鳍均很长，背鳍无硬棘，无脂鳍，须 4 对，上下颌及犁骨有绒毛状齿带。鳃腔 内有树枝状的鳃上器官。鳃盖膜不与峡部相连。

革胡子鲶（*Clarias lazera*）（见图 7-93）底栖，耐低氧，不耐低温。食性广，生长快，养殖周期短，当年可达 1.5～2.0kg，适于稻田饲养。从国外引进，是很好的养殖种类。

图 7-93 革胡子鲶（*Clarias lazera*）

(5) 鲿科（Bagridae） 体长形，侧扁。背鳍短，有硬棘。脂鳍长或短。胸鳍有硬棘，通常有锯齿。头顶多被皮肤。口下位或次下位。上下颌有绒毛状齿带，腭骨具齿。鳃盖膜不与峡部相连。

我国产 4 属，约 29 种，重要的经济种类有以下几种。

① 黄颡鱼（*Pelteobagrus fulvidraco*）（见图 7-94）：体长，头大且平扁，吻圆钝，口大，下位，上下颌均具绒毛状细齿，须 4 对；无鳞；背鳍和胸鳍均具发达的硬棘，脂鳍短小。体青黄色，大多数种具不规则的褐色斑纹；各鳍灰黑带黄色。

图 7-94 黄颡鱼（*Pelteobagrus fulvidraco*）

该鱼多在湖泊静水或江河缓流中营底栖生活，尤喜生活在具有腐败物和淤泥的浅滩处。黄颡鱼是一种典型的广食性鱼类，雄鱼有筑巢的习性。黄颡鱼分布广，除西部高原外，全国各水域均有分布，是我国常见的食用鱼类。

② 长吻鮠（*Leiocassis longirostris*）（见图 7-95）：俗名鮠鱼、江团、肥沱等，属鲶形目，鲿科，鮠属。体长，吻锥形，向前显著突出。口下位，呈新月形，唇肥厚，须 4 对，细小。无鳞，背鳍及胸鳍的硬棘后缘有锯齿，脂鳍肥厚，尾鳍深分叉。体色粉红，背部稍带灰色，腹部白色，鳍为灰黑色。

该鱼一般生活于江河的底层，生长速度较快，为同类鱼中体型最大的一种，肉味鲜美，脂肪含量高，被誉为淡水食用鱼中的上品。分布于中国东部的辽河、淮河、长江、闽江至珠江等水系及朝鲜西部，以长江水系为主。已开始人工养殖。

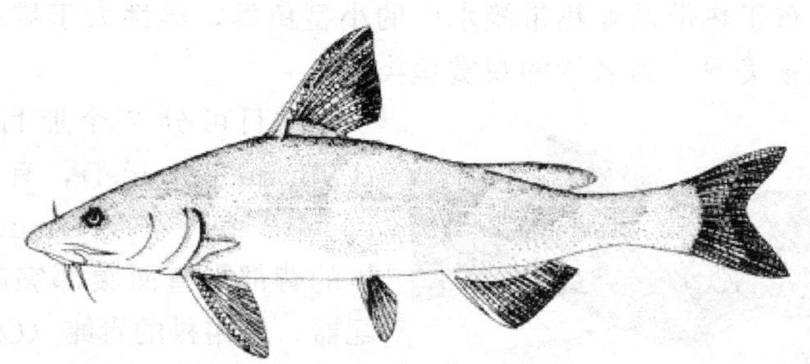

图 7-95 长吻鮠（*Leiocassis longirostris*）

（6）叉尾鮰科（Ictaluridae） 为北美大型淡水鱼。皮肤裸露，胸鳍有棘，背鳍分支鳍 6 根，腭骨无齿。我国主要引入 2 种。

① 斑点叉尾鮰（*Ictalurus punctatus*）（见图 7-96）：又叫沟鲇。头小，体延长，吻较长，口亚下位，额部有明显的皮肤皱褶。体呈蓝灰色，体侧有不规则斑点。胸鳍棘内缘锯齿明显。尾深分叉。

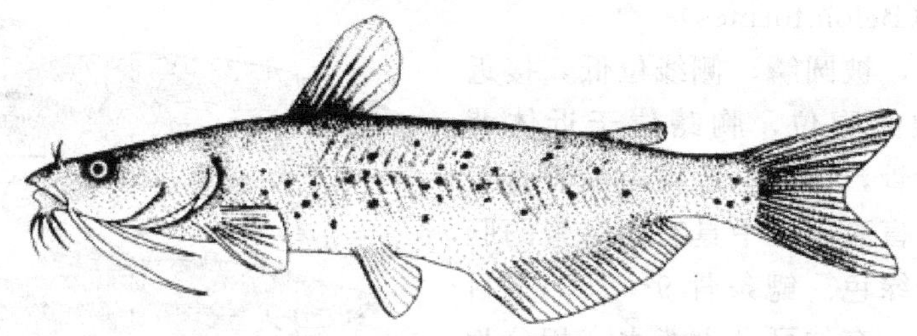

图 7-96 斑点叉尾鮰（*Ictalurus punctatus*）

1984 年引入我国。生活适温 15～32℃，能忍受高盐度水体。为底层杂食鱼，温顺，群集，易捕捞，适应性强，耐高盐，生长快，个体大，肉质好。在我国南方 2 龄可成熟，5～8 月份自然产卵。3～4 年性成熟，产卵于罐、坛内，卵粘成块。斑点叉尾鮰在美国淡水渔业中占首位。

② 云斑鮰（*Ictalurus nebulosus*）（见图 7-97）：又名褐首鲇。头较大，体短而壮，吻宽而钝，口端位。胸鳍棘锯齿钝，臀鳍条 18～20。体黄褐色，腹部白。尾切或稍内凹。

图 7-97 云斑鮰（*Ictalurus nebulosus*）

1984 年引入我国。生长适温 15～37℃。为底层杂食鱼，温顺，群集，生长快，个体较沟鲇小，易饲养。2～3 龄成熟，6～7 月份产卵。

（六）第六总目——银汉鱼总目（Atherinomorpha）

腹鳍腹位、亚胸位，鳍条 5～9；胸鳍位高，基底斜或垂直；背鳍 1 或 2。鳔无管。体被圆鳞。由 3 个目组成，即鳉形目、银汉鱼目和颌针鱼目。

1. 鳉形目（Cyprinodontiformes）

特征：鳍无棘，腹鳍腹位，有 6～7 鳍条，背鳍 1 个。体被圆鳞，无侧线。口裂上缘由前颌骨组成。无眶蝶骨、中乌喙骨。上下肋骨存在，无肌间骨。

鳉形目是一群分布于热带及亚热带淡水中的小型鱼类，雌性大于雄性。本目多无经济价值，但有不少种类色彩美丽，为名贵的观赏鱼类。

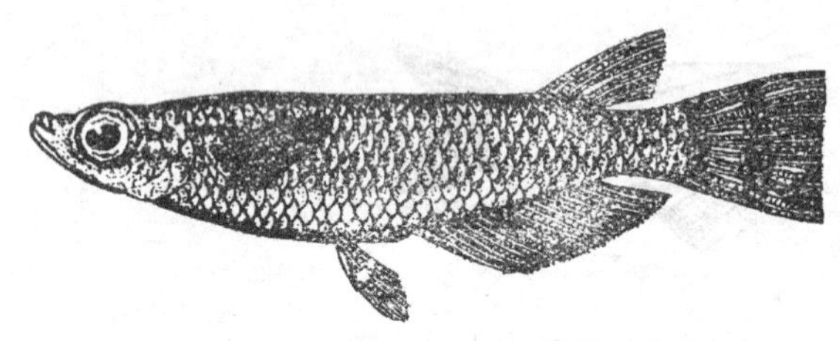

图 7-98 青鳉（*Oryzias latipes*）

本目可分 2 个亚目，我国仅产鳉亚目（Cyprinodontoidei），有 2 个科。

① 鳉科（Cyprinodontidae）：头平扁，体的背部平直而腹部突起，多为卵生，无交配器；属鳉科的青鳉（*Oryzias latipes*）（见图 7-98）长江流域较多，个体小，一般不超过 4cm。

② 食蚊鱼科（Poeciliidae）：雄鱼的臀鳍一部分转变为交配器，多卵胎生，都是一些小型鱼类。食蚊鱼（*Gambusia affinis*）（见图 7-99），是由国外移入我国上海郊区，已能自然繁殖，成鱼以蚊子、幼鱼等为食，故取其名。为卵胎生，性成熟快，通常在出生后的当年即可性成熟，年产 4～5 胎，每胎产 10～70 尾。

2. 颌针鱼目（Beloniformes）

特征：体延长，被圆鳞，侧线位低，接近腹部。鳍无棘，腹鳍腹位，胸鳍位于近体背方。肩带无中乌喙骨，口裂上缘仅由前颌骨组成。肠直，无幽门盲囊。骨中具有胆绿素的胆色素，故骨骼常呈绿色。鳃条骨 9～15。本目鱼多生活在海洋中，有的可进入淡水。相分为 4 个科。

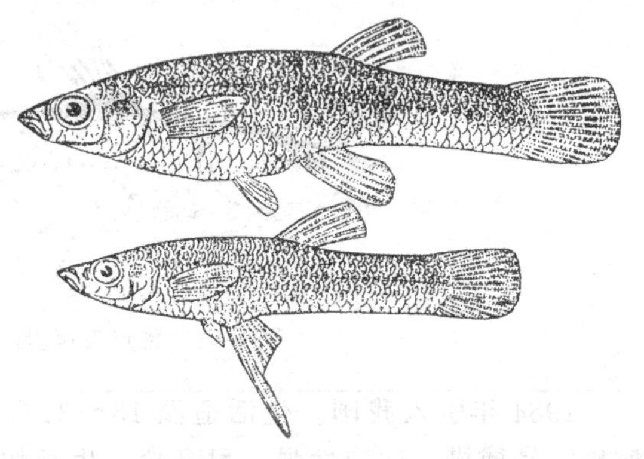

图 7-99 食蚊鱼（*Gambusia affinis*）（上雌下雄）

① 颌针鱼科（Belonidae）：我国有扁颌针鱼属（*Ablennes*）和圆颌针鱼属（*Tylosurus*），为海洋中常见的上层肉食性鱼类，夏季游向近海产卵，卵为黏性卵，卵膜上有 20 多条细丝，用以缠在海藻上。扁颌针鱼（*Ablennes hians*）见图 7-100。

图 7-100 扁颌针鱼（*Ablennes hians*）

② 竹刀鱼科（Sombresocidae）：仅见一种竹刀鱼（*Cololabis saira*）（又名秋刀鱼）。体型细圆，棒状；背鳍后有 5～6 个小鳍，臀鳍后有 6～7 个小鳍；两颌多突起，但不呈长缘

状，牙细弱；体背部深蓝色，腹部银白色，吻端与尾柄后部略带黄色。

在我国分布在黄海、渤海，较少见，但在日本和朝鲜是产量很高的一种经济鱼类。

③ 鱵鱼科（Hemirhamphidae）：多数分布在太平洋西部和印度洋东部热带水域中，主要栖息在沿岸地带，多为结群性上层鱼类，成群游动。一般个体较小，虽沿海常见，但产量不大，可供食用。

④ 飞鱼科（Exocoetidae）：多为暖水性上层鱼类，以太平洋赤道及热带水域中最为繁多。它强有力的尾鳍，帮助其跃出水面，有时在空中滑翔可达 10s 以上，飞过 100m 以上的距离。夜间趋光性强。飞鱼（*Exocoetus volitans*）（见图 7-101）我国沿海都有产，以南海最多，有一定产量，为经济鱼类。

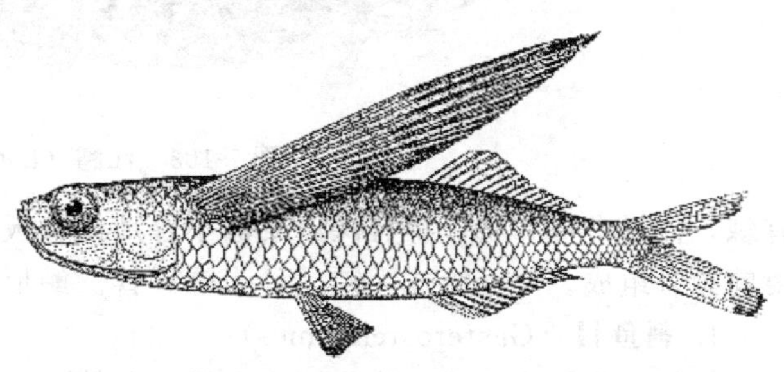

图 7-101 飞鱼（*Exocoetus volitans*）

（七）第七总目——鲑鲈总目（Parapercomorpha）

腹鳍亚胸位或喉位，鳔无管，圆鳞或栉鳞。奇鳍有棘或无，有些种类具脂鳍。尾鳍骨骼具有一正中轴尾下骨片。鲑鲈科总目分 2 个目，即鲑鲈目（Percopsiformes）和鳕形目（Gakiformes），我国仅产鳕形目。

鳕鱼类是寒带性鱼类，多数分布于太平洋和大西洋的北部海区中。主要的经济鱼类有六七种，其中以分布于北太平洋的狭鳕（明太鱼）（*Theragra chalcogramma*）产量最高，年产近 500 万吨，主要生产国家是日本、前苏联及朝鲜等。北大西洋的经济鳕鱼类甚多，最重要的是大西洋鳕（*Gadus morhus*）、挪威鳕（*Trisopterus esmaikri*）、青鳕（*Pollachirs virens*）和黑线鳕（*Melanogrammus aeglefinus*），其中以大西洋鳕的产量最高，主要生产国家是前苏联、挪威、英国、冰岛、德国、加拿大、波兰等。

本目可分 4 亚目，产于我国的有 3 亚目：鳕亚目（Gadiodei）、长尾鳕亚目（Maerouroidei）、鼬鳚亚目（Ophidioidei）。鳕亚目现知我国有以下 3 科。

① 鳕科（Gadidae）：犁骨具牙，鳔前方无大的突起，腹鳍胸位，头顶部无鳍条。

② 犀鳕科（Bregmacerotidae）：犁骨具牙，鳔前方无大的突起，腹鳍喉位，头顶部具鳍条。

③ 深海鳕科（Moridae）：犁骨无牙（仅 Mora 属例外），鳔前端每侧有一大角状突起。

图 7-102 鳕鱼（*Gadus macrocephalus*）

鳕鱼（*Gadus macrocephalus*）（见图 7-102），有 2 个臀鳍，3 个背鳍，是黄海北部的重要经济鱼类，为寒带性底层鱼类，黄海鱼群一般栖息于水深 50～80m 的泥沙或软泥底质海区，索饵鱼群的适温范围为 5～10℃。鱼汛有两次，冬汛在 12～翌年 2 月，夏汛在 4～7 月份，产量甚高，鲜销或制成干制品。鳕鱼在北太平洋也是重要经济鱼类之一，年产量在 11 万吨以上。

江鳕（*Lota burbots*）（见图 7-103）是著名的冷水性淡水鱼类，在中国分布于额尔齐斯河、黑龙江及鸭绿江等水系。

（八）第八总目——鲈形总目（Percomorpha）

腹鳍胸位或喉位（仅金眼鲷目、鲻形目及刺鱼目之某些种类为亚胸位或喉位）。鳍一般

图 7-103 江鳕（*Lota burbots*）

有棘，体通常被栉鳞，稀有裸出或被小骨片或骨板。许多种类头部骨骼上具刺。口裂上缘仅由前颌骨组成。鳔无管或无鳔，稀为鳔有管。鲈形总目有 10 个目。

1. 刺鱼目（Gasterosteiformes）

特征：腹鳍胸位或亚胸位，或全无；背鳍 1 或 2，某些种类的第 1 背鳍为游离的棘。无眶蝶骨。吻通常呈管状。很多种类体被骨板。分为 3 亚目。

（1）刺鱼亚目（Gasterosteoidei） 为生活在比较寒冷地区的小型鱼类，栖息在淡水、咸淡水及海水中。可分为 3 个科，我国仅产刺鱼科（Gasterosteidae），见于北方的有中华多刺鱼（*Pungitius sinensis*），背鳍有 9 个游离的棘。

（2）管口鱼亚目（Aulostomoidei） 具腹鳍，吻呈管状。有 4 个科，产于我国的有 3 科。

① 管口鱼科（Aulostomidae）：两颌具细齿，侧线连续，体侧扁，具栉鳞，第 1 背鳍为游离的棘，尾鳍矛形，见于我国的是管口鱼（*Aulostoma chinense*）。

② 烟管鱼科（Fistulariidae）：两颌具细齿，侧线连续，体纵长，无鳞，背鳞 1 个，尾鳍叉形，正中 2 鳍条作丝状延长，分布于热带及亚热带地区，现知有 1 属 2 种：一是鳞烟管鱼（*Fistularia petimba*）（见图 7-104），皮肤光滑裸露，背鳍、臀鳍的前后方、背腹部正中线上无线状鳞，东海、南海均有产；另一为毛烟管鱼（*Fistularia villosa*），皮肤粗杂，背鳍、臀鳍的前后方、背腹部正中线上有线状鳞，见于南海。

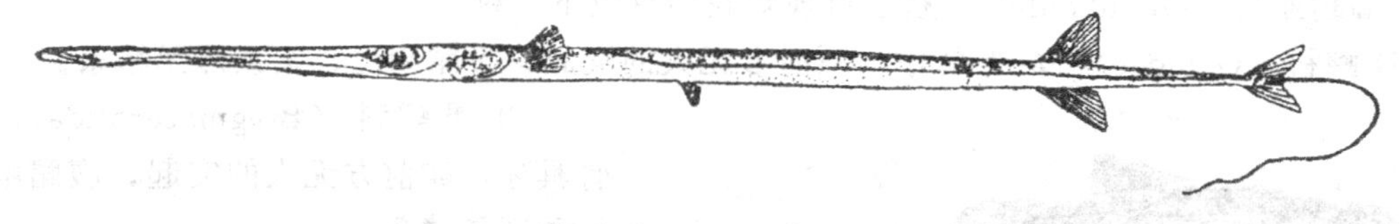

图 7-104 鳞烟管鱼（*Fistularia petimba*）

③ 玻甲鱼科（Centriscidae）：体特别侧扁，两颌无齿，无侧线，身体完全被于透明骨质甲中，常见的是玻甲鱼（*Centriscus scutatus*），产于南海。

（3）海龙亚目（Syngnathoidei） 无腹鳍，鳃孔小，鳃退化成球形。

海龙科（*Syngnathidae*）——每侧鼻孔 2 个，通常一背鳍，体被以环状骨片。海龙鱼种类较多，广泛分布在海洋各处，大都生活在沿海多海藻的水域，作垂直游泳。在雄鱼的腹部常有育儿囊或育儿袋，卵产在其内进行孵化。

本科的海马、海龙是经济价值很高的药用鱼类，具有强身健体、补肾壮阳、舒筋活络、消炎止痛、镇静安神、止咳平喘等药用功能。目前人工养殖海马已获得成功。主要养殖种类有三斑海马（*Hippocampus trimaculatus* Leach）、克氏海马（*Hippocampus kelloggi* Jordan & Snyder）、刺海马（*Hippocampus histrix* Kaup）、大海马（*Hippocampus kuda* Bleeker）等。

2. 鲻形目（Mugilifoumes）

特征：腹鳍腹位或亚胸位。腰骨以腱连于匙骨或后匙骨上。背鳍2个，分离，第1背鳍由鳍棘组成。圆鳞或栉鳞，侧线或有或无。鳃孔宽大，鳃条骨5～7。鳃盖骨后缘无棘或具细锯齿。包括3个亚目。

（1）魣亚目（Sphyraenoidei） 为分布于温热带海域中的食肉性鱼类，有些个体可以长得很大，长达3m。本亚目仅有一科。最常见的是油魣（*Sphyraena pinguis*）（见图7-105），它性喜群游，但不集成大群，常追逐各集群性小鱼的后方捕食，为兼捕的杂鱼，产量不甚高，可供食用，味美，为次要经济鱼类。

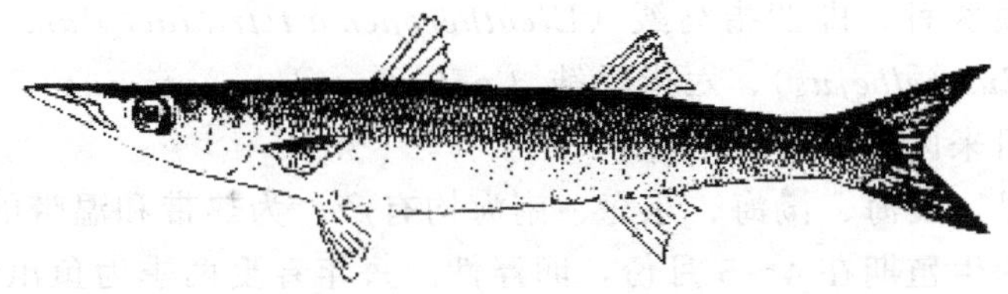

图7-105 油魣（*Sphyraena pinguis*）

（2）鲻亚目（Mugiloidei） 包括了一些海水养殖的重要品种，多生活于热带和亚热带的海水中，也可进入淡水生活。我国南北沿海均有分布。只有1科。

鲻科（Mugilidae）——包括的种类很多，全世界有10余属，我国7种。鲻、鲅鱼类主食低等藻类及泥土中的有机物质、无脊椎动物等，且可在不同盐度的水域中生活，为海水养殖的理想对象，养殖历史相当悠久。

① 鲻（*Mugil cephalus*）（见图7-106）：地方名为乌鲻、乌头、黑耳鲻等。体长纺锤形，稍侧扁，腹面钝圆。下颌前端有一突起，与上颌的凹陷嵌合，上下颌边缘具有绒毛状细齿。眼大，眼间隔平坦，脂眼睑特别发达，盖住瞳孔的1/3。体被大型圆鳞。体侧上方具有7条暗色纵条纹。

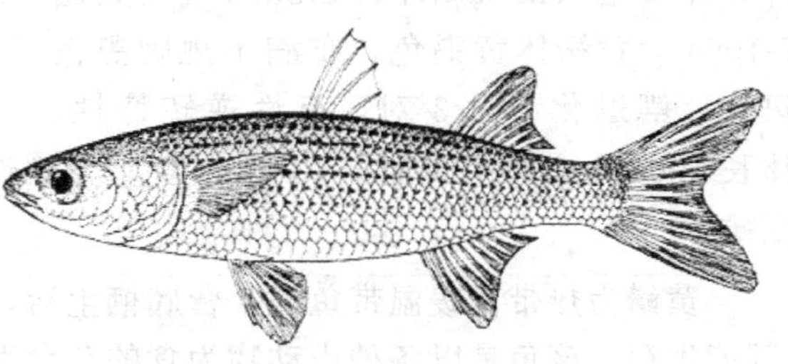

图7-106 鲻（*Mugil cephalus*）

鲻鱼广泛分布于沿海及通海的淡水河流中，是咸淡水鱼塘主要混养鱼类。为世界各地港养的主要对象。我国的养鲻业在宋代已有记载。

② 鲅鱼（*Liza haematocheila*）（见图7-107）：地方名为肉棍子、红眼鲻等。鲅鱼体细长，前部圆筒状，后部侧扁，一般体长20～40cm，体重400～2000g。背平直，吻宽短，口裂略呈“人”字形，下颌前端中央具一突起，可嵌入上颌相对的凹陷中。眼较小、红色，脂眼睑不发达，体侧上方有数条黑色纵纹。

图7-107 鲅（*Liza haematocheila*）

图 7-108 四指马鲅（*Eleutheronema tetradactylum*）

该鱼分布于西北太平洋。我国沿海以黄海、渤海盛产，山东半岛南岸春汛为3～4月份、秋汛为10～12月份；北岸鱼汛为6月上旬到10月下旬；江苏连云港鱼汛为3月初。

(3) 马鲅亚目（Polynemoidei） 为热带及温带的近海鱼类，喜栖于沙石质的海滨处所，有时亦进入淡水。只有1科，即马鲅科（Polynemidae）。

我国已知有2属3种，即四指马鲅（*Eleutheronema tetradactylum*）（见图7-108）、五指马鲅（*polydactylus pelbejus*）、六指马鲅（*polydactylus sextarius*），三者主要根据胸鳍下方游离鳍条的数目来区别。

四指马鲅最常见，黄海、渤海、东海、南海均有产，为热带和温带的海产鱼类，喜栖息于沙底海区，南海的生殖期在4～5月份，卵浮性。每年春夏两季为鱼汛旺季，有一定产量，肉嫩刺少，肉味佳美，为上等食用鱼类。

3. 合鳃目（Symbranchiformes）

特征：体鳗形。鳍无棘，无胸鳍，腹鳍很小，2鳍条，喉位，或无腹鳍，背鳍、臀鳍与尾鳍连在一起。鳃孔相连为一横裂，位于喉部，鳃通常呈退化状，口咽腔及肠具呼吸空气的能力。无鳔。

合鳃科（Symbranchidae），我国仅产1种，即黄鳝（*Monopterus albus*）（见图7-109），黄鳝体黄褐色，布满不规则黑色斑点，鳃退化，为3对，有性逆转特性。体长100mm以下为雌性，530mm以上为雄性，360～380mm雌雄相等。第一次产卵后雌变雄。

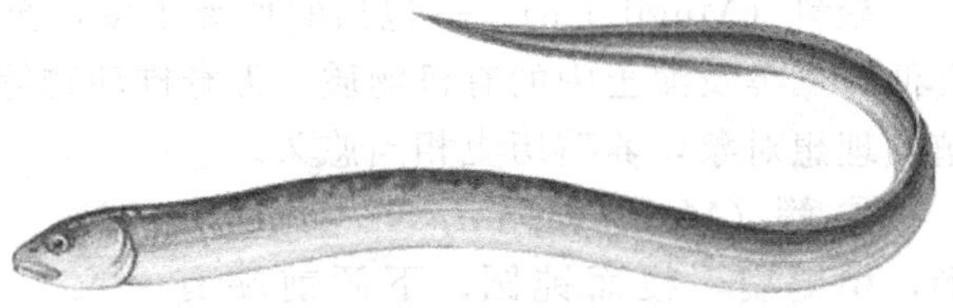
图 7-109 黄鳝（*Monopterus albus*）

黄鳝为热带及暖温带鱼类，营底栖生活，适应能力强，在河道、湖泊、沟渠及稻田中都能生存。该鱼是以各种小动物为食的杂食性鱼类，性贪，夏季摄食最为旺盛，寒冷季节可长期不食，而不至死亡。

4. 鲈形目（Prtciformes）

特征：鳔无管。鳍一般具鳍棘。上下颌骨一般不参加口裂边缘的组成。一般有2个背鳍，第1背鳍由鳍棘组成，第2背鳍由鳍条组成。腹鳍不多于6鳍条，一般为胸位，有时为喉位，或位于胸鳍稍后下方。尾鳍主要鳍条通常不超过17。腰骨常直接连于匙骨上，无眶蝶骨，后颞骨通常分叉，有中筛骨，肩带无中乌喙骨，有上下肋骨，无肌间骨。

鲈形目是真骨鱼类中种类最多的一个目，主要分布在温、热带海洋内，在高纬地区所占比例不大，其中许多种类还具有重要的经济意义。在全世界鲈形目鱼类的生产中，以石首鱼类和金枪鱼类占主要地位，其次为鲭科、鲳科等。我国海产经济鱼类约有一半以上隶属本目。鲈形目可分20个亚目，我国产15亚目。

(1) 鲈亚目（*Percoidei*） 本亚目是鲈形目最大的一个亚目，主要包括栖息在热带和温带区域的海水和淡水鱼类，种类繁多。它们背鳍鳍棘一般发达，腹鳍1鳍棘5鳍条，胸位或喉位；上颌骨与前颌骨连接不密切；肋骨不包围鳔。我国大半海水食用经济鱼类均属本亚目。本亚目全世界有 68 科，我国现知约有 48 科。

① 尖吻鲈科（Latidae）：背鳍 2 个，连续或稍分离，具 7～8 鳍棘，10～15 鳍条，臀鳍Ⅲ-8-13，尾鳍圆形。

尖吻鲈（*Lates calcarifer*）（见图 7-110）：地方名盲鳗、金目鲈、红目鲈。尖吻鲈体延长，侧扁，背缘稍呈弧形，腹缘平直。上颌骨末端伸达眼后下方，两鼻孔相近，前鳃盖骨下缘具棘，舌无齿。尾鳍圆，呈扇形。体被较大的栉鳞，侧线鳞 52～61。雌雄同体，雄性先熟，到一定年龄及大小时，由雄性转化为雌性。

图 7-110　尖吻鲈（*Lates calcarifer*）

该鱼为暖水性凶猛类，生活在海水、咸淡水及淡水中，在沿海水域栖息和觅食，喜缓缓而流的清水。其肉质鲜美，营养价值高，而且具生长快、养殖周期短、广盐性等优点，目前在广东、海南等地养殖发展迅速。

② 鮨科（Serranidae）：特征为前鳃盖骨一般具锯齿，鳃盖骨具扁平棘 1～3，鳃盖条 5～8。背鳍棘一般 9 以上，如为 7～8，则尾鳍不圆或前鳃盖骨隅角无大棘。多栖息于温热带海藻茂盛的近岸区，少数可在淡水生活。性贪食，为良好的食用经济鱼类。

分类：鮨科我国产 11 亚科，常见的有 3 亚科。

1（2）背鳍鳍棘部与鳍条部分离或仅于基部相连，中间有明显缺刻……常鲈亚科（oligorinae）

2（1）背鳍鳍棘部与鳍条部相连，一般无缺刻

3（4）两颌内行齿不能倾倒，背鳍具 11～14 鳍棘……………………………鳜亚科（Sinipercinae）

4（3）两颌内行齿可倾倒，背鳍具 8～11 鳍棘……………………石斑鱼亚科（Epinephelinae）

a. 常鲈亚科（oligorinae）

花鲈属（*Lateolabrax*）只有花鲈（*Lateolabrax japonicus*）（见图 7-111），即鲈鱼。鲈鱼体延长，侧扁。口大，倾斜，下颌突出。齿绒毛状，体被小栉鳞。体背侧、背鳍上有黑色斑点，大个体不明显。

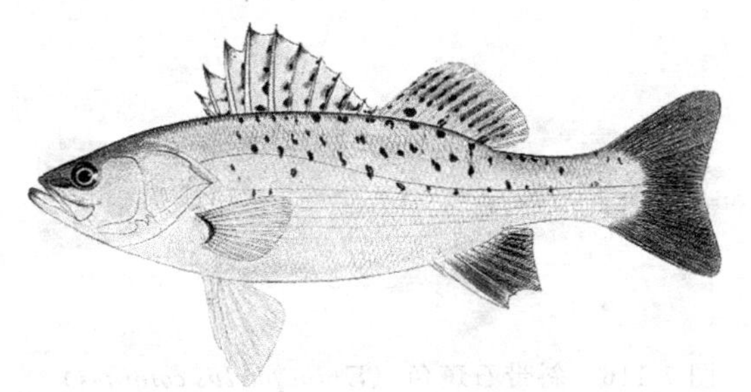

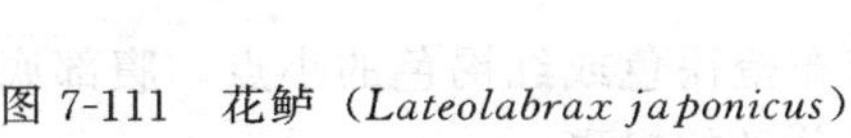

图 7-111　花鲈（*Lateolabrax japonicus*）

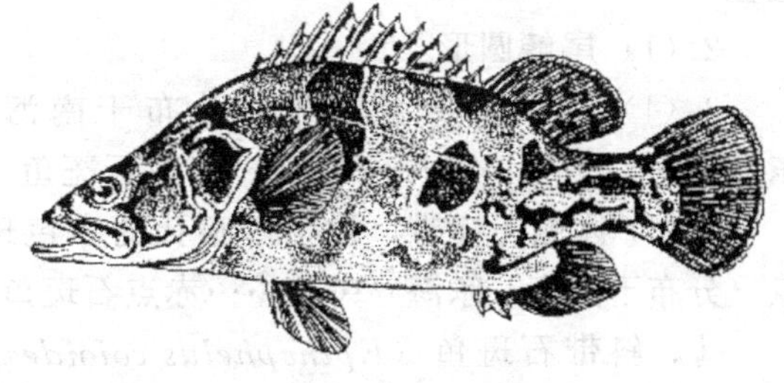

图 7-112　鳜鱼（*Siniperca chuatsi*）

该鱼为近岸浅海鱼类，常在河口一带生活，也可进入淡水。为凶猛鱼，贪食，生长快，3～4龄成熟。个体大，可达10kg，肉味鲜美。已开展养殖。

b. 鳜亚科（Sinipercinae）

鳜鱼（*Siniperca chuatsi*）（见图7-112）地方名桂花鱼、桂鱼、胖鳜、季花鱼、鳌花鱼、桂花鱼、花鲫鱼、花花媳妇、锯婆子等。鱼高侧扁（体长为体高的2.7～3.1倍），背部隆起，腹部圆。口裂大略倾斜，上颌骨末端伸至眼睛后缘。上下颌、犁骨和口盖骨均有大小不等的小齿。鳞片细小，侧线弯曲。背鳍较长，分为前后两部分，前半部的鳍条为硬刺状12根，后半部为软鳍条13～15根。体侧有大小不规则的褐色纹和斑块。

图7-113　宝石石斑鱼（*Epinephelus areolatus*）

鳜鱼分布很广，为底层鱼类，一般生活在静水或缓流的水体中，尤以水草茂盛的湖泊为多，有卧穴的习性。除青藏高原外，我国所有江河湖库都有分布，以长江流域的湖北、江西、安徽等省产量较高。为凶猛鱼类，主要摄食小鱼，其次为虾类，有时吞食同类，成鱼对鲤鱼、鲫鱼等的幼鱼有较大危害。目前，我国已进行人工繁殖和养殖。

c. 石斑鱼亚科（Epinephelinae）

暖水性凶猛鱼类，多栖息于海底礁石间。该鱼类经济价值高，是上等食用鱼类。

我国产10属，主要是石斑鱼属（*Epinephelus*）。常见3种检索表如下（见图7-113～图7-115）。

图7-114　青石斑鱼（*Epinephelus awoara*）

图7-115　赤点石斑鱼（*Epinephelus akaara*）

1（2）尾鳍凹形，末端具白边；体侧具多角形褐色大斑点（分布于南海）...宝石石斑鱼

2（1）尾鳍圆形

3（4）体侧具6条横带（分布于南海、东海）……………………………青石斑鱼

4（3）体侧无横带，被小于瞳孔的赤色斑点（分布于南海、东海）…………赤点石斑鱼

Ⅰ. 斜带石斑鱼（*Epinephelus coioides*）（见图7-116）：地方名青斑鱼。体延长，前鳃盖具钝角，头和体背呈棕褐色，鱼体和鳍条的中部密布橙褐色或红褐色的小点，腹部底纹呈白色；体侧有5条大的、不规则的、间断的、向腹部分叉的黑斑。

图7-116　斜带石斑鱼（*Epinephelus coioides*）

Ⅱ. 云纹石斑鱼（*Epimephelus moora*）（见图 7-117）：一般体长 13～15cm，体侧有 6 条暗棕色斑带，除第一与第二带斜向头部外，其余各带均自背部伸向腹缘，各带下方多分叉，体侧和各鳍上皆无斑点。

图 7-117　云纹石斑鱼（*Epimephelus moora*）

③ 松鲷科（Lobotidae）：我国仅产一属一种，即松鲷（*Lobotes surinamensis*），黄海、渤海、东海及南海都有产。鱼全体黑色，胸鳍灰白色，其他各鳍黑色，为温热带海产种类，多栖息在浅海，产量不大。

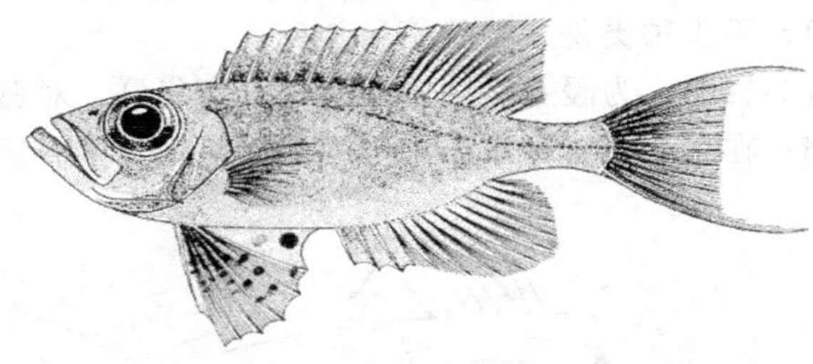

图 7-118　长尾大眼鲷（*Priacanthus tayenus*）

④ 大眼鲷科（Priacanthidae）：体长椭圆形或卵圆形，较侧扁。吻短，眼巨大，约为头长之半。鳞片小，粗糙。腹鳍甚大，略在胸鳍之前。

为热带或亚热带底层鱼类，一般生活在较深海处。产量较大，为食用经济鱼类。在我国最常见的是长尾大眼鲷（*Priacanthus tayenus*）（见图 7-118），南方沿海都有发现，生活时全体赤色，腹部色较浅。栖息于水的底层，以桡足类为主要饵料，为南海底曳网主要捕捞对象之一，产量大。

⑤ 天竺鲷科（Apogonidae）：体长椭圆形或延长，有时侧扁而高。头较大而侧扁。口大，倾斜。两颌、犁骨及腭骨上具带状绒毛齿，间有犬齿。鳞片大，栉鳞或圆鳞。本科鱼类是一群栖息在暖海中的小型鱼类。

⑥ 鱚科（Sillaginidae）：体长，略呈圆柱状，稍侧扁。体被小栉鳞。头前部平坦，头骨具黏液腔。口小，吻钝尖。两颌齿细小，犁骨具绒毛齿，腭骨及舌上无齿。本科为中小型的沿岸性鱼类。

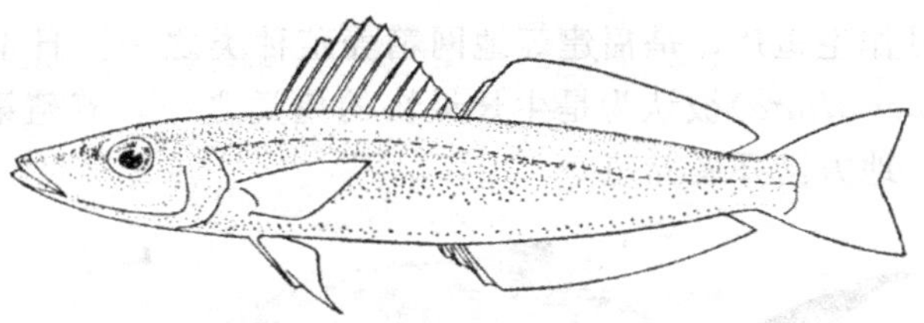

图 7-119　多鳞鱚（*Sillago sihama*）

多鳞鱚（*Sillago sihama*）(见图7-119)是较为常见的沿岸经济食用鱼类，体呈细长圆柱形，头呈锥形，口小，眼大。鳞片细小，极易脱落。

生活于 1～60m 海域，大多活动于沿岸内湾，偶尔进入河口。性胆小，易受惊吓，且会潜入沙中躲藏。

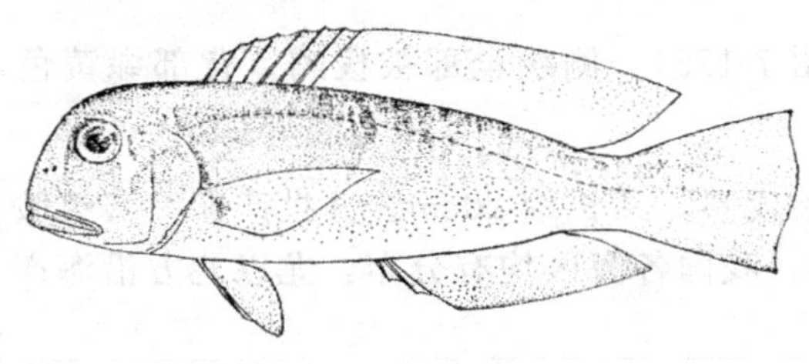

图 7-120　日本方头鱼
（*Branchiostegus japonicus*）

⑦ 方头鱼科（Branchiostegidae）：体延长，侧扁，头钝圆，近方形。眼中等大，靠近背缘。口中等大，稍倾斜。两颌具尖齿。尾鳍双凹形。常见的是日本方头鱼（*Branchiostegus japonicus*）（见图 7-120），东海、黄海常可捕获，产量不甚多，但肉味佳美。

⑧ 军曹鱼科（Rachycentridae）：仅军曹鱼属（Rachycentron）军曹鱼（*Rachycentron* canadum）（见图 7-121）。体延长，稍侧扁，体侧具 3 条黑纵纹。第 1 背鳍 6～9 鳍棘，短粗而分离，可收纳背沟中。

该鱼为凶猛鱼，沿海均产。

⑨ 鲹科（Carangidae）：体多少侧扁，头侧扁。尾柄细。鳞小，圆鳞，有时隐入皮下。侧线完全，常有棱鳞着生在侧线的全部或一部，亦有无棱鳞者。2 个背鳍多少分离，第 1 背鳍短，棘细弱，第 2 背鳍长。臀鳍通常与第 2 背鳍同形，其前方常有二分离棘，有时第 2 背鳍及臀鳍的后方有一个或几个小鳍。

本科鱼类是一群生活在水的中层、善于游泳的海水鱼类，种类繁多，盛产于热带海洋。我国现知 4 亚科 15 属 50 多种，都有食用价值，不少种类是重要经济种类。

a. 蓝圆鲹（*Decapterus maruadsi*）（见图 7-122）：为暖水性中上层鱼类，喜集群，对蓝绿光有趋向性。分布于中国海南省到日本南部；在东海主要分布于中国福建沿岸，为南海经济鱼类之一。

图 7-121　军曹鱼（*Rachycentron canadum*）

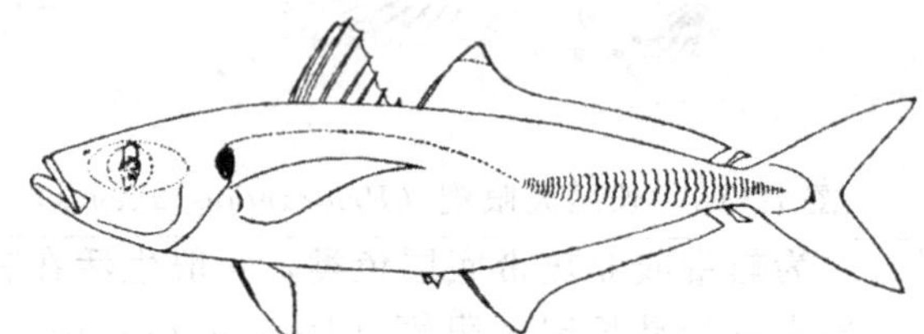

图 7-122　蓝圆一鲹（*Decapterus maruadsi*）

b. 卵形鲳鲹（*Trachinotus ovatus*）（见图 7-123）：体呈鲳形，高而侧扁。为暖水性中上层鱼类，体型较大，一般不结成大群。肉细嫩，味鲜美，是名贵的食用鱼类，但产量不高。近年开发的另一种类——布氏鲳鲹，因其生长快，适应性强，目前在福建、广东等南方地方养殖较多。

c. 鰤属（*Seriola*）：多数是一些游泳能力较强的肉食性鱼类，生长迅速，我国较常见的是黄条鰤（*Seriola aureovittata*）（见图 7-124），从吻至尾柄有一明显的黄色纵带，肉鲜美，可作生鱼片，是福建等地网箱养殖种类之一。日本网箱养殖的主要种类之一鰤*Seriolaquinqueradiata*)被认为是生长最快的鱼类之一，养殖第 2 年可达 4～7kg，目前在我国浙江等不少地方已开展养殖。

图 7-123　卵形鲳鲹（*Trachinotus ovatus*）

图 7-124　黄条鰤（*Seriola aureovittata*）

d. 日本竹筴鱼（*Trachurus japonicus*）（见图 7-125）：侧线全部被棱鳞。背部绿黄色，腹部白色。

该鱼对声音敏感，贪食，生长较快，1～2 龄成熟，叉长约 20cm。分批产卵。其组胺酸含量高，易腐败产生组织胺，引起过敏性中毒。我国各海区均有分布，尤以北方沿海产量多，为我国重要经济鱼类之一。

⑩ 石首鱼科（Sciaenidae）：特征为体延长，侧扁，被有栉鳞或圆鳞。头部具有发达的黏液腔，颏部具黏液孔或小须。背鳍连续，具一缺刻。臀鳍 2 鳍棘。鳔具分支，耳石大。颌

图 7-125 日本竹筴鱼（*Trachurus japonicus*）

齿细小，呈绒毛状，或有犬齿；犁骨、腭骨及舌上均无齿。

该鱼为一类海洋重要经济鱼类。因能借连于鳔上的肌肉而产生声响，故有“鼓鱼”之称。

a. 姑鱼属（*Johnius*）皮氏叫姑鱼（*Johnius belengerii*）（见图 7-126）：无颏须，臀鳍第 2 棘粗大，长大于眼径。

图 7-126 皮氏叫姑鱼（*Johnius belengerii*）

该鱼为近海小型中下层鱼，以甲壳类为食。分布广，产量较高，但个体小，寿命至多 4 龄。

b. 黄姑鱼属（*Nibea*）黄姑鱼（*Nibea albiflora*）（见图 7-127）：背鳍条 28～32，鳃耙 17。体侧有黑色波条纹。

该鱼为暖水近海中下层鱼，底栖动物食性，群体密集，伴有“咕咕”叫声。肉味鲜，生长快，3 龄成熟。

c. 白姑鱼属（*Argyrosomus*）白姑鱼（*Argyrosomus argentatus*）（见图 7-128）：尾鳍圆形，背鳍鳍条部有一白色纵带，鳍条 25～28。

图 7-127 黄姑鱼（*Nibea albiflora*）

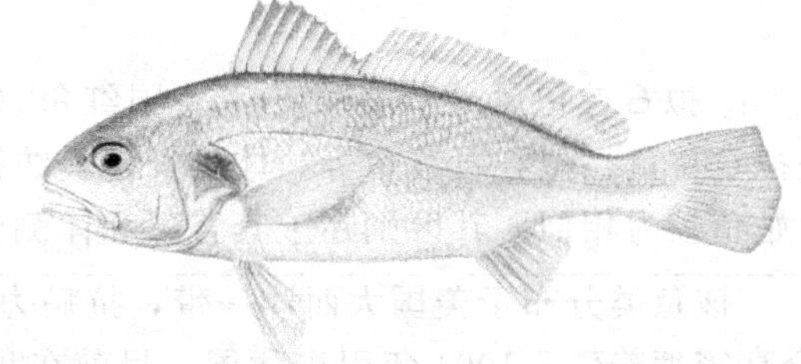

图 7-128 白姑鱼（*Argyrosomus argentatus*）

该鱼为暖温性中下层鱼，以底栖动物为食，2 龄成熟，肉质好，为食用鱼。

d. 鮸鱼属（*Miichthys*）鮸鱼（*Miichthys miiuy*）（见图 7-129），仅此 1 种。

该鱼为近海暖温性中下层鱼类，喜分散活动，以小鱼、小虾为食。生长快，个体大，一般重 2kg。其肉质细嫩，鳔可制成“鱼肚”，为名贵大中型食用鱼。

e. 黄鱼属（*Pseudosciaena*）：有 2 种，均为我国重要的经济鱼类。

图 7-129 鮸鱼（*Miichthys miiuy*）

大黄鱼（*Pseudosciaena crocea*）（见图 7-130）、小黄鱼（*Pseudosciaena polyactis*）（见图 7-131）的主要区别如下。

图 7-130 大黄鱼（*Pseudosciaena crocea*）

图 7-131 小黄鱼（*Pseudosciaena polyactis*）

1（2）尾柄长为尾柄高的 3 倍，臀鳍第 2 棘长等于或稍大于眼径，背鳍与侧线间具 8～9 行鳞……………………………大黄鱼（*Pseudosciaena crocea*）

2（1）尾柄长为尾柄高的 2 倍，臀鳍第 2 棘长小于眼径，背鳍与侧线间具 5～6 行鳞……小黄鱼（*Pseudosciaena polyactis*）

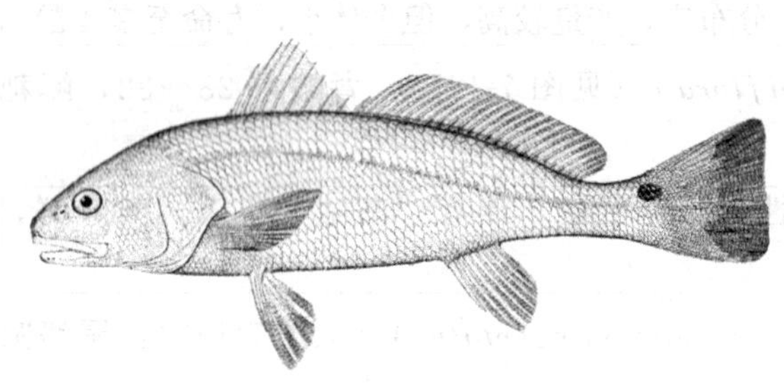

图 7-132 美国红鱼（*Sciaenops ocellatus*）

> 该鱼类分布于黄海、渤海和东海，为我国四大海洋经济鱼类之一。为暖水性近海中下层鱼类，结群洄游，肉食性。肉味美，富含蛋白质，鱼鳔可制成名贵食品——鱼肚。已人工养殖。以大黄鱼生长快，寿命长。

f. 拟石首鱼属（*Sciaenops*）美国红鱼（*Sciaenops ocellatus*）（见图 7-132）：又称为眼斑拟石首鱼、拟红石首鱼等，体延长，呈纺锤形，侧扁，头部钝圆，背部略微隆起。外形与黄姑鱼较为相似，其区别在于其背部和体侧的体色微红，幼鱼尾柄基部上方有一黑色斑点。

> 该鱼类分布于美国大西洋一带，抗病力强、成长快速、存活率高、又耐低氧，非常适合高密度养殖。1991 年引进我国，目前在我国已普遍推广养殖。

⑪ 银鲈科（Gerridae）：体侧扁，近卵圆形。体被较大的圆鳞。上颌骨外露，不被眶前骨所盖。口小，可向前和向下伸出。无辅上颌骨。两颌齿绒毛状，犁骨、腭骨及舌上均无齿。

本科鱼类为热带及亚热带海洋鱼类，多生活在近海中下层，我国仅分布于南海及东海南部。我国现知有 3 属，常见的有五棘银鲈（*Pentaprion longimianus*）、长棘银鲈（*Gerres filamentosus*）、日本十棘银鲈（*Gerreomorpha japonica*）等种类。

⑫ 笛鲷科（Lutianidae）：体侧扁，椭圆形，或稍延长。体被中小型栉鳞或圆鳞。颊部及鳃盖部一般被鳞。上颌骨大部被眶前骨所盖。两颌齿细小，尖锐，外列或前端齿有时扩大

成犬齿。鳃盖骨一般无棘。鳃膜与峡部不相连。

笛鲷科鱼类广泛分布于印度洋、太平洋的温热带海区，我国则分布于东海及南海，均为珍贵的食用经济鱼类。一般为中型鱼，有些为大型鱼。种类繁多，其中最重要的是红鳍笛鲷（*Lutjanus erythopterus*）（见图 7-133），在广东、台湾等地养殖较多。其体表侧线上下方鳞片皆后斜，背鳍鳍条基底大于鳍高，鳍后缘略带圆，体表呈红色，腹部浅红色，故称“红鱼”。

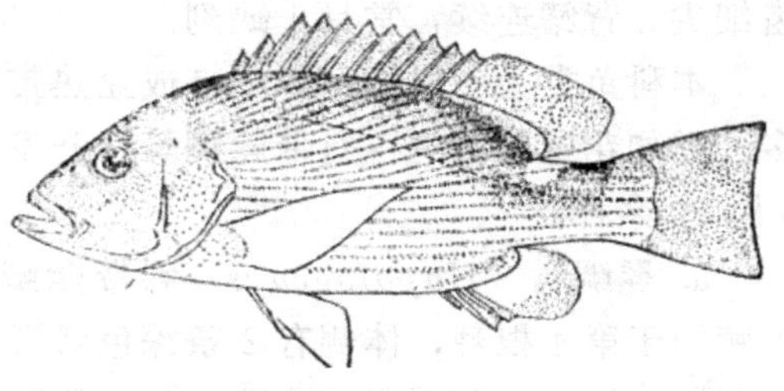

图 7-133　红鳍笛鲷（*Lutjanus erythopterus*）

⑬ 裸颊鲷科（Letherinidae）：体长椭圆形，侧扁。全体被中等大栉鳞。侧线完整。头部只有鳃盖骨具鳞，前鳃盖骨及其余部分皆裸露无鳞。吻部尖而长。

本科只有裸颊鲷属一个属，分布于太平洋及印度洋的热带海域，均为食用经济鱼类。常见种类有红鳍裸颊鲷（*Lethrinus haematopterus*）（见图 7-134）、长吻裸颊鲷（*Lethrinus ethrinus miniatus*）、线棘裸颊鲷（*Lethrinusnematacanthus*）、星斑裸颊鲷（*Lethrinusnebulosus*）等。

图 7-134　红鳍裸颊鲷（*Lethrinus haematopterus*）

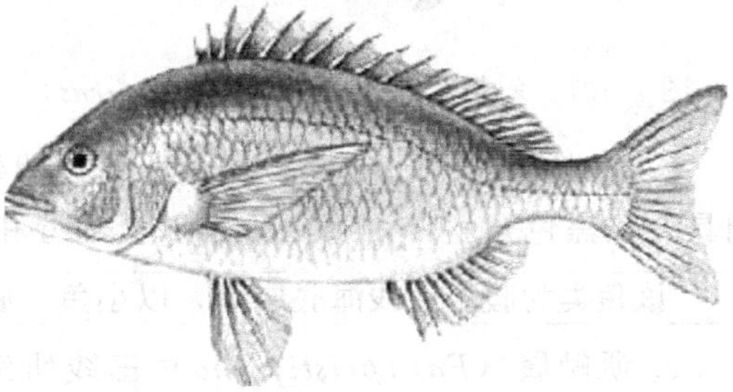

图 7-135　真鲷（*Chrysophrys major*）

⑭ 鲷科（Sparidae）：椭圆形或长椭圆形，侧扁，一般背缘隆起度较腹缘隆起度大。体被中等大的圆鳞或弱栉鳞。上颌骨大部或全部被眶前骨所遮盖。齿强，前端为犬齿状、圆锥状或门齿状，两侧为臼齿或颗粒齿。鳃膜与峡部不相连。

本科为温热带的海洋底栖鱼类，种类甚多，肉味鲜美，为重要的食用经济鱼类，多数是我国水产养殖的重要经济种类。我国现知有 6 属 8 种。

a. 真鲷属（*Chrysophrys*）真鲷（*Chrysophrys major*）（见图 7-135）：体红色，上下颌两侧臼齿 2 行。后鼻孔椭圆形，背鳍无延长的鳍棘。

该鱼类为近海暖水性底层鱼类，喜结群，主要摄食底栖动物。生长较快，个体大，寿命长，肉细嫩，肉味鲜美，为名贵的海产经济鱼类。有季节性洄游习性，表现为生殖洄游。现已为养殖对象。

b. 平鲷属（*Rhabdosargus*）平鲷（*Rhabdosargus sarba*）（见图 7-136）：背鳍棘 11，鳍条 13～14，臀鳍棘 3，鳍条 10～11，侧线鳞 53～68，体侧有多条暗色线纹。

我国只此 1 种，沿海均产，杂食性，肉味美，为港养、海湾放养对象。

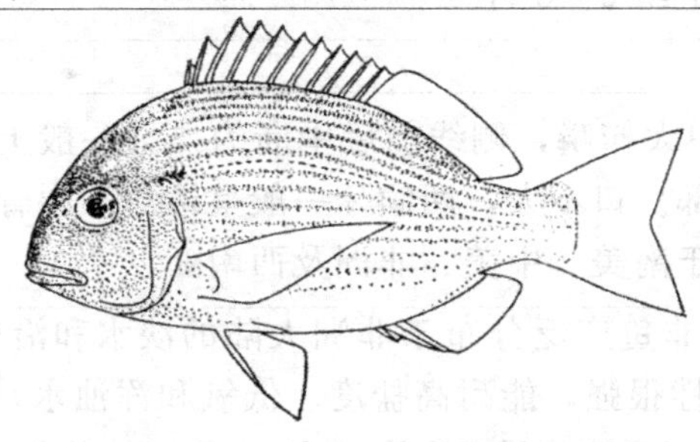

图 7-136　平鲷（*Rhabdosargus sarba*）

⑮ 石鲈科（Pomadasyidae）：特征为体长椭圆形，稍侧扁。颏部具颏孔 1～3 对或具中央沟。两颌

齿细尖。背鳍连续，常具1缺刻。

本科鱼类为一群栖息于热带或亚热带的中型鱼类，分布很广，有较高的经济价值，有许多种类如花尾胡椒鲷、斜带髭鲷等已开发成为福建、广东等地的重要养殖品种。现知我国有5属20余种。

a. 髭鲷属（*Hapalogenys*）斜带髭鲷（*Hapalogenys nitens*）（见图7-137）：背鳍第3根棘短于第4根棘，体侧有2条深色弧形斜带。

为中下层近海鱼，行动迟缓，以鱼、虾为食，一般体长20cm左右，肉味鲜美。

图7-137 斜带髭鲷（*Hapalogenys nitens*）

图7-138 花尾胡椒鲷（*Plectorhynchus cinctus*）

b. 胡椒鲷属（*Rectorhynchus*）花尾胡椒鲷（*Plectorhynchus cinctus*）（见图7-138）：体侧具3条黑色宽斜带，第2条带以上部分和背鳍、尾鳍鳍条上散布黑圆点，背鳍棘12～13。

该鱼类为暖温性浅海底层鱼，以小鱼、底栖甲壳类为食，一般体长20～30cm，肉味鲜美。

c. 矶鲈属（*Parapristipoma*）三线矶鲈（*Parapristipoma trilineatus*）（见图7-139）：仅此1种，个体长可达40cm，为优质食用鱼。

图7-139 三线矶鲈（*Parapristipoma trilineatus*）

图7-140 大斑石鲈（*Pomadasys maculatus*）

d. 石鲈属（*Pomadasys*）大斑石鲈（*Pomadasys maculatus*）（见图7-140）：体侧有大小不等的指印状斑，背鳍鳍棘部有1深色大斑，侧线上鳞6～8行。

该鱼类为暖热带沿岸中小型鱼。

⑯ 丽鱼科（Cichlidae）：体一般为长椭圆形，被中大栉鳞，侧线前后中断为二，一般上侧线止于背鳍鳍条末端之下，下侧线则位于尾柄的中部。口不大，两颌牙一般呈锥形，腭骨无齿。前颌骨能伸缩。背鳍连续，鳍棘发达。原分布于南美、中美、非洲及西南亚。

罗非鱼属（*Orechromis*）有100个品种以上。罗非鱼广泛分布于非洲大陆的淡水和沿海咸淡水水域，为广盐性热带鱼类。其对环境的适应性很强，能耐高盐度、低氧和浑浊水，但不耐低温，最适水温20～35℃，最低临界温度为10℃，最高临界温度为40℃，是以植物性

为主的杂食性鱼类。罗非鱼性成熟早，产卵周期短，依地区不同而有所差异。热带的罗非鱼，孵出后2～3个月，体长7～8cm达性成熟。每年繁殖6～11次。产卵前，雄鱼挖穴，雌鱼在穴内产卵，雄鱼排精。沉性卵。受精卵含于雌鱼口腔内孵化。罗非鱼容易饲养，肉质好，已成为世界性养殖鱼类。我国先后引进的罗非鱼有近10余种。罗非鱼的肉味鲜美，肉质细嫩。

a. 莫桑比克罗非鱼（*O. mossambicus*）（见图7-141）：原产地在非洲的莫桑比克，自1956、1957年分别由泰国和越南引入我国广东省进行试养。莫桑比克罗非鱼生存的临界温度为13℃和40℃。它是广盐性鱼类，耐盐度范围很大。它既能在淡水中生活，又能在盐度为40‰的咸水中生活，但其繁殖会受到影响。其最适合的盐度是8.5‰～17‰。

图7-141 莫桑比克罗非鱼（*O. mossambicus*）

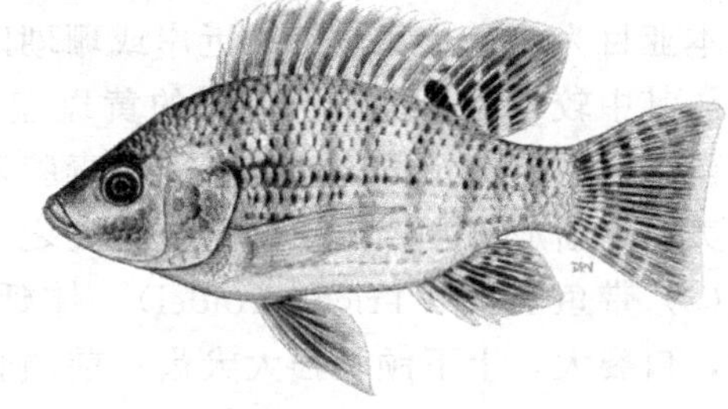

图7-142 尼罗罗非鱼（*O. niloticus*）

b. 尼罗罗非鱼（*O. niloticus*）（见图7-142）：尼罗罗非鱼临界低温为（8.61±0.15）℃，致死温度为（6.04±0.11）℃，临界高温为40～41℃，最适生长温度为28～32℃。在溶氧低于0.7mg/L的水体中，仍能摄食，水中溶氧为1.6mg/L时，能生活繁殖；其窒息点为0.07～0.23mg/L的溶氧量。可在盐度17‰以下的海水中生长、发育和繁殖，能在pH值4.5～10的水体中生长。尼罗罗非鱼有互相残食的习性，主要表现在鱼苗期间，大苗吞食小苗的现象比较严重。成鱼遇惊便潜入水底的软泥中，不易捕捞。

c. 福寿鱼：尼罗罗非鱼（雌）与莫桑比克罗非鱼（雄）的杂交种，其全雄率可达90%。福寿鱼体型与尼罗罗非鱼相似，呈灰绿色。适宜生长温度为20～35℃。食性同亲本，对饲料质量要求不高，以少量的精饲料配多量的粗饲料，就能满足要求，还能摄食池塘底部和水中残饲碎屑，是池塘的“清洁工”，消化功能较强，有明显的杂交优势，目前已经较少养殖。

d. 吉富尼罗罗非鱼：吉富尼罗罗非鱼（简称吉富鱼），是由国际水生生物资源管理中心（ICLARM）等机构通过对四个非洲原产地直接引进的尼罗罗非鱼品系（埃及、加纳、肯尼亚、塞内加尔）和四个在亚洲养殖比较广泛的尼罗罗非鱼品系（以色列、新加坡、泰国、中国台湾）经混合选育获得的优良品系。它于1994年由上海水产大学从菲律宾引入我国。同国内现有养殖的尼罗罗非鱼品系相比，吉富鱼的生长速度快，起捕率高，耐盐性好，单位面积产量高达20%～30%，遗传性状较为稳定，但雄性率不高。

e. 奥利亚罗非鱼（*O. aureus*）：奥利亚罗非鱼与尼罗罗非鱼形态上最明显的差别在于尾鳍的条纹，前者为紫色不垂直的点状条纹，后者为黑色垂直条纹。

f. 奥尼鱼（*T. nilotica*×*T. aurea*）：奥尼鱼是尼罗罗非鱼（♀）×奥利亚罗非鱼（♂）杂交而获得的杂交子一代。奥尼鱼雄性率高，达到83%～100%，平均在92%以上，抗寒能力比尼罗罗非鱼和福寿鱼略强。

g. 彩虹鲷［又称红罗非鱼（*Red Tilmpa*）］：红罗非鱼是罗非鱼中的一杂交变异种。体色有粉红、红色、橙红、橘黄等；生活习性与其他罗非鱼一样，红罗非鱼属热带广盐性鱼类，

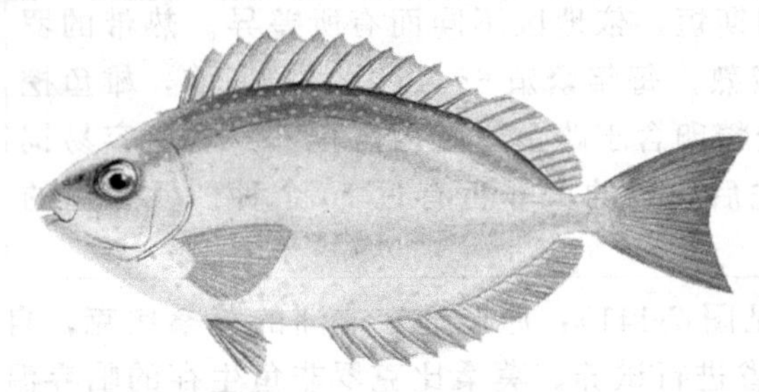
图 7-143　黄斑蓝子鱼（*Siganus oramin*）

耐低氧，窒息点较低，对盐度适应范围广，可在盐度 0～30‰的水体中生活，适温范围 15～38℃，致死温度最低 7℃，最高温度 42℃。其食性为杂食偏植物性，天然条件下以浮游植物为主，也摄食浮游动物、底栖附着藻类、寡毛类、有机碎片等。人工投饲可直接摄食豆饼、花生饼、米糠、玉米粉、鱼粉、配合饲料等。

(2) 刺尾鱼亚目（Acanthuroidei）　皮肤颇坚韧，被以细小的鳞片。臀鳍有 2～3 鳍棘或 7 鳍棘。腹鳍有 1 鳍棘 2～5 鳍条或内外各有 1 鳍棘，中间夹有 3 鳍条。

本亚目为热带及亚热带的近岸或珊瑚礁鱼类，共有 3 个科，即蓝子鱼科、镰鱼科、刺尾鱼科。其中较常见的是蓝子鱼科的黄斑蓝子鱼（*Siganus oramin*）（见图 7-143）及褐蓝子鱼。蓝子鱼的背鳍及臀鳍鳍棘基部有毒腺，被刺伤后可引起疼痛。蓝子鱼产量虽不高，但肉味佳美，逐渐成为水产养殖的重要鱼类之一。

(3) 带鱼亚目（Trichijuroidei）　体延长，侧扁，口裂大，上下颌具强大犬齿；前颌骨固着于上颌骨，不能向前伸突。背鳍及臀鳍均很长。

本亚目可分 3 科，我国产 2 科，即带鱼科和鲭带科。鲭带科一般为深海鱼类，现知有短鲭带鱼［*Rexes prometheoides*（Bleeker）］；带鱼科我国现知有 2 属 4 种。

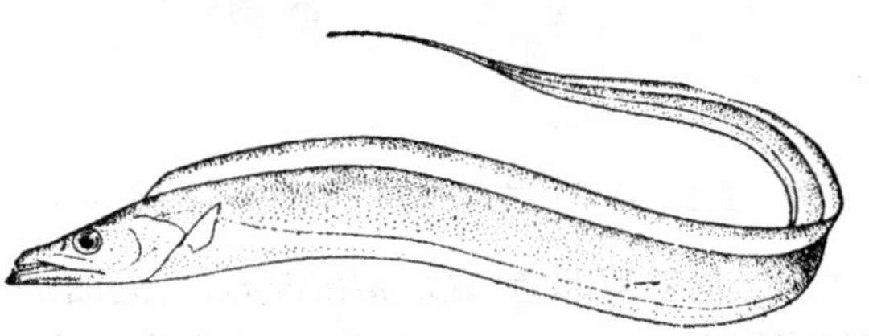
图 7-144　带鱼（*Trichiurus haumela*）

带鱼（*Trichiurus haumela*）（见图 7-144）是我国传统食用鱼类，我国海洋捕捞四大渔业对象之一。生活在水深 30～200m、底质为泥沙的近海海区，以 30～100m 水深处分布密度较大，活动于水体的中、下层，为凶猛的肉食性鱼类。其具洄游习性，生殖期间集群游往近岸的浅海区产卵。其具垂直移动性，白天沉入海区深处，清晨和黄昏逗留于海区表层。

小带鱼和沙带鱼主要分布于南海及东海，常与带鱼混在一起，但产量不高。窄颅带鱼目前仅见于东海，栖息于水深 50～70m 的外海中，比较少见。

(4) 鲭亚目（Scombroidei）　前颌骨固着于上颌骨，不能向前伸出，臀鳍前无游离鳍棘。有或无皮肤血管系统。

鲭亚目鱼体大多为纺锤形，多是一些快速游泳的种类，如鲐鱼、金枪鱼等，经济价值很高，是世界渔业重要捕捞对象之一。

① 鲭科（Scombridae）：体呈纺锤形，被细小圆鳞；背鳍 2 个，第 2 背鳍及臀鳍相对，后方有小鳍；尾鳍深叉形，尾柄两侧有 2～3 条隆起嵴。原属鲭科、鲅科及金枪鱼科的全部鱼类归并入本科。我国现知产 9 属约 20 种，许多都是价值较高的经济鱼类。

a. 鲐鱼（*Pneumatophorus japonicus*）（见图 7-145）：体粗壮微扁，呈纺锤形，头大，前端细尖似圆锥形，上下颌各具一行细牙，犁骨和腭骨有牙，体被细小圆鳞，体背呈青黑色或深蓝色，体两侧胸鳍水平线以上有不规则的深蓝色虫蚀纹，腹部白而略带黄色，背鳍和臀鳍后方上下各有 5 个小鳍；尾柄两侧有 2 条隆起嵴。

鲐鱼生长快，产量高，为我国重要的中上层经济鱼类之一。我国近海均产，南海沿海全年都可捕捞。

图 7-145 鲐鱼（*Pneumatophorus japonicus*）

b. 蓝点马鲛（*Scomberomorus niphonius*）（见图 7-146）：尾柄细，每侧有 3 个隆起嵴，以中央嵴长而且最高；头长大于体高，口大，稍倾斜，牙尖利而大，排列稀疏；体被细小圆鳞，侧线呈不规则的波浪状，体侧中央有黑色圆形斑花；背鳍和臀鳍后方各有 8～9 个小鳍。

蓝点马鲛肉坚实味鲜美，营养丰富，除鲜食外，也可加工制作罐头和咸干品。其肝是提炼鱼肝油的原料。属中上层洄游性鱼类，性情凶猛，大多游弋于海面下 1～3m 处，捕食小鱼、小虾及甲壳类动物。在我国产于东海、黄海和渤海。每年的 4～6 月份为春汛，7～10 月份为秋汛，5～6 月份为旺季。

图 7-146 蓝点马鲛（*Scomberomorus niphonius*）

c. 金枪鱼属、狐坚属、舵坚属、坚属和鲔属：统称金枪鱼类。它们的共同特征是胸部的鳞片特别大，形成明显的胸甲，具有发达的皮肤血管系统，这是对体温调节的某种适应。金枪鱼类的体温通常略高于水温，最高可超出水温 9℃。

金枪鱼属于大洋暖水性洄游鱼类，呈世界性分布，是重要的经济鱼类，在各个大洋中都有进行捕捞。大多数金枪鱼栖息在 100～400m 水深的海域，游泳迅速，一般时速为每小时 30～50km，最高速可达每小时 160km，比陆地上跑得最快的动物还要快。金枪鱼若停止游泳就会窒息，原因是金枪鱼耗氧量很大，需大量水流经过鳃部而吸氧呼吸，所以它在一生中只能不停地持续游泳。金枪鱼的鱼肉似牛肉，是紫红色的，其中血红素含量很高，低脂而高蛋白，所以营养价值高。目前产量最高的为黄鳍金枪鱼（*Thunnus albacares*）（见图 7-147），占全球金枪鱼产量的 35%。

图 7-147 黄鳍金枪鱼（*Thunnus albacares*）　　图 7-148 白卜鲔（*Euthynnus yaito*）

d. 鲔属（*Euthynnus*）：我国只产白卜鲔（*Euthynnus yaito*）（见图 7-148）1 种。

该鱼类为热带性外海中上层鱼类，游泳迅速，喜栖息于沙泥或岩石底、水质澄清的海区，产于南海，有一定经济价值，是有发展前途的捕捞对象。

② 箭鱼科（Xiphiidae）：前颌骨延长形成箭状吻部，胸鳍位低，腹鳍有或无。均为温带、热带或亚热带海洋上层的大型经济鱼类，其肝油含有丰富的维生素A。我国现有记录的有4属，主要种类有东方旗鱼（*Histiophorus orientalis*）、灰旗鱼（*Histiophorus Gladius*）、印度枪鱼（*Makaira indica*）、狭吻四鳍旗鱼（*Tetrapturus angustirostris*）、箭鱼（*Xiphias gladius*）等。

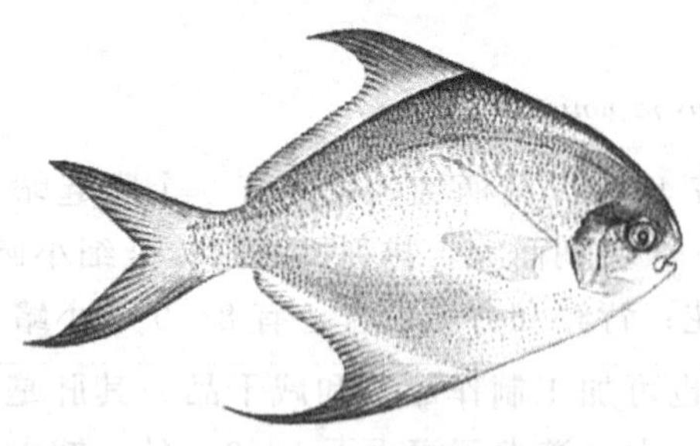

图7-149　银鲳（*Pampus argenteus*）

（5）鲳亚目（Stromateoidei）　体卵圆形或长椭圆形，稍侧扁，食道有侧囊，侧囊内侧具乳头状突起或纵长形皱褶，其上附生各种形状的细齿。

鲳亚目为温带与热带海洋的浅海鱼类，肉味鲜美，不少种类具有相当高的经济价值。我国产2科，即鲳科（Stromateiaae）和双鳍鲳科（Nomeidae）。

银鲳（*Pampus argenteus*）（见图7-149）头较小，吻圆钝略突出；口小，稍倾斜，下颌较上颌短，两颌各有细牙一行，排列紧密；体被小圆鳞，易脱落，侧线完全；体色银白，背部较暗；无腹鳍；背鳍与臀鳍呈镰刀状。

该鱼生活于5～110m海域，幼鱼喜躲藏在漂浮物下面，成鱼则常与金线鱼、鲻鱼或对虾等混游。肉食性，以水母及浮游动物为食。我国沿海均产之。渔期自南往北逐渐推迟，广东及海南岛西部渔场为3～5月份；闽南渔场4～8月份；舟山及吕泗渔场4～6月份；渤海各渔场6～7月份。其肉质细嫩且刺少，营养价值很高，尤其适于老年人和儿童食用，系名贵的海产食用鱼类之一。

（6）鰕虎鱼亚目（Gobioidei）　体长圆形乃至鳗形，被以圆鳞或栉鳞，鳞片或呈退化状，甚至完全无鳞。无侧线。腹鳍胸位，各由1鳍棘、4或5鳍条组成，左右腹鳍颇为接近，或在大多数种类内愈合为一鳍，形成一完整的圆形或长形吸盘，使鱼体得以吸附于水底沙石或其他物体上。

鰕虎鱼类是一群个体不大而种类繁多（全世界约有600种）的近岸底栖鱼类，大多为肉食性，生活于近岸海底、浅湾、河口或淡水河流湖泊中，以底栖的甲壳动物、软体动物、蠕虫等为食，幼鱼及某些成鱼以浮游生物为食。鰕虎鱼目共分6个科，现知我国有5科。

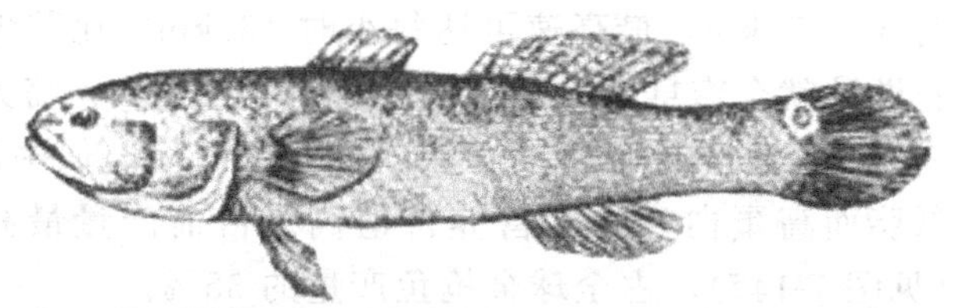

图7-150　乌塘鳢（*Bostrichthys sinensis*）

① 塘鳢科：约有40属150余种，我国约有16属30种，分布于沿海及各大江河的中下游，通称塘鳢鱼。

乌塘鳢（*Bostrichthys sinensis*）（见图7-150）体型小，尾鳍基部上方具一带有白边的眼状大黑斑。

该鱼是一种暖水性浅海咸淡水鱼类，主要分布于河口、港湾，栖息于泥孔或洞穴中。其为肉食性，喜食小杂蟹、虾、鱼、贝等。广盐性，但盐度21‰以上生长缓慢。不耐低温，当水温低于15℃时，一般在洞穴中，不外出觅食。其营养价值高，享有“一鱼顶三鸡”的美名，具有使伤口加快愈合的功效，且生命力强，适应性广，抗病力强，生长快，是人工养殖的优良品种。

② 鰕虎鱼科（Gobiidae）：是海鱼类中最大的一科，通称鰕虎鱼。有 196 属 1480 余种，国产约产 40 属 120 余种。

多数为暖水性和温水性海水小型鱼类，少数为淡水鱼类。主要摄食虾、蟹等甲壳类、小型鱼类、蛤类幼体，有的摄食底栖硅藻。其寿命较短。

常见的种类有纹缟鰕虎鱼（*Tridentiger trigonocephalus*）、舌鰕虎鱼（*Glossogobiuss giuris*）、矛尾复鰕虎鱼（*Synechogobius hasta*）、中华尖牙鰕虎鱼（*Apocryptodon sericus*）等。

③ 弹涂鱼科（Periophthalmidae）：有 4 属 20 余种，国产 3 属 6 种。为暖水性和暖温性近海小型鱼类，喜栖息于底质为淤泥、泥沙的高潮区或半咸水的河口滩涂。常居穴洞，依靠胸鳍肌柄爬行跳动，退潮时在泥涂上觅食。视觉灵敏，稍受惊动就很快跳回水中或钻入穴内。主要摄食浮游动物、沙蚕、桡足类及枝角类等，也食底栖硅藻和蓝绿藻。一般春季产卵。

常见种类有弹涂鱼（*P. cantonensis*）（见图 7-151）、大弹涂鱼（*B. pectinirostris*）、青弹涂鱼（*S. viridis*）。其中以大弹涂鱼经济价值最高，其下颌齿斜向外方，联合部内侧具犬齿 1 对，体蓝褐色，体侧上部沿背鳍基底具 5～6 条暗黑色横纹。目前在浙江、福建等地养殖较多。

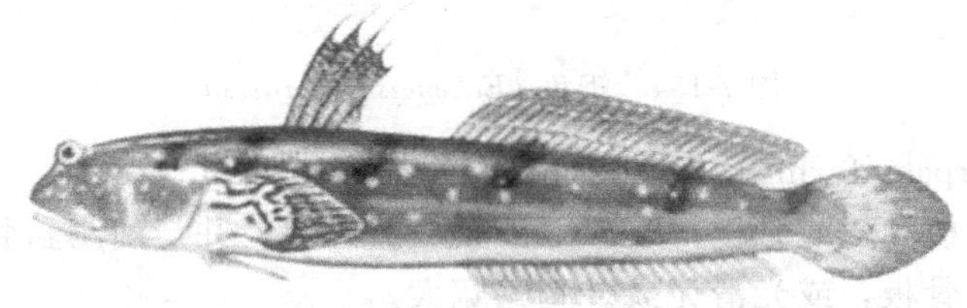

图 7-151 弹涂鱼（*Periophthalmus cantonensis*）

（7）攀鲈亚目（Anabantoidei） 本亚目鱼具有一辅助呼吸的鳃上器官，由第一鳃弓的上鳃骨等扩大而成。鳔后部扩大。腹鳍胸位，棘 1 枚，有时退化。

本亚目可分 5 科，我国产 2 科，攀鲈科（Anabantidae）——背鳍及臀鳍通常具棘，体被栉鳞，鳞较大；鳢科（Ophiocephalidae）——背鳍及臀鳍无鳍棘，体被圆鳞，鳞较小。

鳢科鱼类均为淡水鱼类，分布于热带的非洲及亚洲等的淡水流域。常于沿岸水草丛、堤岸洞穴或淤泥底质的浅水域活动。性凶猛，肉食性，以掠食鱼类、虾类、两生类及水生昆虫为生。成鱼在产卵时及幼鱼刚孵化时均有护幼之习性。常见的种类如斑鳢（*Channa maculata*）和乌鳢（*Ophicephalus argus*）（见图 7-152），味鲜美，经济价值较高，是淡水养殖种类之一。

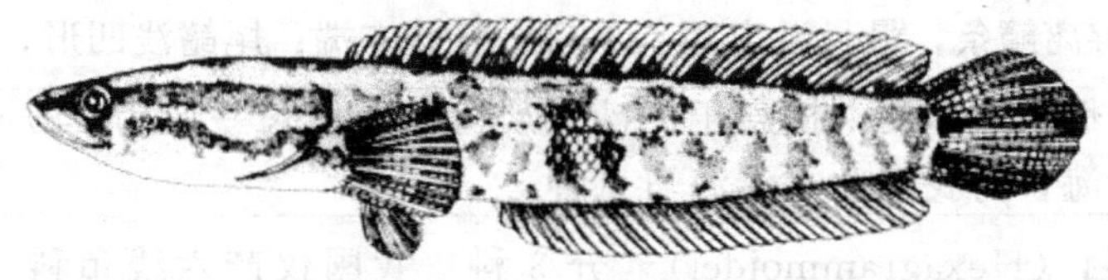

图 7-152 乌鳢（*Ophicephalus argus*）

（8）刺鳅亚目（Mastacembeloidei） 体延长似鳗。背鳍、臀鳍和尾鳍连成一片，背鳍有许多游离的小棘，无腹鳍。

本亚目有 2 科，我国只产刺鳅科（Mastacembelidae），体被细鳞，头尖，吻向前伸出成吻突，吻突长而能活动。多生活在亚洲南部及非洲的淡水中。我国只有一刺鳅属（*Mastacemblus*），3～4 种，常见的是刺鳅（*M. aculeatus*）和大刺鳅（*M. Armatus*）（见图 7-153），前者吻突短于或等于眼径，臀鳍鳍棘 3，后者吻突大于眼径，臀鳍鳍棘 2。

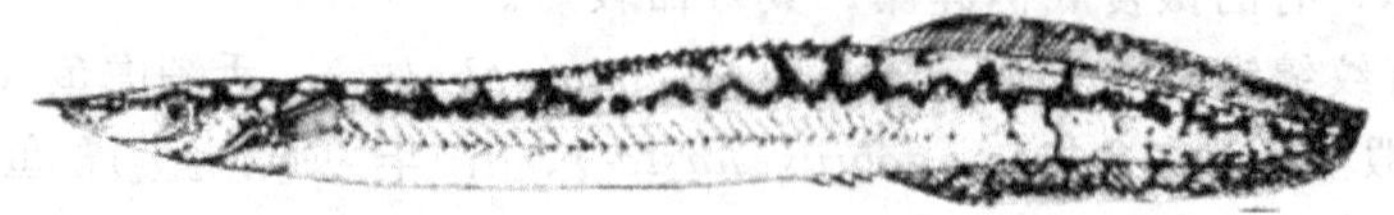

图 7-153 大刺鳅（*Mastacembelus armatus*）

（9）䲟亚目 第 1 背鳍已变成一个长椭圆形的吸盘，位于头的背侧。常见的种类如䲟鱼（*Echeneis naucrates*）（见图 7-154）常吸附于大型海洋生物的身上，如鲨鱼、魟鱼、鲸鱼、海豚、海龟及其他大型硬骨鱼类等，随寄主四处游走，有时甚至也会吸于船只底部。无多大经济价值。

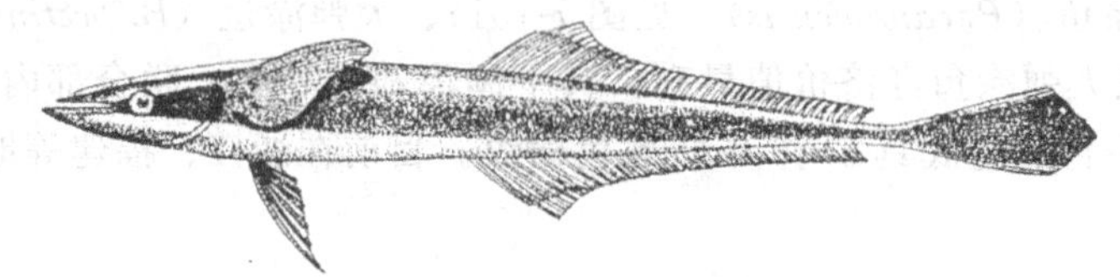

图 7-154 䲟鱼（*Echeneis naucrates*）

5. 形目（Scorpaeniformes）[**杜父鱼目**（Cottiformes）]

头部粗壮，常具棱和棘或骨板；第二眶下延成一骨突，并与前鳃盖骨连接；体被栉鳞或圆鳞，绒毛状细刺、骨板，或光滑无鳞。胸鳍宽大。

鲉形目是一群广泛分布于热带、温带及寒带海洋沿岸区域的鱼类，少数栖息于深海或河川湖泊山涧急流中。本目可分为 7 亚目。

（1）鲉亚目（Scorpaenoidei） 有 6 个科，我国产 4 科，即：鲉科（观赏鱼）、毒鲉科、鲂鮄科和黄鲂鮄科。本亚目种类甚多，分布甚广，我国沿海南北均有产，喜生活在沿岸岩石附近或珊瑚礁间，亦有栖息于深海的。

图 7-155 短鳍红娘鱼（*Lepidotrigla microptera*）

短鳍红娘鱼（*Lepidotrigla microptera*）（见图 7-155）体延长，稍侧扁，前部粗大，向后渐细，头大，近方形；头部背面及两侧均被骨板，体被大栉鳞，头和背部深红色，腹侧为乳白色；胸鳍宽大位低，内侧呈红色，其下方有 3 条指状游离鳍条，最长游离鳍条不超过腹鳍末端；尾鳍浅凹形，上叶略长于下叶。

> 该鱼类为温水性底层鱼类，栖息于泥沙底质海区。体长一般为 140～240mm。我国产于东海、黄海和渤海，为我国北方沿海习见种。

（2）六线鱼亚目（Hexagrammoidei） 分 3 科，我国仅产六线鱼科（Hexagrammidae）2 属 4 种，都是北方种类。主要分布于黄海，栖息于沿岸的岩礁石砾地带或海藻丛中；秋季产卵，卵沉性，常结块附着在海藻或岩礁上，雄鱼保护卵子孵化。

大泷六线鱼（*Hexagrammos otakii*）（见图 7-156）地方名黄鱼、黄棒子。背鳍长，鳍棘与软条部之间有一深凹，鳍棘部后上方有一显著大棕黑色斑。鳞细小，侧线每侧各有 6

条。体黄褐色，色彩艳丽，自眼后至尾部背侧有 9 个灰褐色大暗斑，臀鳍浅绿色。

其肉质与味道如同石斑鱼，故称“北方石斑”。我国产于黄海和渤海，它对低温的适应性强，生长快，经济价值高，可以活鱼上市，是北方进行网箱养殖较为理想的鱼种。

图 7-156 大泷六线鱼（*Hexagrammos otakii*）

（3）杜父鱼亚目（Cottoidei） 分 8 科，我国产 4 科，即杜父鱼科（Cottidae）、八角鱼科（Agonidae）、圆鳍鱼科（Cyclopteridae）、狮子鱼科（Liparidae）。常见的有松江鲈鱼（*Trachidermus fasciatus*）（见图 7-157），体前部宽且平扁，向后渐细且侧扁；头大，头背面的棘和棱被皮肤所盖；鳃孔宽大，前鳃盖骨后缘游离突起似一鳃孔，故又称四鳃鲈；胸鳍宽大，椭圆形；体背黄褐色，侧具 4 条暗褐色横带，腹黄白，其体色可随环境和生理状态发生变化。

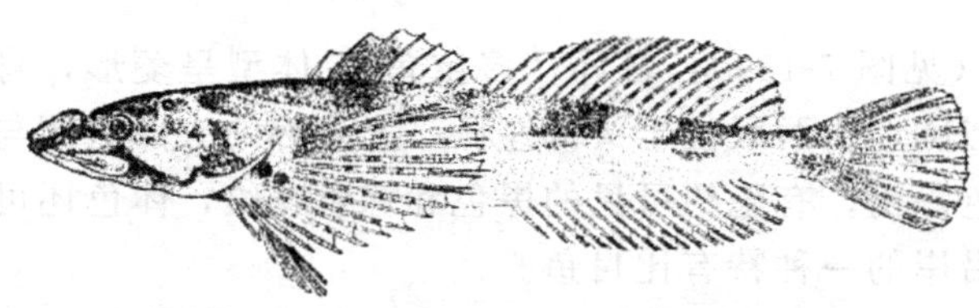

图 7-157 松江鲈鱼（*Trachidermus fasciatus*）

其在淡水水域生长，幼鱼在 4 月下旬至 6 月上旬溯河，以 5 月份为最盛，成鱼 11 月份至翌年 2 月份降海，是中国四大淡水名鱼之一。

6. 鲽形目（Pleuronectiformes）

体甚侧扁成鱼的身体不呈左右对称，两眼位于头部的左侧或右侧；口、齿、偶鳍多少呈不对称状态；肛门通常不在腹面正中线上；两侧的体色亦有所不同，无眼侧通常无色素。各鳍一致，均无鳍棘（鳒有），背鳍与臀鳍基底均长。成鱼一般无鳔。在仔鱼阶段尚为左右对称，变态后一眼移向另一侧。俗称比目鱼。

本目有 3 亚目，即鳒亚目、鲽亚目、鳎亚目，9 科约 118 属 538 种，国产 3 亚目 8 科 50 属 134 种。

（1）鲽亚目（Pleuronectoidei） 背鳍起点至少在上眼的上方或眼方；口通常前位，下颌发达，大多向前突出，无眼侧鼻孔接近头部背缘；有肋骨；胸鳍发达。分 2 科，即鲆科（Bothidae）和鲽科（Pleuronectidae）。

① 鲆科（Bothidae）：是鲽亚目中最大的一群。它的两眼都位于左侧。鲆的各鳍均无硬棘，胸鳍和腹鳍的鳍条都不分叉，有眼侧的腹鳍基比无眼侧的长。我国产 19 属 54 种，在中国南海属种最多，北方较少。

a. 牙鲆（*Paralichthys olivaceus*）（见图 7-158）：地方名牙片、左口、比目鱼。左右侧线同样发达。牙鲆体扁平，呈卵圆形，体长为体高的 2.3～2.6 倍。双眼位于头部左侧，有眼侧小鳞，具暗色或黑色斑点，呈褐色，无眼侧端圆鳞，呈白色。口大，前位。口裂斜，左右对称。有眼侧的两个鼻孔约位于眼间隔正中前方，前鼻孔后缘有一狭长瓣片；无眼侧两个鼻孔接近头部背缘，前鼻孔亦有类似瓣片。背鳍约始于上眼前缘附近，左右腹鳍略对称，尾鳍后缘呈双截形。奇鳍均有暗色斑纹，胸鳍有暗点或横条纹。

该鱼为冷温性凶猛的底栖鱼类，具有潜沙习性。广泛分布于朝鲜、日本、俄罗斯远东沿岸海区，以及中国渤海、黄海、东海、南海。自从 20 世纪末在南方度夏成功后，牙鲆养殖就得到极大的发展，在福建、广州等地的养殖鱼类中仅次于真鲷与石斑鱼，是很有发展潜力的养殖品种。

图 7-158 牙鲆（*Paralichthys olivaceus*）

图 7-159 大菱鲆 *Scophthalmus maximus*

b. 大菱鲆（*Scophthalmus maximus*）（见图 7-159）：音译“多宝鱼”。体型呈菱形，身体扁平，因背、臀鳍较宽，所以整体又近似圆形。两眼位于头部左侧。大菱鲆的头部比例与身躯之比相对较小。尾鳍宽而短。背面体色深褐，有隐约可见的黑色和棕色花纹，体色还可随环境而变化。其系栖息于大西洋东北部沿岸的一种特有比目鱼。

大菱鲆适应于低水温生活和生长，能耐受 0～30℃的极端水温，大菱鲆对不良环境的耐受力较强，喜集群生活，互相多层挤压一起，除头部外，重叠面积超过 60%，对生长、生活无碍。大菱鲆在自然界中营底栖生活，以小鱼、小虾、贝类、甲壳类等为食。

② 鲽科（Pleuronectidae）：两眼都在右侧，口小，下颌较突出；前鳃盖骨后缘游离；侧线单一，在胸鳍的上方呈 U 形弯曲，或者近乎直线；各鳍皆无硬棘。

我国现知 16 属 25 种，常见的有高眼鲽（*Cleisthenes herzensteini*）、钝吻黄盖鲽（*Pseudopleurnectes yokohamae*）、木叶鲽（*Pleuronichthys cornutus*）（见图 7-160）。

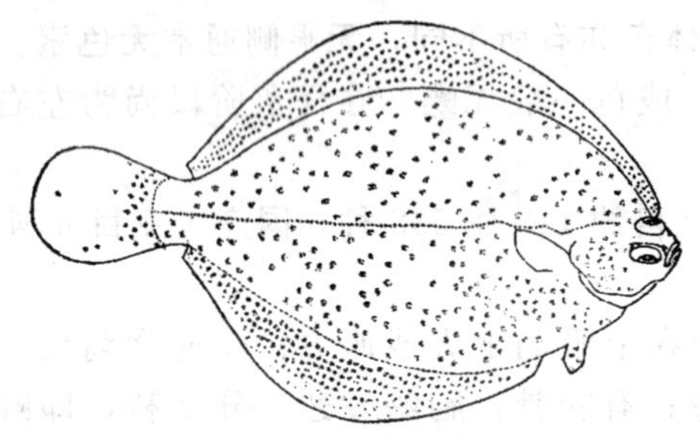

图 7-160 木叶鲽（*Pleuronichthys cornutus*）

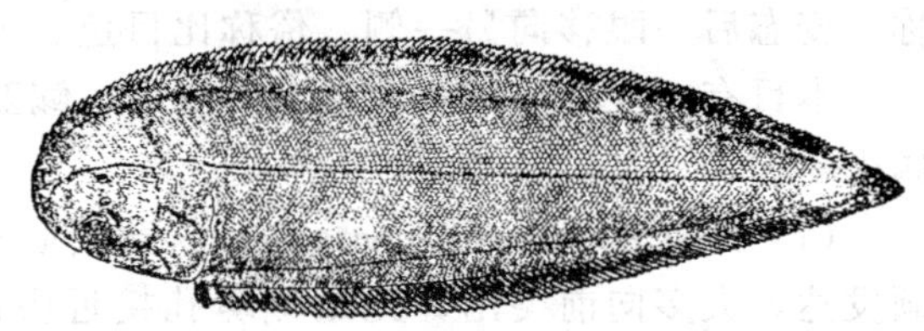

图 7-161 半滑舌鳎（*Cynoglossus semilaevis*）

（2）鳎亚目（Soleoidei） 背鳍起点至少在上眼的上方或眼方；口通常为前位或下位，下颌不向前突出，无眼侧鼻孔不接近头部背缘；无肋骨；成鱼胸鳍多退缩或消失。共 2 科，即鳎科（Soleoidae）和舌鳎科（Cynoglossidae）。

① 鳎科（Soleidae）：有 31 属 117 种，多分布于热带。中国已知 18 种，主要分布在南海。身体呈鞋底状或舌状，眼位于头右侧，前鳃盖后缘不游离。

② 舌鳎科（Cynoglossidae）：约有 3 属 103 种，我国已知约 32 种。体呈长舌状；眼常为头左侧；奇鳍完全相连；无胸鳍。

常见的有半滑舌鳎（*Cynoglossus semilaevis*）（见图 7-161）、焦氏舌鳎（*Arelicus joyneri*）、三线舌鳎（*Cynoglossus trigrammus*），其中以半滑舌鳎最为名贵。半滑舌鳎出肉率高，口感爽滑，营养丰富，且生长速度快，食物层次低，适温范围广，能耐低氧，病害少，适合在目前养殖大菱鲆、牙鲆的大棚内养殖，是我国目前最具发展潜力的工厂化和土池养殖海水品种之一。

7. 鲀形目（Tetraodontiformes）

体通常短而粗笨，体裸出或被以棘或骨板，无下肋骨，下颌常与前颌骨牢固地相连或愈合，口小，鳃孔小，侧位。

鲀形目有4亚目11科92属320余种，我国产11科52属106种。大多为海洋鱼类，只有少数生活在淡水中，或在一定季节进入江河。多数为近海底层鱼类，少数为中上层鱼类。多以甲壳类、贝类、幼鱼等为食，其中鲀科、棘鲀科等的牙齿愈合成牙板，能咬碎坚硬的食物。其食道构造特殊，向前腹侧及后腹侧扩大成气囊，遇敌时吞空气或水，使胸腹部膨大成球状，飘浮于水面。许多种类在春夏季向近海移动，在沿岸海区产卵，少数种类进入淡水江河生殖。

> 本目不少种类为有毒鱼类，其内脏含有一种天然毒素，称为河鲀毒素，以卵巢和肝脏所含毒素最强（特别是在繁殖季节），人畜误食后可引起中毒甚至死亡，其中尤以东方鲀属（河豚）毒性最甚。河鲀毒素可作为止血、止痛、解痉的药物。本目不少种类为经济鱼类，如东方鲀，虽毒素很强，但肉味鲜美，蛋白质含量高，营养丰富。日本、朝鲜和中国不少地方，都嗜食河豚。现马面鲀成为捕捞产量甚高的经济鱼类之一，红鳍东方鲀、双斑东方鲀等东方鲀的养殖也已经在我国得到推广。

（1）鳞鲀亚目（Balistoidei） 体均为长椭圆形，侧扁，尾柄细；2个背鳍，第1背鳍具鳍棘；无气囊。本亚目多为热带或亚热带浅海鱼类，高纬度或深海区皆种类较少。我国有5科，即拟三棘鲀科、三棘鲀科、鳞鲀科、革鲀科、须鲀科，30属约48种。

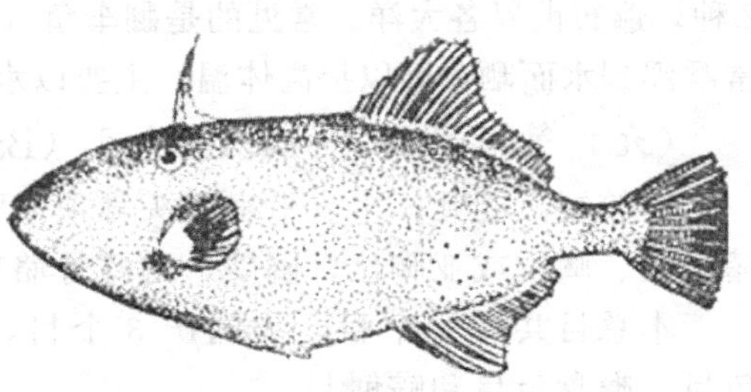

图7-162 绿鳍马面鲀
（*Thamnaconus septentrionalis*）

马面鲀（*Navodon septentrionalis*）（见图7-162）又称绿鳍马面鲀，俗称“剥皮鱼”或“象皮鱼”。我国东海、黄海、渤海均产，为海洋捕捞较为重要的鱼类，可供鲜食或制成咸干品，肉质细嫩，蛋白质丰富，皮可制明胶，其他非食用部分可制成鱼粉饲料。经济价值高。

（2）鲀亚目 体短而呈长椭圆形，无第1背鳍，无腹鳍；有气囊；齿在上下颌各愈合成2个大板状齿。

本亚目鱼类种类多，分布广，几乎全世界温、热带海区均有分布，有些种类也进入淡水生活，多栖于底层，活动能力不强，常以硬壳的底栖脊椎动物为食。其肉味甚鲜美，但体内含有较强河鲀毒素，处理不当，食后引起中毒，可致人死命。

我国有3科，即鲀科（Tetraodontidae）、三齿鲀科（Triodontidae）、棘鲀科（Diodontidae），13属约46种，其中最重要的是鲀科。

鲀科鱼类一般栖息在近海及咸淡水中，有些进入江河，也有少数鲀属仅生活于淡水内；为底层肉食性鱼类。其性贪食，主食虾、蟹、贝类及小鱼等。食道向前腹侧及后腹侧扩大成气囊，遇敌能吸水和空气，使腹部膨胀如球，浮于水面。多数种类春季由外海游向近岸，在潮间带及小石砾中产卵，产卵季节一般在4～6月份；少数种类溯河至淡水中产卵。

国产鲀科鱼类包括东方鲀属等11个属39种鱼类。常见的有横纹东方鲀（*Fugu oblongus*）、红鳍东方鲀（*Fugu rubripes*）、假睛东方鲀（*Fugu pssedommus*）、暗纹东方鲀

图 7-163 红鳍东方鲀（*Takiugu rubripes*）

（Fugu obscurus）等，近几年因养殖需要，在南方开发了双斑东方鲀（*Fugu bimaculatus*）、菊黄东方鲀（*Fugu flavidus*）等种类。

红鳍东方鲀（*Takifugurubripes*）（见图 7-163）地方名河鲀。红鳍东方鲀在我国产于黄海、渤海和东海，在朝鲜、日本沿海有分布。

> 该鱼为近海底层食肉性鱼类，生活水深一般在 40～50m，栖息在岛礁区附近，昼沉夜浮。红鳍东方鲀的适宜生长水温为 14～27℃，最适水温为 16～23℃，水温降至 12℃左右，摄食减少，9℃以下，停止摄食，7℃以下死亡；超过 28℃时，鱼体活动缓慢，抗病力减弱。其为广盐性鱼类，适盐范围为 5‰～45‰，最适盐度为 15‰～35‰。红鳍东方鲀生性凶猛，从稚鱼的长牙期开始一直到成鱼，均会出现互相残杀，咬伤的各鳍可再生，主要摄食贝类、甲壳类和小鱼。

（3）翻车鱼亚目（Moloidei） 体很侧扁，尾部很短，无尾柄；背鳍和臀鳍各 1 个，无鳍棘，无腹鳍，尾鳍很短；皮厚如革。只产翻车鱼科（*Molidae*），包括 3 属 5 种，我国已知 2 属 2 种，遍布世界各大洋。常见的是翻车鱼（*Mola mola*），是世界上最大、形状最奇特的鱼之一，常飘浮到水面晒太阳以提高体温。主要以水母为食，产卵量大，雌鱼可产下约 3 亿颗浮性卵。

（九）第 9 总目——蟾鱼总目（Batrachoidomorpha）

体较短，肥壮，多少平扁。头骨顶平而宽。皮肤裸出面有小棘或有小骨板。鳃裂小。腹鳍喉位、胸位或亚胸位，阔展，胸鳍骨骼有 2～5 辐状骨。均为底栖的肉食性鱼类。

本总目共有 4 个目，我国产 3 个目，即海蛾鱼目、喉盘鱼目和鮟鱇目。

鮟鱇目（Lophiiformes） 特征：体粗短或延长，长卵圆形、球形，体平扁或侧扁，无鳞，裸露或被小骨片，鳍具棘。

分类：本目可分 3 个亚目 16 科 62 属 257 种，我国 3 亚目 11 科 20 属 33 种。

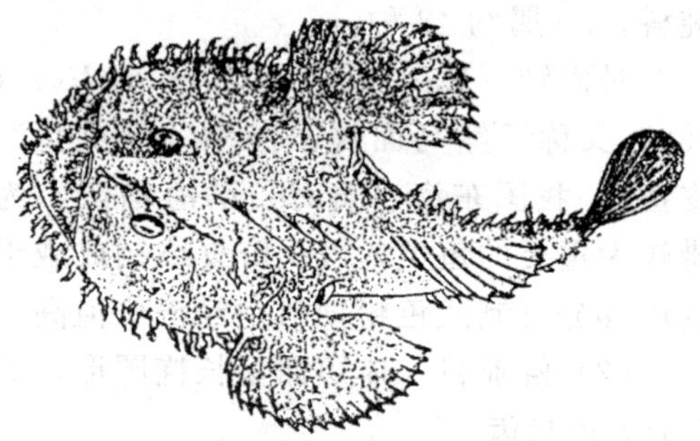
图 7-164 黄鮟鱇（*Lophius litulon*）

鮟鱇目（Lophiiformes）为海洋鱼类，大多为深海产。肉质鲜美而有经济价值的是鮟鱇科鱼类。鮟鱇科（Lophiidae）有腹鳍，体平扁，口大，头宽阔，有伪鳃。有一定经济价值的为鮟鱇属，我国产黄鮟鱇（*Lophius litulon*）（见图 7-164）。

【思考题】

1. 鱼类分类的主要性状有哪些？
2. 在鱼类分类中，标本的采集与保存应注意些什么？
3. 如何比较快地区分软骨鱼类和硬骨鱼类？
4. 用你熟悉的 5 种鱼类编制一个检索表。
5. 鲟形目鱼类有哪些主要特征？在养殖上有何意义？
6. 鲤科鱼类区别于其他鱼类的主要特征有哪些？常见的鲤科养殖鱼类有哪些？
7. 作为一个养殖种类在养殖时首先要考虑哪些先决条件？

8. 常见的养殖无鳞鱼类有哪些？在养殖上有何共同特点？
9. 常见的养殖冷水性鱼类有哪些？在养殖上有何共同特点？
10. 常见的养殖热带鱼类有哪些？在养殖上有何共同特点？
11. 常见的养殖洄游性鱼类有哪些？在养殖上有何共同特点？
12. 常见的观赏养殖鱼类有哪些？在养殖上有何共同特点？
13. 常见的凶猛肉食性养殖鱼类有哪些？在养殖上有何共同特点？为什么这类鱼经济价值比较高？
14. 讨论：鉴定鱼类的物种时，如怎么才算鉴定完成，即怎样才能确定一个标本？

参 考 文 献

[1] 叶富良. 鱼类学. 北京：高等教育出版社，1993.
[2] 苏锦祥. 鱼类学与海水鱼类养殖. 北京：中国农业出版社，1995.
[3] 赵维信. 鱼类生理学. 北京：农业出版社，1991.
[4] 李承林. 鱼类学教程. 北京：中国农业出版社，2004.
[5] 集美水产学校. 鱼类学. 北京：中国农业出版社，1999.
[6] 李林春. 鱼类养殖生物学. 北京：中国农业科学技术出版社，2007.
[7] 王吉桥等. 鱼类增养殖学. 大连：大连理工大学出版社，2000.
[8] 李林春. 水产养殖操作技能. 北京：高等教育出版社，2008.
[9] 李霞. 水产动物组织胚胎学. 北京：中国农业出版社，2006.
[10] 曹克驹. 淡水鱼养殖工培训教材. 北京：金盾出版社，2008.
[11] 范守霖. 水产养殖员（中级）. 北京：中国劳动社会保障出版社，2006.
[12] 王武主编. 鱼类增养殖学. 北京：中国农业出版社，2000.
[13] 李明德. 鱼类生态学. 天津：南开大学出版社，1992.
[14] 孟庆闻，李婉瑞，周碧云. 鱼类学实验指导. 北京：中国农业出版社，1995.
[15] 殷名称. 鱼类生态学. 北京：中国农业出版社，1995.
[16] 孟庆闻，苏锦祥，李婉瑞. 鱼类比较解剖. 北京：科学出版社，1987.
[17] 王以康编. 鱼类学讲义. 北京：科学出版社，1958.
[18] 孟庆闻，缪学组，俞济泰. 鱼类学（形态、分类）. 上海：上海科学技术出版社，1989.
[19] 孟庆闻，苏锦祥. 白鲢的系统解剖. 北京：科学出版社，1960.
[20] 孟庆闻. 鲨和鳐的解剖. 北京：海洋出版社，1992.
[21] 姜志强等. 鱼类学实验. 北京：中国农业出版社，2004.
[22] 梁旭方，何大仁. 鱼类摄食行为的感觉基础. 水生生物学报，1998.
[23] 王作楷. 鱼类摄食行为的感觉基础. 水利渔业，1992.